methoden

METHODEN DER HYDROBIOLOGIE

Jürgen Schwoerbel

Methoden der Hydrobiologie

(Süßwasserbiologie)

KOSMOS · GESELLSCHAFT DER NATURFREUNDE
FRANCKH'SCHE VERLAGSHANDLUNG · STUTTGART

Umschlag von Edgar Dambacher
unter Verwendung eines Fotos von Dr. Fritz Bode
Mit 100 Bildern im Text
Zeichnungen, soweit nicht anders gekennzeichnet, von Walter Söllner

Franckh'sche Verlagshandlung, W. Keller & Co., Stuttgart / 1966

Printed in Germany / Verlagsnummer 3 375 / LH 14 st
Gesamtherstellung:
Konrad Triltsch, Graphischer Großbetrieb, Würzburg

METHODEN DER HYDROBIOLOGIE

VORWORT

Die Hydrobiologie ist keine eigene Disziplin, sondern jenes Teilgebiet der Biologie, das sich mit dem Leben der Organismen in den Gewässern beschäftigt. Sie ist zugleich ein Spezialgebiet der Limnologie, der Wissenschaft von den Binnengewässern. Die Objekte der Hydrobiologie sind die Tiere, Pflanzen und Bakterien, soweit sie im Wasser leben. Die Hydrobiologie verwendet daher zunächst alle Methoden, die in der Biologie überhaupt benutzt werden. Als spezifische Methoden kommen jene hinzu, die eine qualitative und quantitative Erfassung der Wasserorganismen ermöglichen.

Nur mit diesen spezifisch hydrobiologischen Methoden beschäftigt sich dieses Buch. Von den Teilgebieten der Hydrobiologie — Hydrobakteriologie, Hydrobotanik, Hydrozoologie — ist die Bakteriologie methodisch eigene Wege gegangen, die eine gesonderte Darstellung erfordern. Das gleiche gilt für die Fischereibiologie, die ebenfalls eine umfangreiche und eigene Methodik entwickelt hat. Schließlich ist darauf hinzuweisen, daß auch die Methoden der Meeresbiologie in diesem Band nicht berücksichtigt worden sind.

Aufgenommen sind dagegen einige Meß- und Rechenmethoden der Produktionsbiologie, der heute sowohl in der Hydrobiologie als auch in der Limnologie eine hervorragende Bedeutung zukommt. Berücksichtigt sind ferner einige einfache physikalische und chemische Methoden, die dem Hydrobiologen, dem es nicht um eine spezielle Analyse des Wassers geht, eine rasche und ausreichende Beurteilung des Wassers als Umwelt der Organismen ermöglichen. Dies ist für die hydrobiologische Arbeit wichtig, denn im Vordergrund steht ja nicht das Sammeln und Bestimmen der Wasserorganismen, sondern die Einsicht in Beziehungen zwischen Organismus und Umwelt.

Gute Methoden und klare Fragestellungen sind Grundlagen wissenschaftlicher Arbeit. Erfahrungsgemäß stellen sich die Ideen in dem Maße ein, in dem man mit einem Problem „lebt“. Die Methoden sind das Hilfsmittel, eine Frage so zu formulieren, daß eine eindeutige Antwort zu erwarten ist. Sie müssen daher so genau wie möglich auf die spezielle Fragestellung aus-

gerichtet sein. Darin liegt die Schwierigkeit einer Darstellung der methodischen Hilfsmittel einer Wissenschaft, die, wie in diesem Falle, zudem weitgehend ökologisch orientiert und in ihrer praktischen Arbeit auf Freilanduntersuchungen angewiesen ist.
Es konnten nicht alle Methoden ausführlich besprochen, viele nicht einmal erwähnt werden. Um dem Benutzer des Buches auch hier Spielraum zu geben, ist auf zahlreiche Literaturhinweise im Text und auf ein ausführliches Literaturverzeichnis Wert gelegt worden; so ist auch die Beschreibung spezieller Methoden in der Literatur leicht zu finden. Damit scheint mir dem Anliegen dieser für die Praxis geschaffenen Schriftenreihe ebenso gedient zu sein wie mit der Beschreibung der Methoden selbst.
Zahlreichen Fachkollegen habe ich für Hinweise und Bildmaterial zu danken. Mein besonderer Dank gilt meinen Mitarbeiterinnen Frau Hildegard Backhaus und Fräulein Gisela C. Tillmanns für die sorgfältige Anfertigung der Zeichnungen und Fotographien sowie meiner Frau für allzeit gute Hilfe und Mitarbeit.

Falkau im Schwarzwald — Jürgen Schwoerbel

KURZE EINFÜHRUNG IN DIE HYDROBIOLOGIE DES SÜSSWASSERS

I. DIE GEWÄSSERTYPEN

Das Süßwasser tritt uns im Vergleich zu den riesigen marinen Wasseransammlungen in kleinen und kleinsten Gewässern des Binnenlandes entgegen. Flüsse und Seen sind die auffälligsten Wasseransammlungen, hinzu kommen noch die unterirdischen Gewässer.
Die Seen sind von ganz verschiedener Größe und Tiefe. Der Feldsee im Schwarzwald ist nur 380 m lang und 32 m tief; der Bodensee ist rund 63 km lang und maximal 252 m tief; der Tanganjikasee ist 650 km lang und 1450 m tief. Flache Seen, deren Böden überall von Pflanzen besiedelt werden können, werden Weiher oder — wenn sie einen künstlichen Abfluß besitzen — Teiche genannt. Wassergefüllte Trichterlöcher, Moorschlenken, Wald- und Wiesentümpel sowie Wassergräben sind Kleingewässer. Sehr interessant sind auch die Pflanzengewässer (Phytotelmen), wassergefüllte Hohlräume, die von Pflanzen gebildet werden, z. B. die Baumhöhlen in Buchenstämmen. Wasseransammlungen, die nur für eine kurze Zeit bestehen, aber mehr oder weniger regelmäßig wiederkehren, sind periodische Gewässer.
Im Gegensatz zum See ist der Fluß nicht allseitig gegen das Land abgegrenzt, sondern „nach oben und unten" offen. Der ständige Wasserstrom bedingt einen Abtransport aller im Wasser gelösten oder ungelösten Stoffe. Flüsse sind eine Größenordnung ausgedehnter als Seen, der längste Fluß, der Missouri-Mississippi, ist 6790 km lang. Vom träge strömenden Fluß unterscheidet sich der rasch fließende Bach des Gebirges. Jeder Fluß, jeder Bach entspringt aus einer Quelle, Grundwasseraustritten aus der Erde mit charakteristischen Lebensbedingungen und Lebewesen.
Das unterirdische Wasser tritt uns, außer in den Quellen, unter der Erdoberfläche in Höhlen als Höhlenseen, Höhlentümpeln und Höhlenbächen und als Grundwasser in den Klüften der Gesteine und in den Porenräumen der Sedimente entgegen.

II. STUFEN DER KORRELATION

1. Das Wasser als Umwelt der Organismen

Jeder Organismus unterliegt der Wirkung von Faktoren in seiner Umwelt. Die Temperatur bestimmt innerhalb des physiologischen Bereiches die Geschwindigkeit und Intensität biochemischer Prozesse. Bei Tieren ist die Steigerung der Atmungsintensität von besonderer Bedeutung. So nimmt bei den Strudelwürmern *Crenobia alpina* und *Dugesia gonocephala* der Sauerstoffverbrauch mit steigender Temperatur zunächst zu und sinkt dann wieder ab. Für *Crenobia* liegt das Maximum des O_2-Verbrauchs bei 15° C, für *Dugesia* bei 20° C (Schlieper). Daraus lassen sich für das Vorkommen, die Verbreitung und Konkurrenz beider Arten wichtige Schlüsse ziehen. Bei höherer Temperatur bewegen sich die meisten Wassertiere auch rascher; bei den genannten Strudelwürmern decken sich die Kurven der Kriechgeschwindigkeit mit denen des Sauerstoffverbrauchs, so daß man eine direkte Beziehung beider Größen zueinander annehmen kann. Auch bei den Algen und bei höheren Wasserpflanzen ist das Vorkommen oft an bestimmte Temperaturbereiche gebunden. Im allgemeinen ergibt sich mit zunehmender Temperatur eine Steigerung der Substanzproduktion, der Wachstumsleistung und des Nährstoffumsatzes. Bei allen angeführten Beispielen, die sich beliebig vermehren lassen, tritt stets ein maximaler Effekt ein, der bei weiterer Temperatursteigerung wieder abnimmt.

Auch der Sauerstoffgehalt des Wassers ist ein wichtiger Faktor. Verringerung des Sauerstoffgehaltes im Wasser setzt bei Tieren den Sauerstoffverbrauch entweder proportional oder nach einer längeren Kompensationszeit herab. Die letale Sauerstoff-Spannung liegt für Fließwassertiere höher als für verwandte Arten im Stillwasser (Ambühl 1959). Ähnlich scheinen die Algen und Moose des Fließwassers an hohe O_2-Partialdrucke gebunden zu sein.

Die Wasserstoffionenkonzentration (pH-Wert) beeinflußt sowohl bei Pflanzen wie bei Tieren den Stoffwechsel; im einzelnen ist es jedoch schwierig, die spezifischen Wirkungen dieses Faktors festzustellen. Selbstverständlich sind auch die mineralischen Nährstoffe, wie Phosphat und Nitrat, sowie Eisen und andere Elemente von direkter Bedeutung. Algen z. B. vermögen in kürzester Zeit das 30fache ihres Phosphatbedarfes aus dem Wasser zu entnehmen und zu speichern (Grim).

Für das Vorkommen oder Fehlen von Pflanzen und Tieren im Gewässer spielt die Ionenzusammensetzung des Wassers eine entscheidende Rolle. Süßwassertiere leben in einer hypotonischen Lösung, d. h., das Wasser ist immer ärmer an Ionen als die Körperflüssigkeit, und das Problem liegt für das Tier in einer ständigen Aufrechterhaltung der Konzentration bestimmter Ionen in seinem Körper. Zu den direkt wirkenden Faktoren gehört weiterhin das Licht, dessen Bedeutung für die Assimilation der Algen sowie für die Verteilung des Zooplanktons weiter unten zu besprechen sein wird.

Sehr bedeutsam ist auch die Wasserströmung für die Organismen fließender Gewässer (vgl. S. 113), und schließlich kommt auch der Struktur des Untergrundes eine wichtige Bedeutung zu.

2. Gemeinschaftsleben im Wasser

Die Organismen sind jedoch nicht allein der Wirkung der Milieufaktoren ausgesetzt, sondern sie beeinflussen sich auch gegenseitig und bilden Lebensgemeinschaften (Biocönosen). So entwickelt sich die tierische Biocönose im Litoral stehender Gewässer zeitlich parallel mit der höheren Wasservegetation. Die Wasserpflanzen sind Nahrung (z. B. für Blattminierer), Substrat für die Eiablage (Libellen, Wassermilben, Köcherfliegen u. a.), Werkstoff zum Bau von Gehäusen (Larven der Köcherfliegen und Wasserschmetterlinge, Bild 1) und Unterlage für andere Lebensgemeinschaften (Aufwuchs, Periphyton). Der Lebensablauf eines Tieres ist stets mit dem anderer Tiere ver-

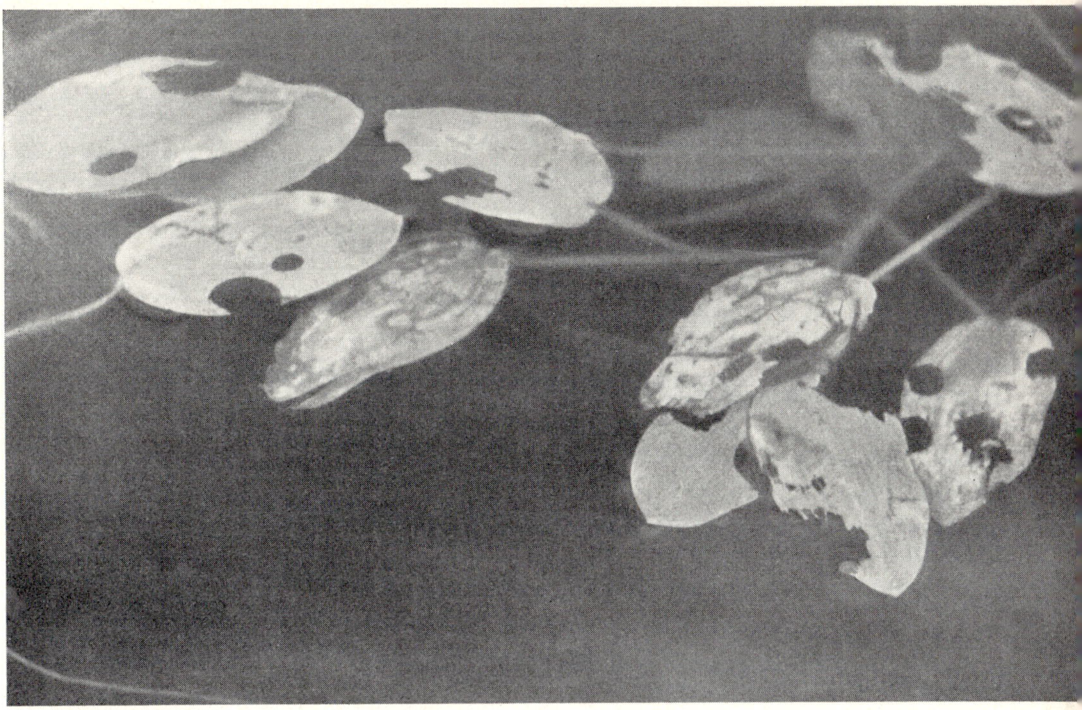

Bild 1. Schwimmblätter von *Potamogeton natans*, aus denen sich die Raupe des Wasserschmetterlings *Hydrocampa nymphaeoides L.* Blattstücke für ihr Gehäuse herausgeschnitten hat; außerdem sind Fraßspuren von Blattminierern (Chironomiden) zu erkennen.

knüpft, wobei die Beziehungen den Charakter einer gegenseitigen Konkurrenz haben. Die Bedingungen, denen eine Art innerhalb der Biocönose unterliegt, zeigt das folgende Schema nach Illies:

Feinde
Konsumenten höherer Stufe
oder Reduzenten

↓

Konkurrenten
Konsumenten gleicher Stufe → ART ← **Konkurrenten**
Konsumenten gleicher Stufe

↑

Nahrung
Konsumenten niederer Stufe
oder Produzenten

3. Gesamtleben im Süßwasser

Auch die Seen sind keine ständig ruhenden Gewässer, sondern sie unterliegen einem Jahresrhythmus von Stagnation und Zirkulation. Im Sommer lagert sich eine warme Oberschicht (Epilimnion) über die kalte Tiefenschicht (Hypolimnion), wobei in der Übergangszone (Metalimnion) die Temperatur sprunghaft abnimmt (Sprungschicht). Im Herbst kühlt sich die Oberflächenschicht ab, Stürme führen zu einer immer tiefergreifenden Durchmischung, bis bei Temperaturgleichheit im See eine Zirkulation der gesamten Wassermasse einsetzt (Herbstzirkulation). Im Winter kühlt sich dann das Epilimnion bis zur Eisbildung ab, während die Temperatur in der Tiefe annähernd bei 4° C konstant bleibt (Winterstagnation). Im Frühjahr setzt nach der Schneeschmelze die Erwärmung der Oberschicht bis zur Temperaturgleichheit von 4° C im ganzen See ein und führt unter Mitwirkung des Windes zur Frühjahrsvollzirkulation. Mit weiterer Erwärmung bildet sich das typische 3-Stockwerk-System im See wieder heraus (Sommerstagnation).

Dieser Typus gilt für viele mitteleuropäische Seen. Das Epilimnion ist die Schicht der stärksten Besiedlung, die trophogene Zone die der überwiegenden Urproduktion. Sauerstoff ist durch den Austausch mit der Atmosphäre sowie durch die Assimilation der grünen Pflanzen immer in ausreichender Menge vorhanden. Das Hypolimnion dagegen ist von der Atmosphäre abgeschlossen und zehrt während der Stagnationsperiode von den Sauerstoff-Vorräten, die bei der Vollzirkulation eingebracht wurden. Die Zehrung ist hier zweifach:

1. Durch die Fäulnis der abgestorbenen Tiere und Pflanzen, die aus dem Epilimnion als ständiger Regen nach unten sinken: tropholytische Zone. Fäulnisvorgänge sind Oxydationen, die Sauerstoff verbrauchen.
2. Durch die Atmung der am Seeboden lebenden Organismen selbst.

Das Ausmaß der Sauerstoff-Zehrung am Grund hängt in erster Linie von der Form des Seebeckens ab. Das ist leicht einzusehen, wenn man sich vorstellt, daß z. B. eine im Epilimnion abgestorbene Daphnie um so länger bis zum Seeboden absinkt, je tiefer der See ist. Wenn die Fäulnis des Tieres innerhalb dieser Absinkzeit abgeschlossen ist, d. h. die organische Substanz völlig zu mineralischen Bestandteilen oxydiert ist, dann kommt am Seeboden nur die leere Daphnienschale an, die praktisch keinen Sauerstoff mehr zehrt. Für die Bodenorganismen der tiefen Seen ist damit aber auch das Nahrungsangebot immer gering und die Besiedlungsdichte entsprechend mäßig. Ganz anders in flachen Seen: Die Fäulnis der abgestorbenen Organismen setzt sich auch am Grunde dieser Seen intensiv fort, und die Bodenzone ist wegen dieses hohen Nährstoffangebotes sehr dicht besiedelt. Das führt im Verlauf der Stagnationsperioden zu einem starken Sauerstoff-Schwund, ja zu einem völligen Fehlen von Sauerstoff in der Tiefe. Diese Verhältnisse wirken sich natürlich auf die Bodenorganismen der Seen unmittelbar aus, worauf THIENEMANN ganz besonders hingewiesen hat.

Im stehenden Wasser hat sich ein charakteristischer Lebensformtypus herausgebildet: der im Wasser schwebende oder treibende Planktonorganismus. Schweben ist eine ständige Kompensation der Sinkgeschwindigkeit. Nach WESENBERG-LUND und W. OSTWALD ist Sinkgeschwindigkeit $= \dfrac{\text{Übergewicht}}{\text{Formwiderstand} \times \text{innere Reibung}}$.

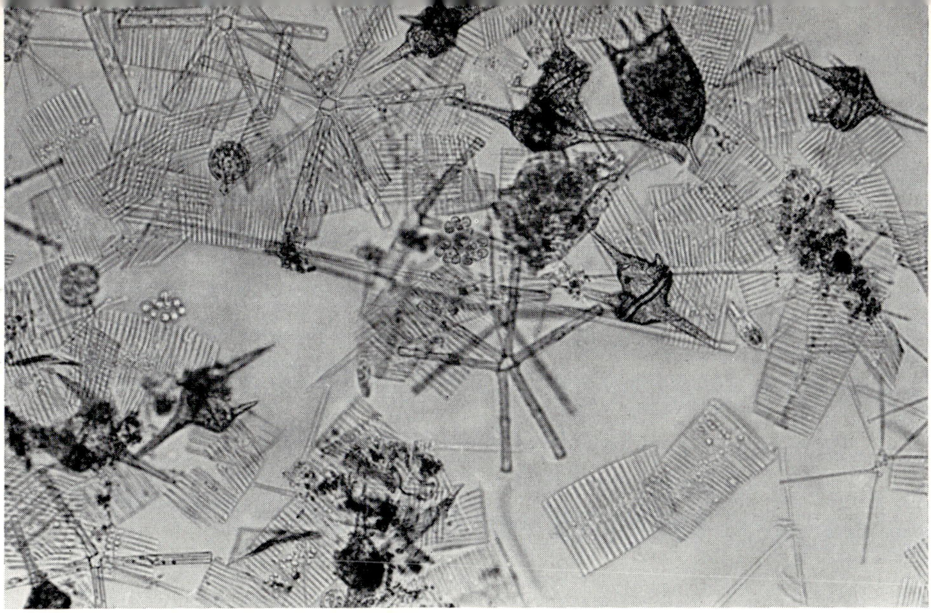

Bild 2. Netzplankton mit sternförmigen Kolonien von *Asterionella* (unten rechts) und *Tabellaria* (Bildmitte), Bändern von *Fragilaria crotonensis,* sowie *Ceratium und Keratella* (rechts oben)

Die innere Reibung des Wassers ist eine physikalische Größe, die vom Tier nicht beeinflußt werden kann. Sie hängt mit der Zähigkeit (Viskosität) des Wassers zusammen, die mit steigender Temperatur abnimmt; bei 0° C ist sie doppelt so groß wie bei 25° C, d. h. ein Planktonorganismus würde unter sonst gleichen Umständen bei 25° etwa doppelt so schnell absinken wie bei 0° C.

Bild 3. *Staurastrum,* eine einzellige Grünalge mit „Formwiderstand"

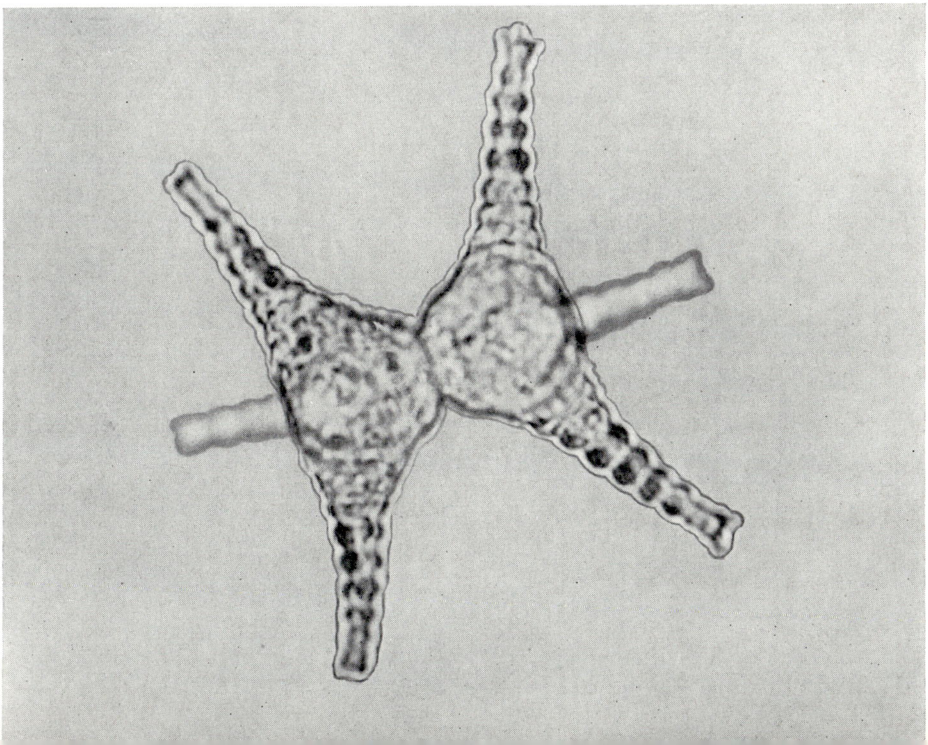

Um die Sinkgeschwindigkeit so gering wie möglich zu halten, muß das Übergewicht verringert, der Formwiderstand erhöht werden. Wie dies erreicht wird, zeigt eindrucksvoll die Betrachtung von tierischem und besonders pflanzlichem Plankton. Ausbildung von Gas- und Fettvakuolen und Vergrößerung des Volumens durch Gallerthüllen verringern das Übergewicht, eine durch Stacheln, Dornen und andere Auswüchse vergrößerte Oberfläche erhöht den Formwiderstand (Bild 2 und 3).

Die Körperform unterliegt bei einigen Zooplanktern einem zyklischen Wandel. Daphnien z. B. vermehren sich während der Sommerperiode und über viele Generationen parthenogenetisch, also ohne Männchen. Bei einigen Arten und Rassen ändert sich die Gestalt dabei so, daß der Kopf immer länger wird und einen „Helm" bildet (Bild 4); auch der Schwanzdorn kann sich verlängern. Dieser Formwandel hat mit dem Schweben vermutlich nichts zu tun, wie man früher glaubte. Er ist experimentell durch erhöhte Temperatur, Licht und Turbulenz, bei Rotatorien auch durch besondere Ernährung auszulösen und tritt nur bei Planktonorganismen auf, die eine beachtliche Eigenbewegung haben, nicht dagegen bei solchen, die wirklich nur schweben. Der mögliche Vorteil des besseren Formwiderstandes wird durch erhöhte Bewegungsaktivität dieser Tiere im Sommer bei weitem übertroffen.

Man könnte vermuten, daß die im Wasser schwebenden oder doch jedenfalls wenig beweglichen Planktonorganismen gleichmäßig im See verteilt sein müßten oder nur zufällig irgendwo angehäuft sein könnten. Das ist keineswegs der Fall: die chlorophyllführenden Algen, die auf die Lichtenergie angewiesen sind, leben nur im oberen Stockwerk des Sees, in der trophogenen Zone, und reichen je nach den optischen Eigenschaften des Wassers verschieden tief hinab. Von den Tieren des Planktons unternehmen viele regelrechte „Vertikalwanderungen", indem sie mit Beginn der Abenddämmerung aus der Tiefe gegen die Seeoberfläche aufwärts wandern und am Morgen in eine bestimmte Tiefe zurückkehren, in der sie sich tagsüber aufhalten. Wie neuere Untersuchungen gezeigt haben, wird dieses Verhalten in erster Linie von der Änderung der Helligkeit am Morgen und Abend gesteuert.

Im stehenden Gewässer leben natürlich nicht nur planktische Organismen. Die Fische z. B. schwimmen frei umher; sie werden dem Plankton als Nekton gegenübergestellt.

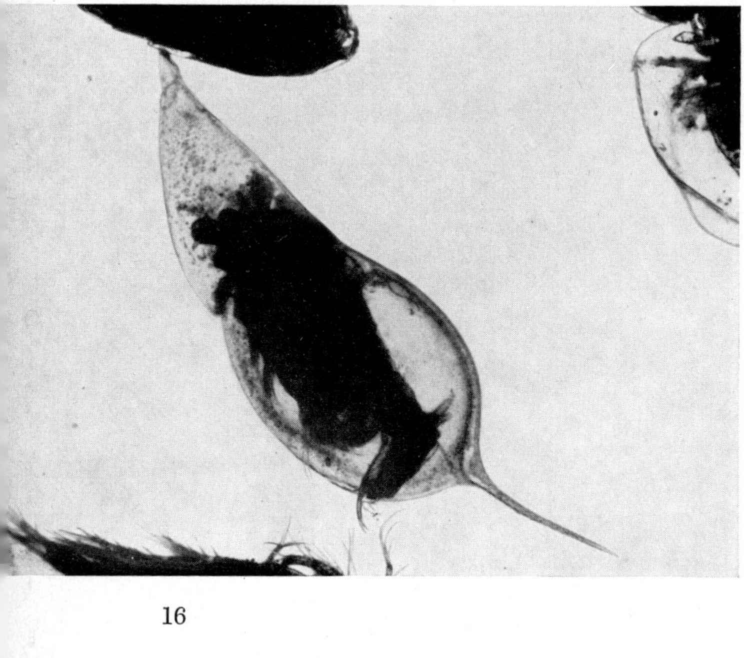

Bild 4. „Sommerdaphnien" mit hohem Helm aus dem Plankton des Balaton-Sees

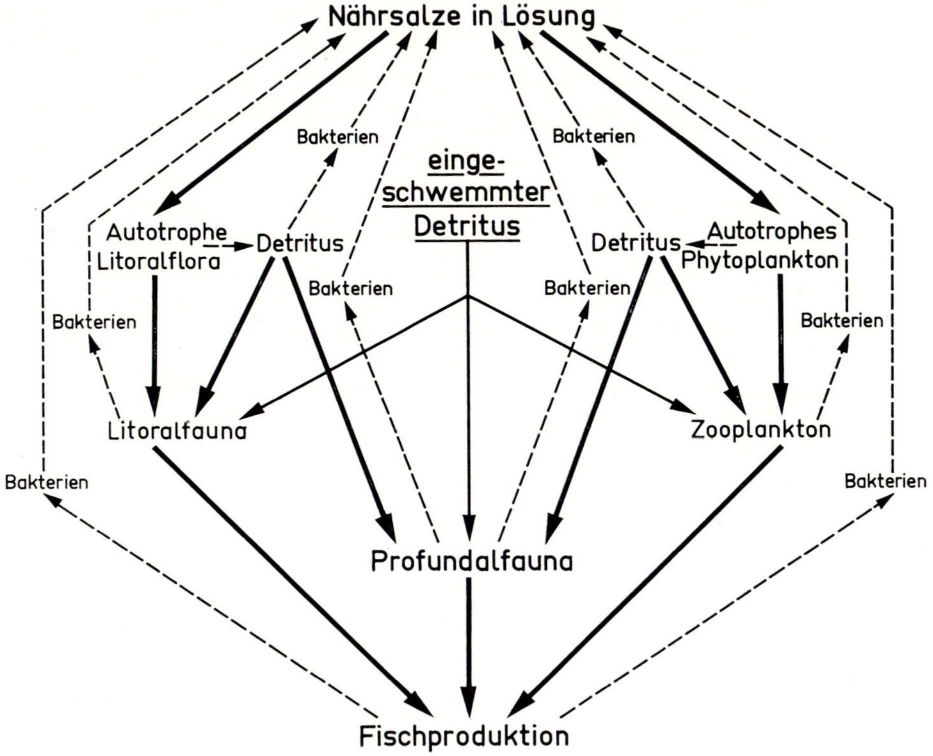

Bild 5. Schema des Stoffkreislaufes im See (aus THIENEMANN 1955)

Zur Lebensgemeinschaft der Bodenzone, dem Benthos, gehören die Pflanzen und Tiere der Uferzone (Litoral) sowie die Tiere, die in der Tiefenzone des Sees (Profundal) leben. Sehr interessant ist das Neuston, Organismen, die am Oberflächenhäutchen festsitzen oder auf der Wasseroberfläche leben (z. B. Wasserläufer).

Kehren wir noch einmal zu den Algen zurück! Sie sind es, die aus Lichtenergie und den im Wasser gelösten Nährstoffen die erste geformte organische Substanz aufbauen; sie sind gewissermaßen die Ur- oder Primärproduzenten im Gewässer. Für diese Photosynthese benötigen sie, gemäß der Gleichung:

$$6\,CO_2 + 6\,H_2O \xrightarrow{h\nu} C_6H_{12}O_6 + 6\,O_2$$

Kohlendioxyd als Lieferanten für den Kohlenstoff, den wichtigsten Baustein für organische Synthesen in der Pflanze. Man hat die photosynthetische Leistung der Algen im See mit Hilfe von radioaktivem Kohlenstoff untersucht (Methodik vgl. S. 146) und ist zu Werten gekommen, die für die verschiedenen Seen wahrscheinlich charakteristisch sind.

Von dieser Urproduktion lebt die gesamte Tierwelt im Gewässer. Zunächst sind es die Filtrierer, die unmittelbar die einzelligen Algen, besonders das ganz winzige

Nannoplankton aus dem Wasser abfiltrieren. Man hat Daphnien zusammen mit Algen kultiviert, die durch Aufnahme von radioaktivem Kohlenstoff „markiert" waren. Nach einiger Zeit wurde die Radioaktivität der Daphnien gemessen und daraus berechnet, wieviel Algen die Tiere während dieser Zeit gefressen und wieviel Wasser sie dabei filtriert hatten. Es ergab sich überraschenderweise, daß trotz intensiver Filtrierleistung nur 5% des Angebotes an Algen ausgenutzt wurde. Das bezieht sich auf einen bestimmten See in Schweden, aber die Dinge liegen in anderen Gewässern wahrscheinlich ähnlich; hierüber fehlen noch eingehende Untersuchungen. Bei der Ernährung der Filtrierer spielen neben den Algen die Bakterien und unbelebte organische Teilchen eine ganz wesentliche Rolle. Die Filtrierer sind jedenfalls die ersten, die die Urproduktion an die Folgeproduzenten weitergeben (Primärkonsumenten); denn von ihnen leben wiederum die Räuber und zuletzt die Fische (Bild 5).
Die Nährstoffe gelangen durch den bakteriellen Abbau der toten Organismen wieder in das Wasser zurück. Von dem, was an organischer Substanz am Grunde der Seen ankommt, leben die Bodentiere. Die Unterschiede, die sich daraus für die verschiedenen Seetypen ergeben, sind auf S. 93 f. erwähnt.

Der Fluß ist gegenüber dem See ein „offenes System": kein Kreislauf des Wassers, sondern ein gerichteter Transport. Zudem ist der Fluß nicht vertikal, sondern horizontal gegliedert. Hier ändern sich alle Milieufaktoren von der Quelle stromabwärts: Strömung und Gefälle nehmen allmählich ab, die Sedimente am Grund werden dementsprechend immer feinkörniger, und die Sommertemperaturen steigen stromabwärts immer mehr an. Der Sauerstoffeintrag ist bei starker Turbulenz so groß, daß ein größeres Sauerstoff-Defizit nur in langsam fließenden Gewässern und nur in Zonen mit direkter Fäulnis auftritt. Das ist der Fall bei größeren Einleitungen von organischen Abwässern in den Fluß. Im Bereich der direkten Einleitung spielen sich ausschließlich sauerstoffzehrende Fäulnisprozesse ab (polysaprobe Zone), bei gutem Sauerstoffeintrag setzt jedoch bald die Mineralisation der organischen Substanzen ein (mesosaprobe Zone). Diese „Selbstreinigung" der Fließgewässer ist ein höchst charakteristischer und praktisch wichtiger Vorgang. Er führt von der polysaproben über die mesosaprobe zur oligosaproben Zone mit nur noch geringen Resten der Verunreinigung. Für jede dieser Zonen gibt es eine charakteristische Lebensgemeinschaft.
Jeder Organismus im Fluß lebt da, wo er besonders gute Lebensbedingungen findet. In dem mechanischen Zug der Wasserströmung liegt für ihn jedoch eine ständige Gefahr, in andere Umweltverhältnisse abgetrieben zu werden. Dagegen gilt es sich zu schützen!
Betrachten wir die Verhältnisse im Gebirgsbach. Die Organismengruppe des Planktons fehlt hier ganz. Das Nekton ist nur durch einige in Form und Lebensweise charakteristische Fischarten vertreten. Neuston gibt es aus naheliegenden Gründen ebenfalls nicht. Der wichtigste Unterschied zum See besteht darin, daß nahezu die gesamte, tierische wie pflanzliche, Besiedlung dieses Lebensraumes zum Benthos gehört.
Zum Schutz gegen das Fortgerissenwerden wurzeln die Pflanzen im Boden oder sitzen fest auf Steinen oder anderen Substraten, wie die Algen. Von den Tieren

leben nur wenige in der stärksten Strömung. Sie halten sich mit Saugnäpfen am Stein fest (die Larve der Mücke *Liponeura*), oder sie drücken sich mit ihrem abgeflachten Körper fest gegen die Unterlage (z. B. die Larven einiger Eintags- und Steinfliegen); einige kleben sich an der Unterlage fest (Larven der Kriebelmücken und Puppe von *Liponeura*), aber die meisten Tiere suchen der unmittelbaren Strömung zu entgehen, indem sie zwischen den Steinen leben, wo die Strömung viel geringer ist. Auch die Moospolster sind aus diesem Grunde oft dicht besiedelt; Arten, die hier leben, halten sich mit besonders starken Krallen und Dornen an den Pflanzenästen fest. Sehr viele Tiere leben im Flußsediment selbst; sie graben entweder eigene Gänge (z. B. die Larven einiger Eintagsfliegen), oder begnügen sich mit den Porenräumen, die durch die lockere Lagerung der unregelmäßig geformten Körner entstehen (hyporheischer Lebensraum oder Hyporheal).

Je weiter wir flußabwärts kommen, um so geringer wird die Strömung und desto mehr gleichen sich die Lebensbedingungen denen im See an. Pflanzliches und tierisches Plankton tritt auf, die Artenzahl der Fische nimmt zu, und auch andere Organismen des stehenden Wassers besiedeln den Fluß. Ganz besonders gilt dies für künstliche oder natürliche Stauseen im Strom.

Die Energie- und Nährstoffzufuhr ist, bezogen auf das Wasservolumen, im Fluß größer als im See. Die Ufer- und Bodenpflanzen haben als Primärproduzenten eine viel größere Bedeutung als im stehenden Gewässer (ausgenommen Weiher, Teiche und Kleingewässer); hinzu kommen die Aufwuchsalgen sowie in größeren Flüssen die Planktonalgen. Konsumenten sind die Filtrierer, die sich besonders unterhalb von Stillwasserzonen sammeln, sowie die Detritusfresser und Räuber.

Mit der Erwähnung des hyporheischen Lebensraumes haben wir bereits den Schritt zum unterirdischen Wasser getan. Subterrane Lebensräume sind von der Erdoberfläche abgeschlossen und durch das Fehlen des Lichts gekennzeichnet. Auch die Wassertemperatur ist mehr oder weniger konstant niedrig, so wie wir es von den Quellen her kennen. Der hyporheische ist ein Übergangs-Lebensraum mit Lebensbedingungen, die denen des Flusses noch ähnlich sind, aber mit völliger Dunkelheit, geringer Wasserbewegung und Temperaturen, deren Tages- und Jahresschwankungen sehr viel ausgeglichener sind.

Wegen des fehlenden Lichts sind die unterirdischen Gewässer fast nur von Tieren besiedelt, die, verglichen mit oberirdischen Arten, einige charakteristische Merkmale aufweisen. Viele sind blind oder haben doch verkümmerte Augen und verbergen sich vor dem Licht; auch ihr Körperpigment ist weitgehend zurückgebildet. Dagegen haben viele von ihnen, soweit sie ausschließlich in Höhlengewässern leben, sehr lange Fühler und Beine, mit denen sie die Umgebung abtasten.

Die eigentlichen Grundwasserorganismen, die im Grundwasserstrom der Flußkiese leben und sich in den Lückenräumen verborgen halten, sind meist auffallend langgestreckt und dünn. Die Beine und andere Körperanhänge sind verkürzt und zum Teil verkümmert, und alles ist auf den wurmförmigen Gestalttypus hin organisiert. Die Tiere bewegen sich schlängelnd durch das engbegrenzte Lückensystem. Diesen Typus treffen wir bereits im hyporheischen Lebensraum, wo seine Herausbildung aus oberirdisch lebenden Fließwasserorganismen teilweise zu verfolgen ist.

EINIGE PHYSIKALISCHE UND CHEMISCHE METHODEN ZUR ERMITTLUNG DER EIGENSCHAFTEN DES WASSERS

Zu jeder hydrobiologischen Arbeit am Gewässer gehört eine gleichzeitige Untersuchung wenigstens der wichtigsten Eigenschaften des Wassers. Anders ist ein biologischer Vergleich verschiedener Bezirke eines Gewässers, unterschiedlicher Gewässer des gleichen Typs oder Gewässer verschiedener Typen ohne einen a priori-Verzicht auf die kausale Analyse der biologischen Verschiedenheiten gar nicht möglich. Der Hydrobiologe kann zunächst auf Untersuchungen, die zur Beurteilung spezieller limnologischer Fragen wichtig wären, verzichten, z. B. auf die Messung von Strömungen in stehenden Gewässern (nicht in Fließgewässern!) sowie die Bestimmung etwa der organischen Phosphorkomponenten, des Nitrits und Silikats usw. im Wasser. Für bestimmte Fragen der Hydrobiologie ist auch die genaue Kenntnis dieser Verhältnisse von grundlegender Bedeutung; die Strömungen im See etwa für die Verteilung des Planktons, der Silikatgehalt des Wassers für die Entfaltung der Kieselalgen. Die genaue Kenntnis aller chemischen Komponenten und ihrer Umsetzung im Wasser und in den Organismen ist die Grundlage für die Erforschung des Stoffhaushaltes der Gewässer. Diese Untersuchungen werden heute mit erheblichem apparativem Aufwand durchgeführt.
Es werden in diesem Buch daher nur einige, immer wieder auszuführende, Messungen und chemische Methoden beschrieben, die auch von nicht professionellen Hydrobiologen, von Studenten und in hydrobiologisch interessierten Arbeitsgemeinschaften höherer Schulen ausgeführt werden können. Die zahlreichen Literaturzitate zeigen dem Interessierten den Weg, wo er die speziellen Methoden finden kann. Für die wasseranalytische Methodik liegt eine Reihe guter Darstellungen vor, auf die bei Bedarf zurückgegriffen werden kann.

I. PHYSIKALISCHE METHODEN

1. Entnahme der Wasserproben

Die Entnahme von Wasserproben zur chemischen Untersuchung bereitet bei kleinen oder seichten Gewässern, die vom Ufer aus leicht zugänglich sind, wie flache Tümpel und Gräben, der Ufersaum größerer Gewässer und deren Oberfläche (Boot), sowie kleinen Bächen und Quellen keine Schwierigkeit. Hier wird die Wasserprobe direkt dem Gewässer entnommen. Dazu eignen sich besonders gut Polyäthylen-Flaschen, die leichter als Glasflaschen und unzerbrechlich sind. Soweit wir wissen, geben sie keine chemischen Substanzen an das Wasser ab, absorbieren jedoch Substanzen aus dem Wasser. Das wird verhindert, wenn die Polyäthylenflaschen eine

Bild 6. Schöpfflasche zur Entnahme von Wasserproben (nach RUTTNER)

Woche lang jodiert werden. Dazu werden sie randvoll mit einer 5%igen Lösung von Jod in 8%iger Kaliumjodidlösung aufgefüllt. Während dieser Zeit werden die freien N-Valenzen des Polyäthylens mit Jod abgesättigt. Die Flaschen werden anschließend gründlich mit destilliertem Wasser gewaschen. Die Jodlösung ist immer wieder zu verwenden (HERON 1962). Polyäthylenflaschen sind außerdem billiger als gleichgroße brauchbare Glasflaschen. Sollen trotzdem Glasflaschen verwendet werden, so sollten sie ausschließlich diesem Zweck dienen und schon länger in Gebrauch sein. Selbstverständlich wird jede Flasche vor der Probenentnahme sorgfältig ausgespült. Glasflaschen geben keine Substanzen an das Wasser ab, wenn ihre Innenflächen mit Fluorwasserstoff aufgerauht worden sind. Dazu Imprägnation mit 0,5%iger HF in dest. Wasser für die Dauer von 8 Tagen (Angabe von HASSENTEUFEL et al. 1963 für „Pyrex"-Gläser, die gut unserem Jenaer Geräteglas G_{20} entsprechen).

Aus größeren Tiefen müssen Wasserproben mit Hilfe von Schöpfern genommen werden.

Der einfachste, leicht selbst herstellbare Schöpfer ist die MEYERsche Schöpfflasche (Bild 6). Am besten verwendet man eine leere Sektflasche, die mit einem aus Kordel geknüpften Netz umgeben und unten mit einem Stein oder Bleigewicht beschwert ist. Am Flaschenhals ist eine kräftige Schnur angebracht, an der ein Korken so befestigt ist, daß er bei straff gespannter Schnur nicht bis zum Flaschenhals reicht. Im verschlossenen Zustand wird die Flasche in die gewünschte Tiefe hinunter gelassen und dann durch einen kräftigen Ruck an der Schnur geöffnet. Die mit Wasser gefüllte Flasche kann dann natürlich nicht mehr verschlossen werden und muß geöffnet heraufgeholt werden, wodurch Vermischungen mit anderen Wasserschichten nicht zu vermeiden sind. Man muß sich also darüber im klaren sein, daß diese Methode nicht ganz fehlerfrei arbeitet; sie ist als einfaches Hilfsmittel aber immer noch von größtem Wert. Die Flasche kann nur bis in 50 m Tiefe verwendet werden, weil bei größeren Tiefen der hydrostatische Druck zu stark ist.

Die eigentlichen, komplizierteren (und teueren) Wasserschöpfer verfolgen das umgekehrte Prinzip wie die beschriebene Schöpfflasche. Sie sind oben und unten offen und werden in geöffnetem Zustand in die gewünschte Seetiefe hinunter gelassen und durch ein Fallgewicht und einen Federmechanismus geschlossen. Dabei isolieren sie einen Wasserkörper, der beim Heraufholen durch andere Wasserschichten nicht beeinflußt wird.

Zur Entnahme von Wasserproben eignet sich der Wasserschöpfer nach RUTTNER besonders gut (Bild 7a, b und 8). Er besteht aus einem Plexiglaszylinder, der von horizontal liegenden, oben und unten genau eingeschliffenen Deckeln verschlossen werden kann. Beim Hinunterlassen des Zylinders sind die Deckel geöffnet, so daß das Wasser durch den Schöpfer hindurchströmen kann (Bild 7a). Dabei entstehen an den horizontal stehenden Deckeln Wirbel, die sich störend auswirken, wenn

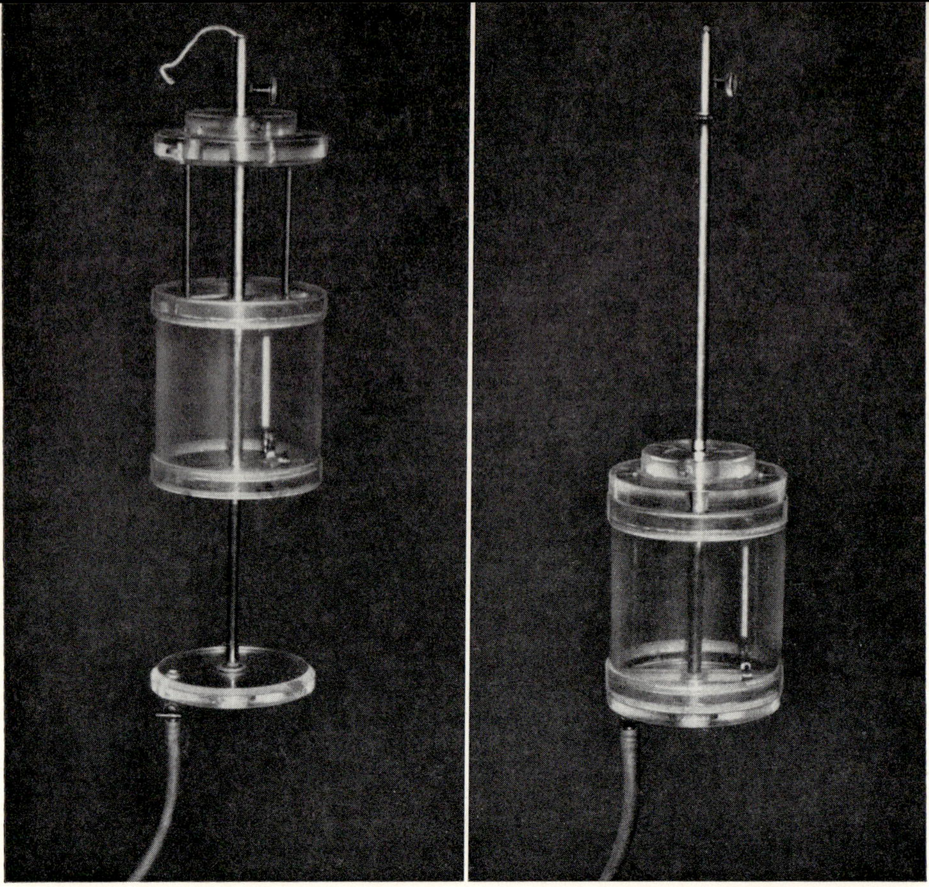

▲
Bild 7. Wasserschöpfer nach RUTTNER; links geöffnet, rechts geschlossen

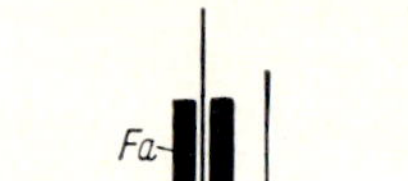

◀
Bild 8. Wasserschöpfer nach RUTTNER im Längsschnitt. *Fa* = Fallgewicht, *Hü* = Schutzhülle für das Thermometer *Th*, *Ha* = Ablaßhahn (vgl. Text); (aus RUTTNER: Grundriß)

▶
Bild 9. Fallgewicht zum Schließen limnologischer Geräte unter Wasser (Foto Hydrobios)

eng begrenzte vertikale Schichtungen im Wasser untersucht werden sollen. In der Planktonforschung verwendet man daher andere Modelle, über die auf S. 54 ff. berichtet wird. Soll der Schöpfer geschlossen werden, so wird an der Halteleine ein 0,5 bis 1 kg schweres Fallgewicht hinabgelassen (Bild 9), das mit Wucht auf einen Federmechanismus auftrifft und dadurch die Haltevorrichtung für die Verschlußdeckel löst. Der Glaszylinder fällt auf den unteren Deckel und fast gleichzeitig fällt der obere Deckel auf die obere Öffnung. Damit ist der Schöpfer geschlossen und kann hochgezogen werden. Im Zylinder befindet sich zweckmäßig ein kleines Thermometer, das die Wassertemperatur der jeweiligen Tiefe angibt. Im unteren Deckel ist ein Ablaßhahn mit Schlauchanschluß montiert, so daß dem Schöpfer beliebig viele Wasserproben entnommen werden können.

Als Fallgewichte dienen durchbohrte Blei-, Eisen- oder Messing-Zylinder, die auch im Handel zu haben sind (Bild 9). Als Halteleinen für die verwendeten Geräte nimmt man am besten Perlonleinen. Für schwere Geräte, die auch in größeren Tiefen (50 m und tiefer) verwendet werden, kommt man ohne Drahtseil und Seilwinde nicht aus. Es bedeutet eine große Erleichterung, wenn man sich die Perlonleinen vor Gebrauch in 1 m, 5 m und 10 m-Stufen einteilt. Die Markierung kann mit buntem Garn vorgenommen werden, das an den abgemessenen Punkten mehrfach fest um die Leine gewickelt wird (vgl. Bild 55, S. 96). Für 1, 5 und 10 m nimmt man verschiedene Farben. Man muß darauf achten, daß die Markierungen nicht verrutschen und daß das Fallgewicht leicht an der Leine beweglich ist. Von Zeit zu Zeit sollte man die Markierung nachprüfen.

Zur Entnahme von Wasserproben aus Fließgewässern haben Jaag, Ambühl und Zimmermann (1956) einen Horizontalwasserschöpfer entwickelt. Der Zylinder wird nicht senkrecht, wie beim Ruttner-Schöpfer, sondern horizontal ins Wasser hinunter gelassen. Die Deckel beiderseits des Zylinders werden mit Spiralfedern offen gehalten und können mit einem Zug an zwei Kabeln geschlossen werden. — Horizontalwasserschöpfer sind bereits früher von Wohlstedt und Schweder entwickelt worden. Einen Horizontalwasserschöpfer zur Entnahme von Wasserproben am Boden hat kürzlich Joris (1964) beschrieben; vgl. auch S. 101 f.

2. Messung der Wassertemperatur

Eine genaue Kenntnis der Temperaturverhältnisse in einem Gewässer ist bei hydrobiologischen Untersuchungen immer von Bedeutung. Es stehen grundsätzlich drei Meßverfahren zur Verfügung: Die Messung mit Quecksilber- und Flüssigkeitsthermometern, die elektrische Temperaturmessung und chemische Methoden zur Messung der Wassertemperatur.

Am einfachsten ist die Messung mit Quecksilber- und Flüssigkeitsthermometern. Sie können vom Ufer aus direkt eingesetzt werden. Sehr nützlich sind Maximum-Minimum-Thermometer, die die Extremwerte in einem beliebigen Zeitabschnitt angeben. Messungen dieser Art sind besonders in Quellen und Fließgewässern, überhaupt in allen Kleingewässern mit starken tageszeitlichen Temperaturschwankungen, wie auch im hyporheischen Grundwasser, interessant. Für die Ermittlung der Temperatur in verschiedenen Tiefenstufen von Seen und größeren Flüssen kann man auch die mit der Schöpfflasche gewonnenen Wasserproben verwenden, was wegen der hohen Wärmekapazität des Wassers hinreichend genau ist. In der gleichen Weise

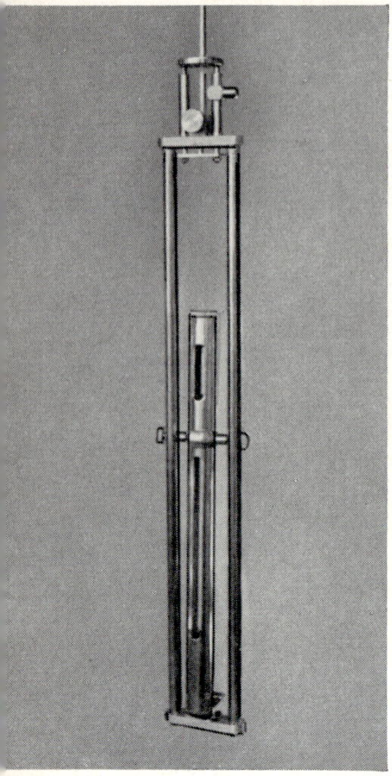

Bild 10. Kippthermometer (Foto Hydrobios)

arbeiten ja auch die in die Wasserschöpfer eingebauten Thermometer.

Früher verwendete man zur genauen Untersuchung der vertikalen Temperaturschichtungen im See ausschließlich das Kippthermometer (Bild 10). Das Thermometer ist in einem Metallrahmen schwenkbar aufgehängt. Es wird an einer markierten Leine in die gewünschte Seetiefe hinunter gelassen und dort etwa 5 min exponiert. Das Gerät zeigt dann die genaue Temperatur dieser Wasserschicht an dieser Stelle an. Um dieses Meßergebnis an Ort und Stelle zu fixieren, wird ein Fallgewicht hinunter gelassen und über einen Federmechanismus das Thermometer aus der Haltevorrichtung gelöst: es kippt um 180°. Dabei reißt der Quecksilberfaden an einer Verengung des Kapillarrohres ab und gleitet zum anderen, jetzt unteren Ende des Thermometers, das mit einer 0,1°-Einteilung versehen ist. Die Temperaturunterschiede beim Hochholen des Instrumentes können die Länge des Quecksilberfadens nicht mehr wesentlich beeinflussen, so daß die Temperatur der untersuchten Tiefenstufe an der Oberfläche mit größter Genauigkeit abgelesen werden kann. Kippthermometer werden auch heute noch im Handel angeboten, sind aber, wegen der großen Genauigkeit und der erforderlichen Eichung des Thermometers, ziemlich teuer und daher neben elektrischen Temperaturmeßgeräten nicht mehr konkurrenzfähig.

Das Kippthermometer ist heute durch andere Methoden überrundet worden, und dies nicht nur aus Gründen der Zeitersparnis, sondern auch aus sachlichen Erwägungen. Jede Messung dauert mit dem Kippthermometer 6 bis 20 Minuten, je nach Tiefenstufe. Für ein vertikales Temperaturprofil in tiefen Seen benötigte man mehrere Stunden. Durch genaue Untersuchungen wissen wir aber, daß sich die vertikalen Temperaturverhältnisse in Seen durch Verlagerung der Isothermen in sehr kurzer Zeit erheblich ändern können. Zur Messung dieser Veränderungen ist das Kippthermometer zu schwerfällig und es ist eine Notwendigkeit der methodischen Entwicklung gewesen, daß man mehr und mehr auf elektrische Methoden der Temperaturmessung übergegangen ist, die zwar keine genaueren Meßwerte liefern, diese aber ohne Verzögerung registrieren: darauf kommt es an.

Man verwendet Thermoelemente oder elektrische Widerstandsthermometer, auf deren Konstruktion hier nicht eingegangen zu werden braucht. Das Anzeigegerät bleibt im Boot, während die Temperatursonde in die Tiefe hinuntergelassen wird. Da die Geräte fast trägheitsfrei arbeiten, benötigt man für ein genaues Temperaturprofil nur wenige Minuten. Außerdem gelingt es, geringste vertikale Unterschiede, besonders in Oberflächennähe und innerhalb der Sprungschicht, zu registrieren, was infolge der Größe der Kippthermometer früher nicht mit der erforderlichen Genauigkeit möglich war. Selbstverständlich können an die elektrischen Temperaturmesser Farbschreiber angeschlossen werden, so daß eine kontinuierliche Registrierung der Temperatur vorgenommen werden kann. Zusammenfassungen über die in der Hydro-

biologie verwendeten Methoden haben MORTIMER (1953), MORTIMER und MOORE (1953) und SCHMITZ (1954) gegeben.
Schließlich sei noch auf eine Methode von PALLMANN, EICHELBERGER und HASLER (1940) hingewiesen, bei der die Temperatur während einer längeren Zeitspanne über dem Umweg ihrer Wirksamkeit auf die chemische Reaktionsgeschwindigkeit gemessen wird. Als Reaktion wird dabei die Inversion von Rohrzucker zu Invertzucker (Traubenzucker und Fruchtzucker) getestet. Die Rohrzuckerinversion ist zeit- und temperaturabhängig. Die optisch unterschiedlichen Drehverhältnisse der Zuckerarten können in Lösungen leicht mit einem Polarimeter ermittelt werden. Vgl. hierzu SCHMITZ (1954) sowie SCHMITZ und VOLKERT (1959). Die Testlösungen werden in Glasampullen eingeschmolzen und können wochen- oder monatelang exponiert werden.

Umrechnungen für ° FAHRENHEIT, REAMUR und CELSIUS:

$$t^\circ\,C = \frac{4}{5}\cdot t^\circ\,R = \left(\frac{9}{5}\cdot t + 32\right)^\circ F$$

$$t^\circ\,F = \frac{4}{9}\cdot (t-32)^\circ\,R = \frac{5}{9}\cdot (t-32)^\circ\,C$$

oder: 5 Celsiusgrade = 9 Fahrenheitgrade = 4 Reamurgrade.

3. Messung der Lichtintensität und der spektralen Zusammensetzung des Lichtes

Die Methodik der Strahlungsmessung unter Wasser ist in den letzten Jahren sehr verfeinert worden. Es handelt sich dabei um die Messung von Lichtintensitäten und -qualitäten sowie um Trübungsmessungen im Wasser.
Das Lichtklima im Wasser ist besonders für die Photosynthese der Pflanzen, also für die Primärproduktion (vgl. S. 78 und 142 f.) sowie u. a. für die Verteilung des Planktons im Wasser von der größten Bedeutung. Strahlungsmessungen sind daher auch für hydrobiologische Fragestellungen wichtig, mit trivialen Hilfsmitteln jedoch nicht auszuführen.
Die Geräte arbeiten wie der Belichtungsmesser eines Photoapparates. Sperrschicht-Photoelemente erzeugen bei Belichtung einen der Beleuchtungsstärke proportionalen elektrischen Strom, der mit einem Galvanometer gemessen werden kann (Bild 11). Das Photoelement muß natürlich wasserdicht in einem Gehäuse eingebaut sein. Es wird an einem Kabel im Gewässer exponiert, während das Meßinstrument im Boot oder am Ufer bleibt. Will man außer der Lichtintensität auch die spektrale Zusammensetzung des Lichtes unter Wasser messen, so setzt man vor das Photoelement Farbfilter von bekannter Durchlässigkeit und Farbqualität (Wellenlänge) und bestimmt die Intensität für die einzelnen Spektralbereiche. Die Skala des Galvanometers kann direkt auf LUX geeicht sein *.
Da die ausführliche Darstellung weiterer Methoden einen sehr breiten Raum ein-

* Das Lesen amerikanischer Arbeiten wird dadurch erschwert, daß die Lichtintensität in „footcandles“ angegeben wird. Umrechnung: 1 footcandle = 10,83 Lux.

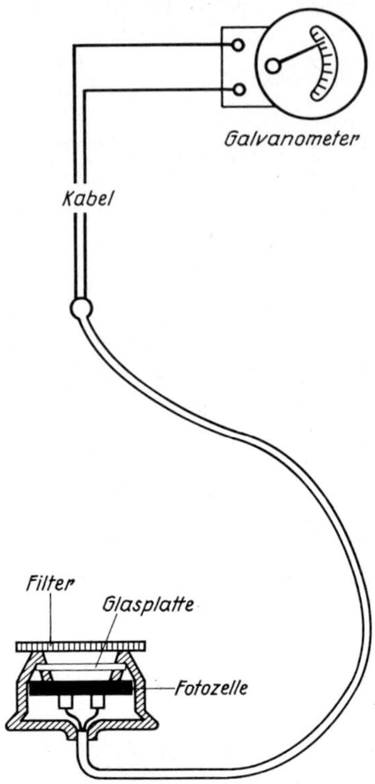

Bild 11. Einfaches Gerät (Sperrschicht-Photoelement) zur Lichtmessung unter Wasser (nach ECKEL und RUTTNER aus RUTTNER: Grundriß)
◄

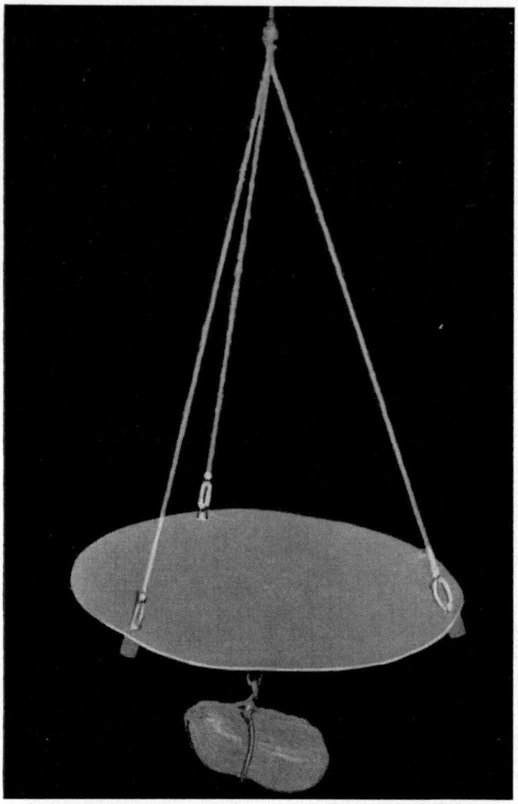

►
Bild 12. SECCHIsche Scheibe zur Messung der Sichttiefe

nehmen würde, sei hier auf die folgende, leicht zugängliche Literatur hingewiesen: Görlich (1951), Sauberer (1962), Sauberer u. Eckel (1938), Sauberer u. Ruttner (1941) sowie Schmitz (1953 und 1960).

Als Schätzmethode für die Abnahme der Lichtintensität im Wasser wird allgemein mit der Secchischen Scheibe die Sichttiefe bestimmt. Es handelt sich um eine weiße Scheibe, rund oder viereckig, von 20—25 cm Durchmesser (Bild 12), die an einer markierten Leine langsam in die Tiefe versenkt wird, bis ihre Umrisse eben verschwinden. Die Wassertiefe, bei der dies eintritt, ist die Sichttiefe, die ein Maß für die Durchsichtigkeit des Wassers ist. Sie ändert sich z. B. sehr stark mit dem Phytoplanktongehalt des Wassers. Dieses einfache, leicht selbst herstellbare Gerät eignet sich auf Exkursionen gut für orientierende Messungen.

4. Messung der Strömungsgeschwindigkeit fließender Gewässer

Selbst in einem idealen künstlichen Gerinne ist die Fließgeschwindigkeit des Wassers an jedem Punkt des Querschnitts verschieden und am geringsten unmittelbar in der Nähe des festen Untergrundes. Diese substratnahe Wasserschicht ist in natürlichen Fließgewässern durch Steine und andere Unregelmäßigkeiten des Untergrundes außerordentlich vergrößert und kompliziert gestaltet. Da diese Wasserschicht die biologisch wichtigste ist, ist es besonders bedauerlich, daß es bis heute keine Methode gibt, die Wasserbewegung hier genau zu messen.

Farbmethode: Es gibt dagegen eine einfache subjektive Methode, die Wasserbewegung am Boden wenigstens sichtbar zu machen, indem man das Wasser vorsichtig anfärbt. Dazu bringt man Kristalle von Kaliumpermanganat oder anderen stark färbenden und leicht wasserlöslichen Substanzen in einem vorn und hinten porösen oder fein zugespitzten Glasröhrchen auf den Boden des Gewässers und verfolgt direkt die Richtung des austretenden gefärbten Wasserfadens. Seine Ausbreitung, also die Wasserbewegung, ist mit einer Stoppuhr einigermaßen genau zu messen. Für das Studium der Verteilung von Organismen am Grund kleiner Fließgewässer liefert diese Methode wichtige Hinweise.

Driftkörpermethode: Auf der Oberfläche eines Fließgewässers wird ein schwimmender Körper entsprechend der Fließgeschwindigkeit des Wassers transportiert. Mißt man die Zeit für den Transport zwischen zwei markierten Punkten, so läßt sich daraus die Fließgeschwindigkeit des Wassers ermitteln. Die mittlere Fließgeschwindigkeit des Gewässers beträgt nach UHLE (1925) etwa 85% dieses Oberflächenwertes. Selbstverständlich entspricht dieser Wert nicht der tatsächlichen Geschwindigkeit der Wasserbewegung an den Stellen, an denen sich die Organismen aufhalten, aber die mittlere Fließgeschwindigkeit wirkt sich über die Gestaltung des Flußbettes, die Zusammensetzung des Untergrundes und die Art und Menge des höheren Pflanzenbewuchses doch auf die biologischen Verhältnisse aus und sollte daher immer ermittelt werden.

Andere Methoden: Weiterhin verwendet werden hydrometrische Meßflügel, deren Umdrehungszahl pro Zeit von der Strömungsgeschwindigkeit abhängt. Je kleiner der Flügel ist, desto genauer kann man den Gewässerquerschnitt abtasten; man kommt auf diese Weise jedoch nicht an die bodennahe Schicht heran. In langsam fließendem oder stark turbulentem Wasser liefern die Flügel zu geringe Werte (ENGELHARDT 1951; ZAHNER 1959). Mit den Hitzdrahtinstrumenten (RICHARDSON 1929) könnte die biologisch interessante Schicht theoretisch erreicht werden, sie sind aber für die Verwendung im Freiland zu empfindlich. Zwei weitere Geräte, das PETIT-Rohr und der GESSNER-Trichter, nutzen den hydrostatischen Druck der fließenden Welle aus. Beim PETIT-Rohr wird der Staudruck direkt manometrisch gemessen, wobei die starken Schwankungen zu ungenaue Werte ergeben (STUART 1953, zit. nach ZAHNER). GESSNER (1950) ermittelte die Wassermenge, die von einem kleinen, gegen den Strom gehaltenen Beutel mit umgekehrt trichterförmiger Öffnung während einer bestimmten Zeit aufgefangen wird. Das Gerät muß natürlich vorher unter bekannten Fließgeschwindigkeiten geeicht werden.

Bild 13. Siebsatz zur Korngrößenanalyse von Sedimentproben

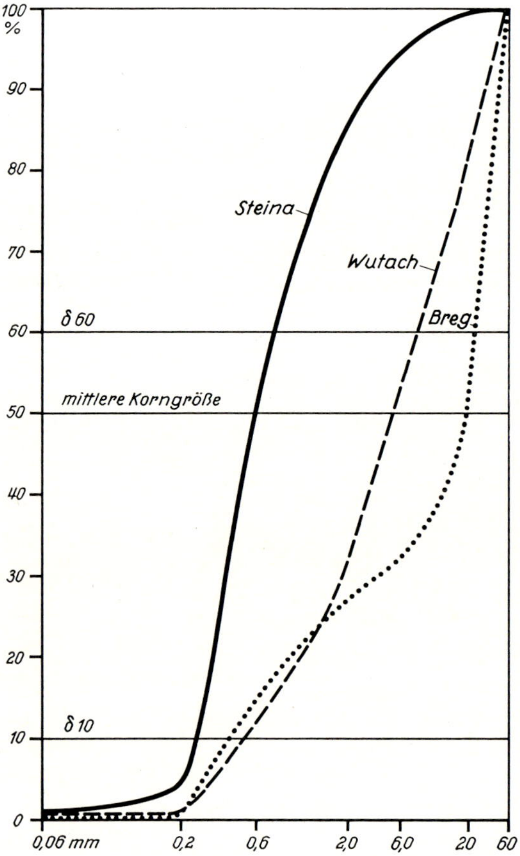

Bild 14. Summenkurve der Korngrößenanteile (vgl. Text)

5. Korngrößenanalyse des Substrates

Die Zusammensetzung des Untergrundes ist sowohl für die Besiedlung der Bodenzone stehender als auch fließender Gewässer und des hyporheischen wie interstitiellen Grundwassers von Bedeutung. Die Analyse des Sediments nach Korngrößen ist daher für biologische Fragen notwendig.

Technische Durchführung: Die Substratprobe wird dem Gewässer entnommen (Technik siehe bei den speziellen Kapiteln) und getrocknet. Mit Hilfe von genormten Siebsätzen, die nach Maschenweiten geordnet übereinanderstehen (Bild 13), werden die einzelnen Korngrößenanteile voneinander getrennt. Die Siebprobe wird auf das oberste, gröbste Sieb geschüttet und der ganze Siebsatz, mit einem Deckel verschlossen, auf eine Schüttelmaschine gesetzt. Nach 15 Minuten werden die einzelnen Fraktionen entnommen und gewogen.

Auswertung: Die ermittelten Gewichtsprozente werden in einer Tabelle zusammengestellt und später in Form einer Summenkurve halblogarithmisch dargestellt (Bild 14). Der Verlauf der Kurve orientiert rasch über den Anteil der einzelnen Korngrößen. Im steilen Verlauf ist der Anteil der entsprechenden Korngrößen hoch, im flachen gering. Besonders wichtig sind die aus der Kurve herauszulesenden Korngrößen bei 10%, 50% und 60% der Gesamtprobe. 50% entspricht der mittleren Korngröße, der Wert 60/10 gibt die Ungleichförmigkeit der Sedimentprobe an. Aus Bild 14 ist zu ersehen, wie ungleich dieser Wert für die verschiedenen Sedimentproben ausfallen kann. Es versteht sich von selbst, daß diese Verhältnisse sich unmittelbar auf die Bodenorganismen auswirken. Die übliche Bezeichnung für die einzelnen Korngrößen-Klassen ist aus der folgenden Tabelle zu ersehen.

Steine	über 63,0 mm	Grobsand	2,0—0,63 mm
Grobkies	63,0—20,0 mm	Mittelsand	0,6—0,2 mm
Mittelkies	20,0— 6,3 mm	Feinsand	0,2—0,063 mm
Feinkies	6,3— 2,0 mm	Silt	unter 0,063 mm

II. CHEMISCHE METHODEN

Die hier angegebenen einfachen Untersuchungsverfahren dienen nicht einer eingehenden chemischen Analyse des Wassers, sondern sind Feldmethoden zur Beurteilung des Wassers an Ort und Stelle und Labormethoden, die mit einfachen Mitteln ausgeführt werden können und doch hinreichend gute Ergebnisse liefern. Da es eine Anzahl leicht zugänglicher zusammenfassender Darstellungen der chemischen Wasseranalyse gibt, werden im folgenden nur die wichtigsten Methoden besprochen.

1. Entnahme der Wasserproben

Das Wichtigste ist zu diesem Kapitel bereits gesagt worden (vgl. S. 20). Im allgemeinen genügt 1 Liter Wasser zur chemischen Untersuchung. In Quellen, kleinen Rinnsalen und im Grundwasser (vgl. S. 139) sammelt man das Wasser zunächst in kleinen Flaschen und füllt in die Literflasche um. Jede Probenflasche wird mit einer Nummer gekennzeichnet, die auf eine Eintragung im Protokollheft über Art des Gewässers, Stelle der Probenentnahme (am Ufer, zwischen Pflanzen, in Seemitte usw.), Temperatur des Wassers während der Probenentnahme und andere Feststellungen hinweist. Die entnommenen Wasserproben müssen so rasch wie möglich weiter behandelt werden; sind längere Wartezeiten unumgänglich, so konserviert man jede Probe mit einigen Tropfen Chloroform, wodurch wenigstens die Vermehrung der Bakterien gehemmt wird. Die Proben sollten aber auch dann keinesfalls mehrere Tage stehenbleiben; dadurch ändert sich der Chemismus, und die Flaschen selbst werden durch Bakterien und Algen verunreinigt und sind dann nur noch bedingt brauchbar.

Derartig verunreinigte Flaschen soll man durch Schütteln mit reinem Seesand und Wasser und Nachspülen mit Wasser und destilliertem Wasser reinigen. Häufig benutzte Probenflaschen soll man in gewissen Zeitabständen mit Chromschwefelsäure (Vorsicht!) oder mit Pril reinigen und darauf längere Zeit mit häufig erneuertem Wasser stehenlassen.
Sofort an Ort und Stelle sollte die Bestimmung der Wasserstoffionenkonzentration (pH), des freien Kohlendioxyds (CO_2) und des Sauerstoffgehaltes durchgeführt werden, die übrigen quantitativen Bestimmungen erfolgen im Labor. Die qualitativen Bestimmungen können sämtlich am Gewässer vorgenommen werden.

2. Bestimmung der Wasserstoffionenkonzentration (pH-Wert)

pH ist die Abkürzung von potentia hydrogenii und bedeutet Stärke des Wasserstoffions; als „Stärke" ist hier die Konzentration gemeint. Chemisch reinstes Wasser ist zum Teil dissoziiert, und zwar sind bei einer Temperatur von 22° C 10^{-14} g Wasser im Liter zu gleichen Teilen in H^+ und OH^--Ionen gespalten. Die Konzentration des Wasserstoffions beträgt also 10^{-7}. An Stelle der unbequemen Zahl 10^{-7} gibt man den pH-Wert als negativen Logarithmus der Wasserstoffionenkonzentration an. Wasser mit dem pH-Wert 7 ist neutral, 7—14 alkalisch und unter 7 sauer. Natürlich vorkommendes Wasser schwankt um pH 7, die Extremwerte liegen bei pH 12 im alkalischen und pH 3 im sauren Bereich.
Ausführung der Bestimmung: Wir begnügen uns mit der Bestimmung an Ort und Stelle. Am besten eignet sich dazu der Universalindikator der Fa. Merck, mit dem man eine Genauigkeit von 0,5 Einheiten erreicht; das genügt für hydrobiologische Gewässeruntersuchungen zunächst. Die Bestimmung beruht auf dem Prinzip, daß bestimmte Verbindungen, sogenannte Indikatoren, bei saurer Reaktion des Wassers anders gefärbt sind als bei alkalischer.
Man gibt 8 ml Probenwasser in eine kleine weiße Porzellanschale und fügt 5 Tropfen Indikatorlösung hinzu. Vorsichtig umschwenken und die entstandene Farbe mit der mitgelieferten Farbskala vergleichen. Nicht im direkten Sonnenlicht arbeiten!
Andere Methoden: Will man Spezialfragen untersuchen, z. B. die Änderung des pH-Wertes innerhalb von 24 Stunden unter dem Einfluß der Photosynthese durch Algen oder höhere Pflanzen im See oder Bach, so genügt die Genauigkeit der angegebenen Methode natürlich nicht. Die Fa. Hellige, Freiburg i. Br., hat einen Farbkomparator entwickelt, der ebenfalls auf dem kolorimetrischen Verfahren beruht. Es werden Spezialindikatoren verwendet und deren Färbung im Probenwasser mit Farbscheiben verglichen. Genauigkeit 0,2 Schätzungen $\pm 0{,}1$ Einheit. Zur noch genaueren Messung im Laboratorium stehen verschiedene elektrometrische Verfahren zur Verfügung, die in robusterer Ausführung auch im Freiland zu verwenden sind, dann aber nicht genauer arbeiten als die angegebenen kolorimetrischen Verfahren.

3. Bestimmung des freien Kohlendioxyds im Wasser (CO_2)

Regenwasser enthält entsprechend dem Lösungsgleichgewicht mit der atmosphärischen Luft und dem Absorptionskoeffizienten des Wassers für CO_2 etwa 0,6 mg CO_2 je Liter. Das CO_2 verbindet sich mit dem Wasser teilweise zu Kohlensäure H_2CO_3

die wiederum zum Teil in H^+- und HCO_3^--Ionen dissoziiert ist. Während das Niederschlagswasser durch die Vegetationsschicht des Bodens hindurchsickert, löst es weiteres CO_2 aus der Bodenluft. Grund- und Quellwasser sind daher besonders reich an CO_2, das nach dem Quellaustritt bis zum Lösungsgleichgewicht an die Atmosphäre abgegeben wird. Kalk löst sich in CO_2-haltigem Wasser leicht, wobei Calciumbikarbonat $Ca(HCO_3)_2$ entsteht, das jedoch nur gelöst bleibt, wenn es mit einer bestimmten Menge CO_2 im Wasser, der Gleichgewichtskohlensäure, im Gleichgewicht ist. Nur der über den Betrag der Gleichgewichtskohlensäure hinausgehende CO_2-Überschuß, die aggressive Kohlensäure, vermag weiteren Kalk im Wasser zu lösen. Wird umgekehrt dem Wasser Gleichgewichtskohlensäure entzogen, wie es für den Austritt von Quellwasser erwähnt wurde, so zerfällt das Bikarbonat, und es setzt sich schwer lösliches Calciumkarbonat ab:

$$Ca(HCO_3)_2 \longrightarrow CaCO_3 + H_2O + CO_2$$

Da dabei CO_2 gebildet wird, läuft der Vorgang nur solange ab, bis wieder genügend Gleichgewichtskohlensäure im Wasser vorhanden ist. Unterhalb von Quellaustritten lagern sich oft dicke Kalkbänke ab (Travertin), die sogar gesteinsbildend auftreten können. Die Ausfällung des Kalkes beginnt meist erst einige Meter unterhalb des Wasseraustritts, nachdem die aggressive Kohlensäure an die Atmosphäre abgegeben worden ist.

Bei der folgenden Bestimmung des freien CO_2 im Wasser messen wir also die Gleichgewichts- und die aggressive Kohlensäure. Je kalkreicher ein Gewässer ist, desto höher ist im allgemeinen sein Gehalt an CO_2. Da auch der pH-Wert von dem Gehalt an freier Kohlensäure im Wasser abhängt und das System Kohlensäure — Bikarbonat im Wasser eine hohe Pufferwirkung hat, stehen CO_2, pH und Bikarbonatgehalt in direktem Zusammenhang.

Ausführung der Bestimmung: 100 ml Probenwasser werden mit 20 Tropfen 30%iger Seignettesalzlösung und 3 Tropfen einer 0,1%igen alkoholischen Phenolphthaleinlösung versetzt. Mit einer in 1/10 ml eingeteilten Pipette wird tropfenweise n/20 Natronlauge (n/10 Natronlauge der Fa. MERCK in Ampullen entsprechend mit destilliertem Wasser verdünnen) zugegeben und die Probe jedesmal vorsichtig umgeschwenkt. Ist freies CO_2 im Wasser vorhanden, so verschwindet die bei Zugabe von Natronlauge entstehende Rotfärbung wieder. Man gibt solange Natronlauge zu, bis die schwache Rotfärbung in der ganzen Probe 3 Minuten bestehen bleibt, was bei Betrachtung von oben gegen einen weißen Untergrund kontrolliert wird.

Berechnung und Angabe der Ergebnisse: Verbrauch von n/20 Natronlauge in ml multipliziert mit 22 gibt den Gehalt an freiem CO_2 in mg/l an. Die Ergebnisse werden auf ganze Milligramme abgerundet und als freies CO_2 angegeben.

4. Bestimmung des Sauerstoffgehaltes im Wasser

Die Löslichkeit des Sauerstoffs im Wasser ist temperaturabhängig, daher ändert sich der dem Lösungsgleichgewicht entsprechende Sauerstoffgehalt mit der Temperatur: in kaltem Wasser ist mehr Sauerstoff als im warmen gelöst, so daß bei der Probenentnahme stets eine Temperaturbestimmung notwendig ist. Die Löslichkeit des Sauerstoffs ist weiterhin vom atmosphärischen Druck abhängig; es ist $S' = S \frac{p}{760}$, wobei S′ der auf den mittleren Ortsdruck korrigierte Sättigungswert S ist. In größeren Höhenlagen ist diese Korrektur bei der Angabe von Sättigungswerten unbedingt erforderlich. Im Falkauer Gebiet, in etwa 1000 m Höhe, beträgt der Korrekturfaktor 1,13, d. h., ein Sättigungswert von 60% muß auf 67,8% korrigiert werden. Auf den folgenden Seiten sind die Korrekturfaktoren für verschiedene Höhenlagen sowie die O_2-Sättigungswerte für 0—40° C Wassertemperatur angegeben.

Die Sauerstoffbestimmung im Wasser beruht darauf, daß Natronlauge zusammen mit Mangan-II-sulfat einen weißen Niederschlag von Mangan-II-hydroxyd ergibt:

Neue Tabelle für Sauerstoffsättigungskonzentration

nach Truesdale, Downing und Lowden (1955) bei einem Gesamtdruck der wasserdampfgesättigten Atmosphäre von 760 Torr in mg/l O_2.

t°C	0,0°	0,1°	0,2°	0,3°	0,4°	0,5°	0,6°	0,7°	0,8°	0,9°
0°	14,16	14,12	14,08	14,04	14,00	13,97	13,93	13,89	13,85	13,81
1°	13,77	13,74	13,70	13,66	13,63	13,59	13,55	13,51	13,48	13,44
2°	13,40	13,37	13,33	13,30	13,26	13,22	13,19	13,15	13,12	13,08
3°	13.05	13,01	12,98	12,94	12,91	12,87	12,84	12,81	12,77	12,74
4°	12,70	12,67	12,64	12,60	12,57	12,54	12,51	12,47	12,44	12,41
5°	12,37	12,34	12,31	12,28	12,25	12,22	12,18	12,15	12,12	12,09
6°	12,06	12,03	12,00	11,97	11,94	11,91	11,88	11,85	11,82	11,79
7°	11,76	11,73	11,70	11,67	11,64	11,61	11,58	11,55	11,52	11,50
8°	11,47	11,44	11,41	11,38	11,36	11,33	11,30	11,27	11,25	11,22
9°	11,19	11,16	11,14	11,11	11,08	11,06	11,03	11.00	10,98	10,05
10°	10,92	10,90	10,87	10,85	10,82	10,80	10,77	10,75	10,72	10,70
11°	10,67	10,65	10,62	10,60	10,57	10,55	10,53	10,50	10,48	10,45
12°	10,43	10,40	10,38	10,36	10,34	10,31	10,29	10,27	10,24	10,22
13°	10,20	10,17	10,15	10,13	10,11	10,09	10,06	10,04	10,02	10,00
14°	9,98	9,95	9,93	9,91	9,89	9,87	9,85	9,83	9,81	9,78
15°	9,76	9,74	9,72	9,70	9,86	9,66	9,64	9,62	9,60	9,58
16°	9,56	9,54	9,52	9,50	9,48	9,46	9,45	9,43	9,41	9,39
17°	9,37	9,35	9,33	9,31	9,30	9,28	9,26	9,24	9,22	9,20
18°	9,18	9,17	9,15	9,13	9,12	9,10	9,08	9,06	9,04	9,03
19°	9,01	8,99	8,98	8,96	8,94	8,93	8,91	8,89	8,88	8,86
20°	8,84	8,83	8,81	8,79	8,78	8,76	8,75	8,73	8,71	8,70
21°	8,68	8,67	8,65	8,64	8,62	8,61	8,59	8,58	8,56	8,55
22°	8,53	8,52	8,50	8,49	8,47	8,46	8,44	8,43	8,41	8,40
23°	8,38	8,37	8,36	8,34	8,33	8,32	8,30	8,29	8,27	8,26
24°	8,25	8,23	8,22	8,21	8,19	8,18	8,17	8,15	8,14	8,13
25°	8,11	8,10	8,09	8,07	8,06	8,05	8,04	8,02	8,01	8,00
26°	7,99	7,97	7,95	7,95	7,94	7,92	7,91	7,90	7,89	7,88
27°	7,86	7,85	7,84	7,83	7,82	7,81	7,79	7,78	7,77	7,76
28°	7,75	7,74	7,72	7,71	7,70	7,69	7,68	7,76	7,66	7,65
29°	7,64	7,62	7,61	7,60	7,59	7,58	7,57	7,56	7,55	7,54
30°	7,53	7,52	7,51	7,50	7,48	7,47	7,46	7,45	7,44	7,43
31°	7,42	7,41	7,40	7,39	7,38	7,37	7,36	7,35	7,34	7,33
32°	7,32	7,31	7,30	7,29	7,28	7,27	7,26	7,25	7,24	7,23
33°	7,22	7,21	7,20	7,20	7,19	7,18	7,17	7,16	7,15	7,14

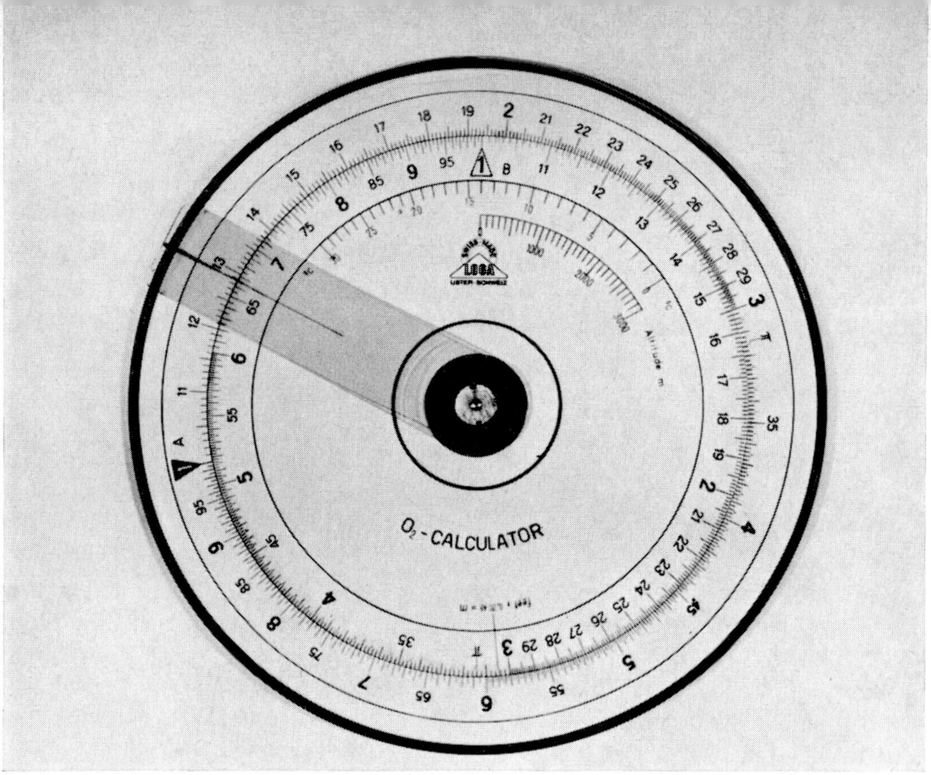

Bild 16. Der O_2-Kalkulator für die Berechnung des O_2-Gehaltes im Wasser und des Sättigungswertes

darin ist n der Verbrauch an Thiosulfat in ml, F der Titrationsfaktor der Thiosulfatlösung (= etwa 1), V das genaue Volumen der verwendeten Sauerstoff-Flasche und v das Gesamtvolumen der Zusätze an $MnSO_4$ und NaOH, also 1. Von dem berechneten O_2-Gehalt sind 0,07 mg für den mit den Reagentien eingeschleppten O_2-Gehalt abzuziehen. Die Sättigungswerte sind nach den ermittelten mg-Werten und den der Entnahmetemperatur entsprechenden Sollwerten (= 100%) zu berechnen, wobei gegebenenfalls eine Höhenkorrektur zu berücksichtigen ist (vgl. hierzu die Tabellen auf S. 32 u. 33).

Die Angabe der Ergebnisse geschieht in mg/l auf eine Dezimalstelle genau oder in % Sättigung auf Ganze abgerundet. Diese Berechnung ist leicht mit dem O_2-Kalkulator nach dem Rechenschieber-Prinzip auszuführen (Bild 16). Soll der O_2-Gehalt in ccm/l angegeben werden, so ist der mg-Wert mit 0,7 zu multiplizieren.

Die Winkler-Methode arbeitet mit einem Fehler von 3—5% (Carpenter 1965). Eine verbesserte Technik, die den Fehler auf 0,1% reduziert, ist von Carpenter beschrieben worden; sie ist als Feldmethode jedoch nicht mehr geeignet.

Orientierende Feldbestimmung: Das oben angegebene Verfahren nach Winkler und Ohle ist mit hinreichender Genauigkeit nur im Labor durchzuführen. Mit der folgenden Methode gelingt es, die Sauerstoffverhältnisse am Gewässer selbst grob abzuschätzen.

Eine Sauerstoff-Flasche wird mit 100 ml Probenwasser gefüllt und mit je 2 ml Mangansulfat und Natronlauge versetzt. Die Flasche wird dann verschlossen und umgeschüttelt. Der entstehende Niederschlag färbt sich je nach dem O_2-Gehalt des

Wassers mehr oder weniger braun. Bleibt der Niederschlag weiß, ist kein oder nur sehr wenig Sauerstoff vorhanden; ein hellgelber Niederschlag zeigt, daß die Probe O_2-arm, ein brauner, daß sie reich an Sauerstoff ist. Von PLEHN gibt es eine Farbtafel dazu, die bei LIEBMANN (1962) abgebildet ist.
Andere Methoden: Für genaue limnologische Untersuchungen wird vielfach das Jod-Differenzverfahren nach OHLE angewendet. Die Proben müssen jedoch nach 10 Minuten titriert werden, eine Forderung, die bei Feldarbeiten nur dann zu erfüllen ist, wenn man einen Laborwagen zur Verfügung hat. Neben diesen titrimetrischen Verfahren gibt es heute eine Anzahl elektrometrischer Bestimmungsmethoden. Vgl. hierzu TÖDT und PETSCH 1955 sowie AMBÜHL 1960, MACKARETH 1964 und MCLEOD, BOBLIS und YENTSCH 1965.

5. Bestimmung des Ammoniums im Wasser

Anorganische Stickstoff-Verbindungen kommen in Wasser meist als Ammonium, NH_3, Nitrit, NO_2 und Nitrat, NO_3 vor. Ammoniumverbindungen werden bei der Zersetzung von Eiweiß frei und unterliegen im Wasser einer mehr oder weniger raschen bakteriellen Oxydation zu Nitrit und weiter zu Nitrat. Durch menschliche Einflüsse nicht verunreinigte Quell- und Grundwässer enthalten in der Regel nur Nitrat, aber kein Ammonium. Tritt dieses in gut nachweisbaren Mengen auf (mehr als 0,1 mg/l), so deutet das auf Fäulnisvorgänge im Wasser hin, bzw. auf eine noch nicht beendete Oxydation des irgendwo gebildeten oder eingeleiteten Ammoniums. Eisenhaltige Grundwässer können dagegen auch unter natürlichen Bedingungen 3—4 mg/l Ammonium enthalten.
Die Bestimmungsmethode beruht darauf, daß das Ammonium-Ion NH_4^+ mit NESSLERS Reagenz eine gelbbraune Färbung ergibt.

Ausführung der Bestimmung Reagentien

1. Seignettesalzlösung 50%:	50 g krist. Seignettesalz in 100 ml dest. Wasser lösen, einige Tage absitzen lassen und gegen Phenolphthalein neutralisieren; durch Glaswolle filtrieren und in braunen Glasflaschen aufbewahren.
2. NESSLERS Reagenz:	Fertig von Fa. MERCK oder einer anderen Herstellerfirma zu beziehen.
3. Ammoniumvergleichslösung:	2,966 g NH_4Cl in 1 Liter dest. Wasser lösen. Die 1 : 10 verdünnte Lösung enthält je ml 0,1 mg NH_4^+.

Feldbestimmung (qualitativ): 20 ml der Wasserprobe mit 10 Tropfen Seignettesalzlösung und 2—3 Tropfen NESSLERS Reagenz versetzen und kräftig umschütteln. Tritt keine deutlich erkennbare Gelbfärbung auf, ist weniger als 0,1 mg Ammonium/l vorhanden. Bei Anwesenheit von mehr als 0,1 mg/l Ammoniak beobachtet man eine mehr oder weniger starke Gelbfärbung (0,1—5 mg/l). Bei 5 mg/l und mehr bildet sich ein gelbbrauner bis rotbrauner Niederschlag. Vorsicht bei Wässern, die eine Eigenfarbe haben, z. B. Moorgewässer.
Quantitative Bestimmung: 100 ml Probenwasser in einen ERLENMEYER-Kolben geben, je 2 ml Seignettesalzlösung und NESSLERS Reagenz zugeben und kräftig umschütteln; 5 Minuten stehenlassen. Einen zweiten Kolben mit 100 ml dest. Wasser (ammoniumfrei!) füllen und mit den gleichen Reagentien versehen. Dann wird aus einer in

0,1 ml eingeteilten Burette tropfenweise Ammoniumstandardlösung zugegeben und die entstehende Gelbfärbung mit der Farbe des Probenwassers verglichen. Bei Farbgleichheit wird die Menge der zugegebenen Standardlösung abgelesen und der Ammoniumgehalt berechnet.
Es sei hier noch auf die Verwendung von HEHNER-Zylindern hingewiesen. Es handelt sich um besonders ausgearbeitete Standzylinder von 105 ml Inhalt, die eine Einteilung in ml haben. Ein seitlich angebrachter Ablaßhahn gestattet eine bequeme Einstellung der Schichthöhe. Die Zylinder müssen aus farblosem Glas hergestellt sein, da sie zum Vergleich von gefärbten Lösungen verwendet werden. Der linke Zylinder wird mit 100 ml Probenwasser gefüllt, dann die erforderlichen Reagentien zugesetzt und mit destilliertem Wasser auf 105 ml aufgefüllt. In den rechten Zylinder gibt man 80 bis 90 ml destilliertes Wasser, dann Standardlösung sowie Reagentien und füllt ebenfalls auf 105 ml auf. Die entstandenen Färbungen werden bei hellem zerstreutem Tageslicht in einigen cm Abstand der Zylinder über einer weißen Unterlage miteinander verglichen. Erweist sich dabei das Probenwasser stärker gefärbt als die Vergleichslösung, so wird dieses soweit abgelassen, bis Farbgleichheit entsteht; dies sei bei 60 ml der Fall. Die Vergleichslösung enthält 1 ml Ammonium pro Liter, also 0,1 mg pro 100 ml. Dann ist $60 : 0{,}1 = 100 : x$ und $x = 0{,}17$ mg. Die Probe enthält also 1,7 mg Ammonium pro Liter. Muß die Vergleichslösung auf 60 ml abgelassen werden, so sind darin 0,06 mg enthalten. Da das Untersuchswasser bei diesem Wert Farbgleichheit hat, sind also auch in 100 ml Probenwasser 0,06 mg und im Liter also 0,6 mg Ammonium enthalten. Diese Anwendung der HEHNER-Zylinder gilt für alle kolorimetrischen Bestimmungsverfahren. Schwächster Punkt der Methode ist der subjektive Farbvergleich, der natürlich zu subjektiven Fehlern führt.
Andere Methoden: Einfacher als das Arbeiten mit Standardlösungen ist die Verwendung eines Farbkomparators der Fa. HELLIGE, der Farbscheiben für die verschiedenen Standards enthält. Im Labor werden heute die ausgefärbten Lösungen photometrisch, z. B. im **Elko,** kolorimetriert. Der NH_4-Wert für die ermittelten Extinktionen wird aus einer vorher mit Standardlösungen ermittelten Eichgeraden entnommen. Diese photometrischen Messungen sind natürlich genauer und vor allem frei von subjektiven Fehlern. Da die Geräte jedoch nicht jedem zugänglich sind, wird auf eine genaue Beschreibung hier verzichtet.
Angabe der Ergebnisse: Die Werte werden auf eine Dezimale genau in mg/l angegeben. Umrechnungen:

mg/l NH_4 (Ammonium) = mg/l NH_3 mal 1,059
mg/l NH_3 (Ammoniak) = mg/l NH_4 mal 0,944
mg/l N (Ammoniakstickstoff) = mg/l NH_3 mal 0,823

6. Bestimmung des wasserlöslichen Phosphats

Prinzip: Molybdän reagiert mit P und bildet eine intensiv blau gefärbte Verbindung. Die Farbintensität ist der Menge an Phosphat proportional.

Reagentien:

1. Ammoniummolybdat-Schwefelsäure: Jeweils vor Gebrauch 1 Volumteil 10%ige Ammoniummolybdatlösung mit 3 Volumteilen 50%ige Schwefelsäure vermischen.

2. Zinn-II-chloridlösung: Vor Gebrauch 0,27 g Zinnfolie in 7,5 ml konzentrierter rauchender Salzsäure lösen (Vorsicht) und auf 50 ml mit destilliertem Wasser auffüllen. Es darf nur die klare überstehende Lösung verwendet werden.

Ausführung der Bestimmung:

Zu 50 ml Probenwasser werden 0,5 ml Ammoniummolybdat-Schwefelsäure und 0,15 ml Zinn-II-chloridlösung zugegeben. Es bildet sich bei Anwesenheit von PO_4-P eine blaue Farbe, die entweder photometrisch kolorimetriert werden kann, oder es kann das Verfahren mit HEHNER-Zylindern, sinngemäß wie beim Ammonium beschrieben, angewendet werden.

Ansatz der Standardlösung und Verdünnungen:

1. Phosphat-Standardlösung: 0,57466 g Dinatriumhydrogenphosphat nach SÖRENSEN ($Na_2HPO_4 \cdot 2\,H_2O$) mit destilliertem Wasser auf 100 ml lösen. Die Lösung enthält 1 g PO_4-P pro Liter.
2. Verdünnung A: 1 ml Phosphat-Standardlösung auf 1000 ml destilliertem Wasser. 1 Liter enthält 1 mg PO_4-P.
3. Verdünnung B: 10 ml von Verdünnung A mit destilliertem Wasser auf 100 ml auffüllen. Die Lösung enthält 0,1 mg PO_4-P pro Liter.
4. Vergleichsreihe:

	2	5	10	20	50	70	100 μg PO_4-P/Liter
Verd. B	1	2,5	5	10	25	35	50 ml
+ aq. dest.	49	47,5	45	40	25	15	0 ml

7. Bestimmung des Säurebindungsvermögens (SBV, Alkalinität) und der Karbonathärte (festgebundene Kohlensäure)

(Vgl. die Ausführungen über CO_2, S. 30 f.)

Der Gehalt des Wassers an Karbonaten wird durch Titrieren von 100 ml Wasser mit einer zehntelnormalen Salzsäure gegen Methylorange als Indikator bestimmt. Der Karbonatgehalt liegt in der Regel überwiegend als Bikarbonat $Ca(HCO_3)_2$ vor.

Reagentien:

1. Methylorange	0,1%ige wäßrige Lösung
2. n/10 oder n/100 HCl	Normallösungen sind unter der Bezeichnung **Titrisol** von der Fa. MERCK zu beziehen.

Ausführung: Genau 100 ml Probenwasser werden im ERLENMEYER-Kolben mit 3 Tropfen Methylorangelösung versetzt. Mit n/100 oder n/10 Salzsäure vorsichtig bis zum Farbumschlag von Gelb auf Orange titrieren. Als Vergleich eine nicht austitrierte, ebenfalls mit Methylorange versetzte Wasserprobe daneben stellen. Eventuell Doppelbestimmung mit der ersten Titration als Vergleich.

Angabe der Ergebnisse und Umrechnungen: Das Säurebindungsvermögen wird in ml n/10 HCl, die für 100 ml Probenwasser verbraucht wurden, angegeben. Es ist weiterhin

Verbrauch an n/10 HCl in ml mal 2,8 = Karbonathärte,
Verbrauch an n/10 HCl in ml mal 22 = festgebundene Kohlensäure.

8. Bestimmung der Calciumhärte im Wasser

Literatur: SCHWARZENBACH, G. und H. ACKERMANN, Helv. chim. Acta **31,** S. 1029, 1948; GAD, G. und E. FÜRSTENAU, Gesundh.-Ing. **74,** S. 191, 1953; Deutsche Einheitsverfahren, bearb. v. L.-W. HAASE, Weinheim 1954.
Calcium- und Magnesiumionen bilden mit dem Dinatriumsalz der Äthylendiamintetraessigsäure (= „Komplexon" der Fa. SIEGFRIED, Zofingen, „Titriplex III" der Fa. MERCK, „Idranal" der Fa. RIEDEL-DE HAEN, Seelze bei Hannover) innere Komplexanionen. Der Endpunkt der Umsetzung wird durch Farbumschlag geeigneter Indikatoren angezeigt.

Reagentien:

1. n/10 Salzsäure:	Titrisol-Ampullen MERCK;
2. Natronlauge 30%	
3. Murexid-Indikator:	frisch bereitete, dünne wäßrige Lösung;
4. Komplexonlösung:	6,65 g Komplexon II oder Titriplex III oder Idranal III in 1 Liter dest. Wasser lösen.

Ausführung: Es kann das zur Bestimmung der Alkalinität verwendete Probenwasser genommen werden. Zur austitrierten Probe 0,5 ml n/10 Salzsäure zugeben und die gebildete Kohlensäure 10 Minuten lang verkochen. Zu der noch etwa 50° heißen Probe werden 0,2 ml 30%ige Natronlauge und 1 ml Murexidlösung zugegeben. Anschließend sofort mit der Komplexonlösung bis zum Farbumschlag von Rot nach Blauviolett titrieren.
Berechnung und Angabe der Ergebnisse: Der Verbrauch an Komplexonlösung gibt direkt die Calciumhärte in deutschen Härtegraden (dH°) an: 1 ml Komplexonlösung = 1 mg CaO/100 ml Probenwasser = 10 mg CaO/l = 1 dH°. Es ist also darauf zu achten, daß genau 100 ml Probenwasser verwendet werden. Die Ergebnisse werden auf ganze mg abgerundet angegeben.

9. Schnellmethode zur Bestimmung der Gesamthärte im Wasser

Die hier angegebene Methode ist leicht bei Exkursionen im Gelände auszuführen, wenn Flaschen mit einer aufgesetzten Burette zum Titrieren verwendet werden.

Reagentien:

1. Titriplexlösung A (MERCK) für hartes Wasser mit mehr als 3 Härtegraden; B für weiche Wässer bis zu 3 Härtegraden;
2. Indikatortabletten der Fa. MERCK;
3. Ammoniaklösung konzentriert (D = 0,910) in Pipettenflasche mitführen und vorher die Tropfenzahl je ml bestimmen.

Ausführung. A: Bei Gewässern in Gegenden mit Kalkstein (Muschelkalk, Keuper, Jura, Kreide usw.) 100 ml Probenwasser in ERLENMEYER-Kolben füllen und eine Indikatortablette darin auflösen. 1 ml Ammoniaklösung zugeben und mit Titriplexlösung A titrieren, bis die rote Farbe in Grün umschlägt.

B: Bei kalkarmen Gewässern im Urgestein, Buntsandstein usw. Probe wie unter A behandeln, aber vor dem Titrieren auf 40° erwärmen. Nach HÖLL soll man einige Tropfen Natriumphosphatlösung zugeben. Mit Titriplex B bis zum Umschlag nach Grün titrieren.

Neuerdings gibt die Fa. HEYL, Hildesheim, fertige Tabletten zur Härtebestimmung im Wasser heraus, und zwar unter der Bezeichnung „Durognost T“ für Gesamthärte und „Durognost C“ für Karbonathärte. Zu 100 ml Probenwasser werden eine Indikatortablette und so viele Titrationstabletten zugegeben, bis die Farbe des Indikators umschlägt. Titrationstabletten gibt es in Stärken von 5 dH ° für hartes und 1 dH° für weiches Wasser. Verbraucht man z. B. eine 5°-Tablette und 3 1°-Tabletten, so beträgt die Härte des Wassers 8 dH°.

Berechnung und Angabe der Ergebnisse: Für die Ausführung unter A errechnet sich die Gesamthärte aus der verbrauchten Titriplexlösung A in ml mal 5,6; nach HÖLL sind die Werte um 5% zu niedrig. Unter B gibt der Verbrauch in ml Titriplexlösung B die Gesamthärte direkt an. Die Werte werden in deutschen Härtegraden, auf 0,1 dH° genau, angegeben.

10. Bestimmung des Kaliumpermanganatverbrauchs (Schätzmethode)

Die Methode erlaubt eine grobe Schätzung der im Wasser enthaltenen organischen Stoffe, die besonders in verunreinigten Gewässern eine große Bedeutung haben. Sie beruht darauf, daß aus Kaliumpermanganat durch Zusatz von Schwefelsäure Sauerstoff freigemacht wird, der das organische Material oxydiert:

$$2\ KMnO_4 + 3\ H_2SO_4 \longrightarrow 2\ MnSO_4 + K_2SO_4 + 3\ H_2O + 5\ O$$

Dabei wird das Kaliumpermanganat reduziert; an dem Verschwinden der violetten Farbe ist der für die Oxydation der organischen Stoffe erforderliche Kaliumpermanganatverbrauch zu ersehen. HÖLL gibt die folgende einfache Methode an, die auch auf Exkursionen und mit einfachsten Hilfsmitteln durchgeführt werden kann und zur Orientierung hinreichend genaue Ergebnisse liefert.

Reagentien:

1. verdünnte Schwefelsäure:	1 Teil konz. H_2SO_4 + 3 Teile dest. Wasser;
2. n/100 Kaliumpermanganatlösung:	n/10-Lösung (**Titrisol** Fa. MERCK) mit dest. Wasser entsprechend verdünnen.

Ausführung: In einem Reagenzglas gibt man zu 10 ml Probenwasser 5 Tropfen verdünnte Schwefelsäure und 3 Tropfen n/100 Kaliumpermanganatlösung. Nach dem Umschütteln läßt man das Gemisch zunächst 5 Minuten stehen und erhitzt dann vorsichtig bis zum Aufkochen. Da sehr leicht Siedeverzug eintritt und die kochende Flüssigkeit herausspritzt, ist das Reagenzglas fortwährend stark zu bewegen. Wässer mit Permanganatzahlen über 30 mg/l zeigen bei gewöhnlicher Temperatur (also ohne Kochen) Entfärbung in wenigen Minuten; bei mehr als 50 mg/l werden auch 5—6 Tropfen Kaliumpermanganatlösung ohne Erhitzen entfärbt. Wässer mit 20—30 mg/l Permanganat-Verbrauch werden erst beim Aufkochen entfärbt. Wässer mit 12 bis 20 mg/l Permanganatverbrauch zeigen Entfärbung erst, wenn man das Gemisch nach dem Kochen einige Minuten stehenläßt. Wässer mit Permanganatzahlen unter 12 mg/l werden auch beim Kochen und längerem Stehenlassen nicht entfärbt.

METHODEN ZUR UNTERSUCHUNG DER FREIWASSERZONE STEHENDER GEWÄSSER (PELAGIAL)

A. Methoden der Planktonforschung

Nach einer Definition von V. HENSEN (1895) ist Plankton die Summe derjenigen Lebewesen, die unabhängig vom Ufer und vom Grund „willenlos" im freien Wasser treiben. Die erste Kenntnis von dieser Lebensgemeinschaft erhielt man, als JOHANNES MÜLLER zum erstenmal ein Netz aus engmaschiger Seidengaze, wie es in den Mühlen zum Sieben des Mehls in Gebrauch war, durch das freie Meerwasser zog und dabei eine ungeheuere Anzahl unbekannter und ganz ungewöhnlich gestalteter Lebewesen erbeutete. APSTEIN (1896) und ZACHARIAS (1907) haben diese Methode dann mit dem gleichen Erfolg auch zur Untersuchung der Binnengewässer verwendet. In kürzester Zeit wurde die Planktonkunde populär und zur erklärten Modeforschung.

Es sind in den letzten Jahren mehrere Vorschläge zur Einteilung des Planktons in Größenklassen gemacht worden. MARGALEFF (1955) und PERES & DEVEZE (1963) treffen folgende Unterteilungen für Süßwasser- und Meeresplankton:

	MARGALEFF (Süßwasser)	PEREZ & DEVEZE (Meer)
Ultraplankton	unter 5 μ	unter 5 μ
Nannoplankton *	5—50 μ	5—60 μ
Mikroplankton	50—500 μ	60—1000 μ
Mesoplankton	0,5—1 mm	1—5 mm
Makroplankton	über 1 mm	über 5 mm
Megaplankton	—	sehr große Formen

DUSSART (1965) schlägt die folgende Einteilung einheitlich für limnisches und marines Plankton vor:

Ultranannoplankton	unter 2 μ	Nannoplankton im weiteren Sinne
Nannoplankton s. str.	2—20 μ	
Mikroplankton	20—200 μ	Netzplankton „net" planton plancton filtrable
Mesoplankton	200—2000 μ	
Megaplankton	über 2000 μ	

* FRASER (1965) hat mit Recht darauf hingewiesen, daß es richtiger Nanoplankton heißen muß, von *nanos* = gr. klein, winzig; doch wird in der Hydrobiologie überall die unrichtige Bezeichnung LOHMANNs verwendet.

Weder das pflanzliche noch das tierische Plankton ist gleichmäßig im Wasser verteilt. Das pflanzliche Plankton (Phytoplankton), das ja im wesentlichen aus Algen besteht, hält sich im Epilimnion auf, soweit das Licht zur Assimilation ausreicht. Tierisches Plankton (Zooplankton) ist weniger auf das Epilimnion beschränkt und in allen Seetiefen anzutreffen. Zudem verfügen die meisten Zooplankter über eine, wenn auch geringfügige, Eigenbewegung, so daß sie ihre Wohntiefe wechseln können. Viele, besonders Copepoden und Cladoceren, tun dies periodisch und führen regelrechte tageszeitliche Vertikalwanderungen durch, indem sie tagsüber in einer bestimmten Tiefe leben, gegen Abend zur Oberfläche aufsteigen, um Mitternacht etwas absinken und gegen Morgen ihre Tagestiefe wieder aufsuchen. Über dieses, in erster Linie optisch gesteuerte Verhalten liegt eine sehr reichhaltige Literatur vor, die bei RUTTNER (1962), SCHRÖDER, SIEBECK und RINGELBERG ausführlich besprochen ist.
Horizontale Unterschiede in der Verteilung des Planktons in einem See entstehen durch aktive Flucht von Planktontieren aus der Uferzone, die Uferflucht, die erst kürzlich von SIEBECK (1964) richtig gedeutet werden konnte; ferner durch eine Aufteilung von Planktonhorizonten in einzelne Planktonwolken infolge lokaler Wasserströmungen (SCHRÖDER 1962) sowie durch zeitlich verschobene Entwicklungsrhythmen der Plankter in verschiedenen Teilen eines Sees.
Für die praktische Arbeit ist die theoretische Kenntnis dieser ungleichen Planktonverteilung im See außerordentlich wichtig. Bei allen genaueren qualitativen wie quantitativen Untersuchungen der Verteilung des Planktons muß dieser Tatsache methodisch Rechnung getragen werden; anderenfalls besteht die Gefahr, aus dem Einzelfang auf eine Planktonverteilung zu schließen, die tatsächlich nicht existiert.
Die methodische Entwicklung der Planktonforschung befaßte sich vorwiegend mit zwei Problemen, der quantitativen Entnahme von repräsentativen Planktonproben aus dem Gewässer und der Zählung der darin enthaltenen Organismen. Quantitativ bedeutet dabei, daß die eingesetzten Geräte das in der befischten Wassermenge enthaltene Plankton vollständig erfassen; repräsentativ heißt, daß die erfaßte Planktonmenge und -zusammensetzung zur planktologischen Kennzeichnung des Gewässers geeignet ist und daß durch den Einsatz geeigneter Geräte sichergestellt ist, daß z. B. im vertikalen und horizontalen Verteilungsbild nicht gerade ein Maximum oder Minimum erfaßt und später darauf die Aussage gegründet wird. Das Zählen der erfaßten Organismen erscheint zunächst trivial, doch ist die Methodik sehr differenziert und besonders für das Phytoplankton immer wieder verbessert worden.
Die Praxis der Entnahme und der weiteren Verarbeitung ist für das tierische und pflanzliche Plankton so unterschiedlich, daß die beiden Gruppen hier getrennt behandelt werden sollen. Für das Zooplankton sind in letzter Zeit Methoden zur unmittelbaren Beobachtung und Registrierung im See eingesetzt worden.

Zooplankton

I. DIREKTBEOBACHTUNG UND REGISTRIERUNG DES ZOOPLANKTONS IM GEWÄSSER

Die einfachste Methode, die Verteilung des Zooplanktons im Gewässer festzustellen, ist die direkte Beobachtung vom Boot aus oder durch Tauchen. Es ist ein verbreitetes Vorurteil, daß eine einfache Methode primitiv sei und daher ohne nennenswerten Erfolg bleiben müßte; aber SCHRÖDER hat derartige Beobachtungen angestellt und im Bodensee sowie in den Schwarzwaldseen die ungleiche Verteilung des Zooplanktons und einzelne Planktonwolken erstmals unmittelbar beobachtet.
Eine weitere Möglichkeit, die Verteilung des Planktons im See unmittelbar zu registrieren, bieten die Unterwasserfernsehkamera und das Echolot. Den Einsatz der Fernsehkamera (Bild 17) für die Limnologie haben ELSTER und v. BRANDT im Königsee getestet und SCHRÖDER hat erstmals direkte Planktonbeobachtungen mit ihrer Hilfe ausgeführt. Über die Anwendung der Kamera muß bei den angegebenen Autoren sowie bei HUNGER (1957) und OHLE (1959) nachgelesen werden.

Bild 17. Aufnahmeteil der UW-Fernsehkamera mit Objektiv und den beiden Beleuchtungsscheinwerfern (Foto SCHRÖDER)

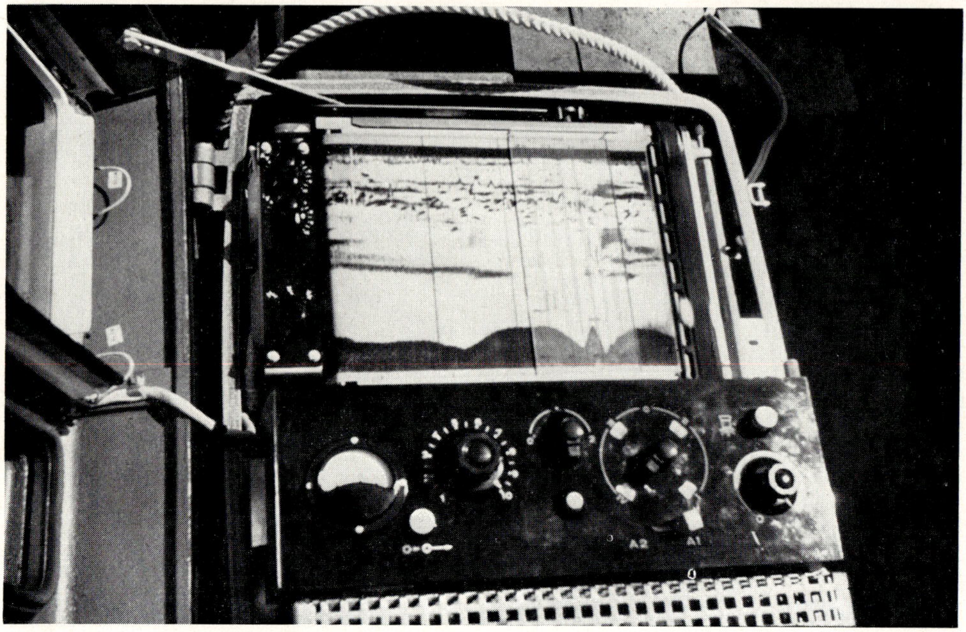

Bild 18. Echolot (Foto SCHRÖDER)

Bild 19. Mit dem Echolot aufgenommene Planktonhorizonte; daneben die durch Pumpfänge kontrollierte Verteilung der einzelnen Arten; ganz rechts Temperaturschichtung; Abszisse: Individuenzahl je Liter, Ordinate: Tiefe (Orig. SCHRÖDER)

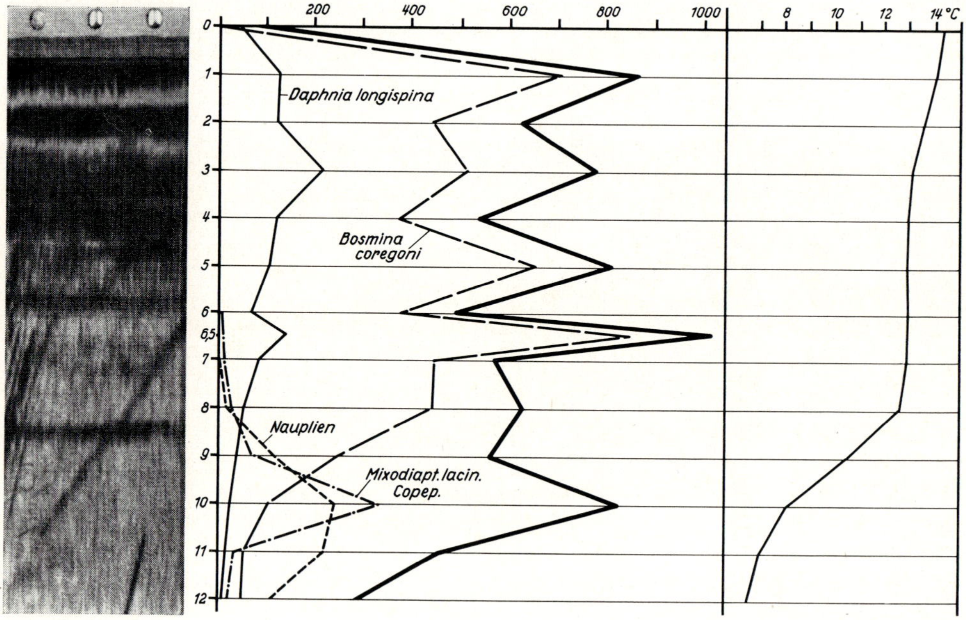

Das Echolot (Bild 18) ist in der Fischerei schon seit langem in Gebrauch. Das Gerät arbeitet nach folgendem Prinzip: Von einem Sender werden Ultraschallstöße ausgesendet, die am Boden und an „Hindernissen" im Wasser (Fischen z. B.) teilweise reflektiert und vom Gerät wieder empfangen und kontinuierlich registriert werden. Unter bestimmten Voraussetzungen gelingt es, auch Planktonhorizonte und -wolken zu registrieren (Bild 19 u. 20). Auf die komplizierte Methodik kann in diesem Buch nicht eingegangen werden. Erstmals haben wohl SCHÄRFE (1952) und SHIRAISHI (1960) auf diese Möglichkeit hingewiesen, die dann von SCHRÖDER (1961) ausgebaut und mit bestem Erfolg zum genauen Studium der Planktonverteilungen im Bodensee verwendet wurde (vgl. auch SCHRÖDER u. SCHRÖDER 1964).

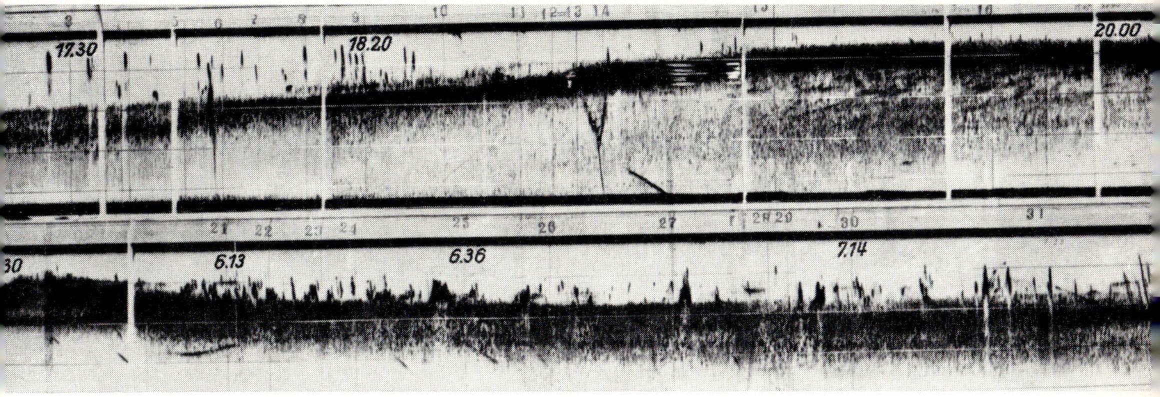

Bild 20. Echogramm der Vertikalwanderung von Larven der Mücke *Chaoberus*. Von links oben nach rechts unten steigen die Tiere gemeinsam auf und wandern wieder in die Tiefe; vgl. die angegebenen Uhrzeiten (Orig. SCHRÖDER)

Diese Direktbeobachtungen erlauben natürlich keine Artbestimmungen der Plankter. Sie sind aber besonders geeignet, kurzfristige Veränderungen im Verteilungsbild des Planktons zu registrieren und die mit anderen Methoden gewonnenen Schichtungsbilder zu kontrollieren (vgl. Bild 19).

II. DIE ENTNAHME DES ZOOPLANKTONS AUS DEM GEWÄSSER

Zur Entnahme des Planktons stehen grundsätzlich drei Methoden zur Verfügung: 1. Der Fang mit Netzen; 2. die Entnahme mit Hilfe von Schöpfern und 3. die Entnahme mit der Wasserpumpe. Beim Netzfang wird das Plankton aus dem Wasser herausgefiltert, bei den beiden anderen Verfahren wird das Wasser zusammen mit dem Plankton dem See entnommen. Diese Methoden haben daher den Vorteil, daß die Beziehung zwischen Planktonmenge und Wasservolumen direkt gegeben ist; beim Netzfang liegt darin die größte Schwierigkeit, der man durch Einbau von Zählwerken in Netze zu begegnen sucht.

1. Der Fang mit Planktonnetzen

Das Netz arbeitet als Filter und unterliegt, wie jedes Filter, einer fortschreitenden Verstopfung, die u. a. von folgenden Faktoren abhängt: dem Verhältnis von Netzöffnung zur Filterfläche, der Feinheit des Filters und der Planktondichte im Wasser. Je gröber die Netzgaze ist, desto geringer ist die Gefahr des Verstopfens, aber es werden dann auch nur die größeren Organismen gefangen und alle anderen gehen hindurch. Man fängt mit weitmaschigen Netzen also vorwiegend Zooplankter, aber schon nicht mehr deren Larvenstadien und anderes Kleinplankton (Rotatorien, Einzeller, Phytoplankton). Derartige Zooplanktonnetze können so konstruiert werden, daß sich die Netzöffnung zur Filterfläche wie 1 : 4 verhält (Anfertigung siehe unten). Zum Fang von kleineren Organismen muß man Gewebe mit geringerer Maschenweite verwenden und die Filterfläche im Verhältnis zur Netzöffnung so ausdehnen, daß ein enges, aber sehr langes Zeppelinnetz entsteht (vgl. Phytoplankton und Bild 40).
Im Handel werden heute Müllergazen aus Seide, Perlon und Nylon in verschiedenen Feinheitsgraden, die in Porendurchmesser oder Maschenzahl pro qcm angegeben werden, angeboten. Die wichtigsten Sorten sind in der folgenden Tabelle

Vergleich der lichten Maschenweite verschiedener Sorten Müllergaze (in μ)

Nr.	Seidengaze xxx	Monodur Perlon	Monofilament Nylon	Offene Sichtfläche in %
0	490	500	500	54
3	285	280	300	50—54
8	195	200	180	44—47
12	106	112	112	34
16	74	71	87	22
20	63	63	75	20
25	55	56	65	20
20 GG	1000	1000	—	66
30 GG	670	670	—	62
54 GG	328	335	—	45

zusammengestellt, wobei auf die Unterschiede der Maschenweiten zu achten ist. In der letzten Spalte sind die Sichtflächen in % der Gesamtfläche eines Gazestückes angegeben. Unter Sichtfläche versteht man die Summe der Porenflächen pro Flächeneinheit Gaze. Man erkennt aus der Zusammenstellung, daß die Sichtfläche mit zunehmender Feinheit der Gaze immer geringer wird. Darin liegt eine der Schwierigkeiten des quantitativen Netzfanges begründet.
Heute verwendet man nur noch Nylon oder Perlon, keine Seidengaze mehr, deren Fäden im Wasser mit der Zeit aufquellen und die Maschenweite verringern; bei den Kunststoff-Fasern, die nicht gedreht sind, ist das nicht der Fall (vgl. Bild 21a und 21b).
Für qualitative Untersuchungen des Planktonbestandes eines Sees sind Netze sehr gut zu verwenden. Für quantitative Arbeiten, die, wenn sie schon durchgeführt werden, auch genau sein müssen, ist die Netz-Methode zwar in den letzten Jahren erheblich verbessert worden, doch sollte man sich heute der ungleichen horizontalen

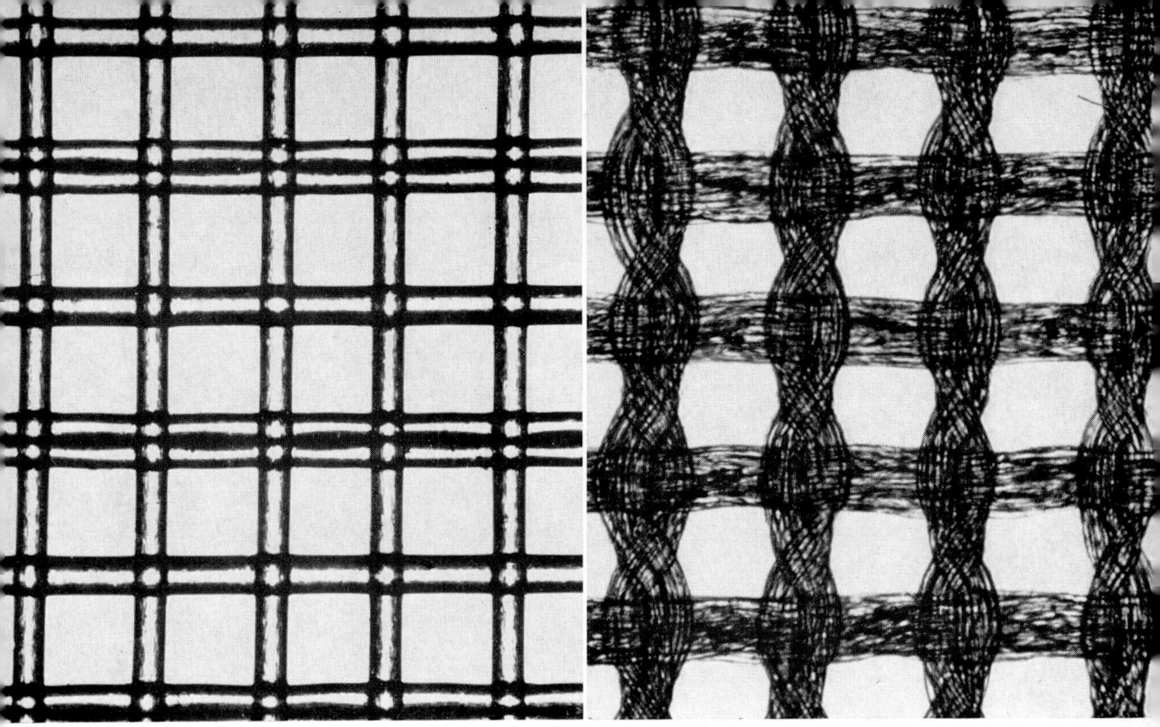

Bild 21. Netzgaze gleicher Maschenweite; *a* aus Seide, *b* aus Nylon. Die gedrehten Fäden der Seidengaze quellen im Laufe des Gebrauchs.

und vertikalen Verteilung des Planktons im See voll bewußt sein und bei wissenschaftlichen Forschungsarbeiten ganz auf die Anwendung von Netzen für quantitative Untersuchungen verzichten und mit dem CLARKE-BUMPUS-Sampler, dem Wasserschöpfer oder der Pumpe arbeiten. FLEMINGER und CLUTTER (1965) haben untersucht, ob das Zooplankton vor einer bewegten Netzöffnung flieht oder ausweicht. Das ist eine für die Planktonmethodik höchst wichtige Frage. In einem künstlichen Teich mit genau bekannter Planktondichte und -verteilung wurden kleinere Netze stärker gemieden, doch verhielten sich die einzelnen Arten verschieden. Die Tageszeit hat auf das Fluchtverhalten keinen Einfluß, es ist also nicht optisch bedingt.

Da oftmals jedoch kein anderes Gerät als ein Planktonnetz zur Verfügung steht, sei hier — trotz der angeführten Bedenken — auf die genaue Netz-Methodik eingegangen; orientierende quantitative Fänge sind mit dem Netz immerhin möglich, besonders mit dem Schließnetz, das nur über kurze Strecken vertikal gezogen wird; nur sollten diese „quantitativen" Fänge nicht Grundlage wissenschaftlicher Aussagen sein.

Planktonnetze sind in vielen Größen und Maschenweiten im Handel erhältlich, sie sind aber sehr teuer. Gut brauchbar, besonders auf Exkursionen, sind die kleinen KOSMOS-Planktonnetze, die in den Feinheitsgraden Nr. 8, 12, 16, 20 und 25 hergestellt werden. Für genauere Zooplankton-Untersuchungen fertigt man sich am besten ein sog. „Normalnetz" mit 1 qm Filterfläche und 1/4 qm Netzöffnung an.

Anfertigung eines „Normalnetzes" nach WAGLER: Es wird ein 1 qm großes Stück Gaze Nr. 8 so aufgeteilt, wie aus Bild 22 ersichtlich. Das Stück ist ab Werk 102 cm

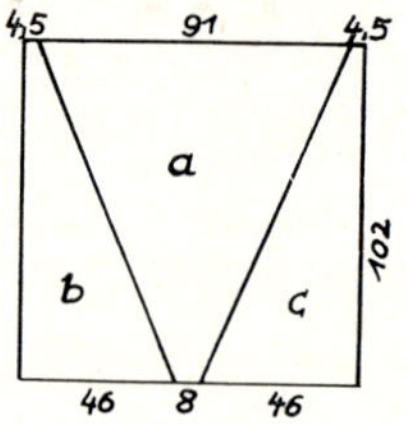

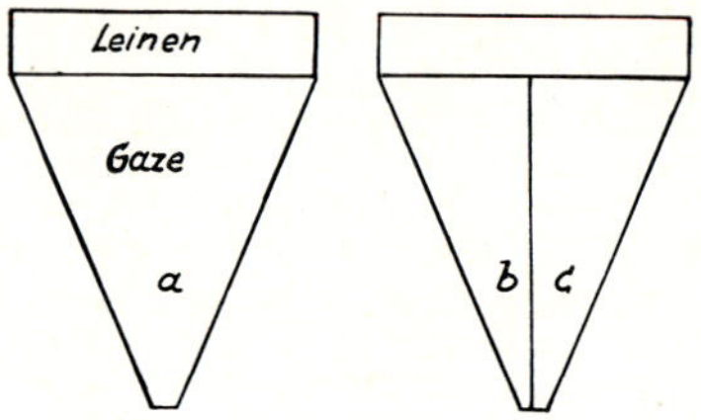

Bild 22. Schnitt zur Anfertigung eines „Normalnetzes" (nach WAGLER)

breit. Die beiden kleineren Randstücke b und c werden so zusammengenäht, daß ein dem Teil a identisches Stück entsteht. Jeder der beiden Teile erhält an der Oberkante einen etwa 15—20 cm breiten Streifen aus starkem Leinen. Beide Teile werden nun zum Netzbeutel zusammengenäht, wobei die Nähte mit besonderer Sorgfalt verarbeitet werden müssen. Das Innere des Netzbeutels muß ganz glatt gearbeitet sein, damit sich hier kein Plankton festsetzen kann; man arbeitet daher am besten mit nach außen liegenden Rechts-Links-Nähten. In den oberen Leinenrand wird der Netzring von 56,6 cm Durchmesser eingenäht, in die untere Netzöffnung wird der Becher eingebunden, d. h. mit festen Schnüren umwickelt (Bild 23). Er hat 35 mm Durchmesser und 60—70 mm Höhe und zur besseren Befestigung am Netz am oberen Rand einen kleinen Wulst; unten ist ein Auslaufstutzen mit Verschlußhahn befestigt.

Bild 23. Netzbecher mit Ablaßhahn zur Entnahme der Netzproben

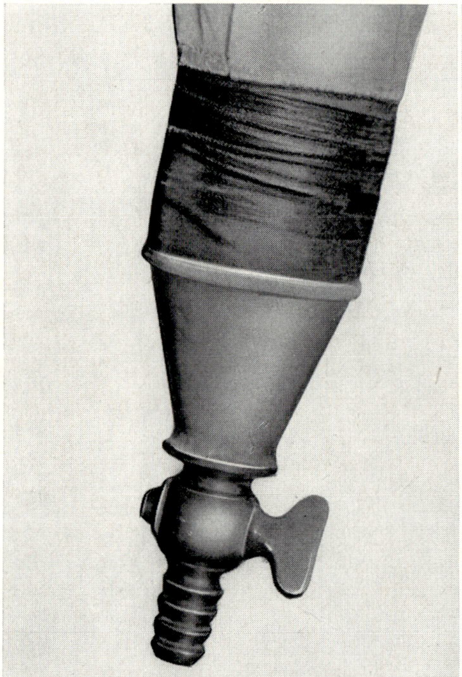

Bild 24. „Normalnetz" (nach WAGLER)

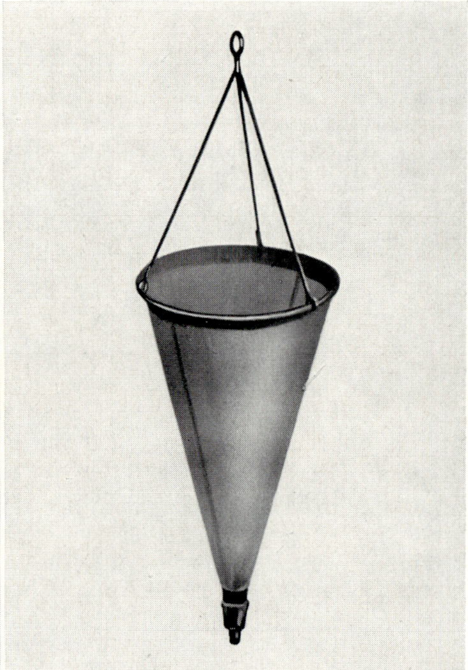

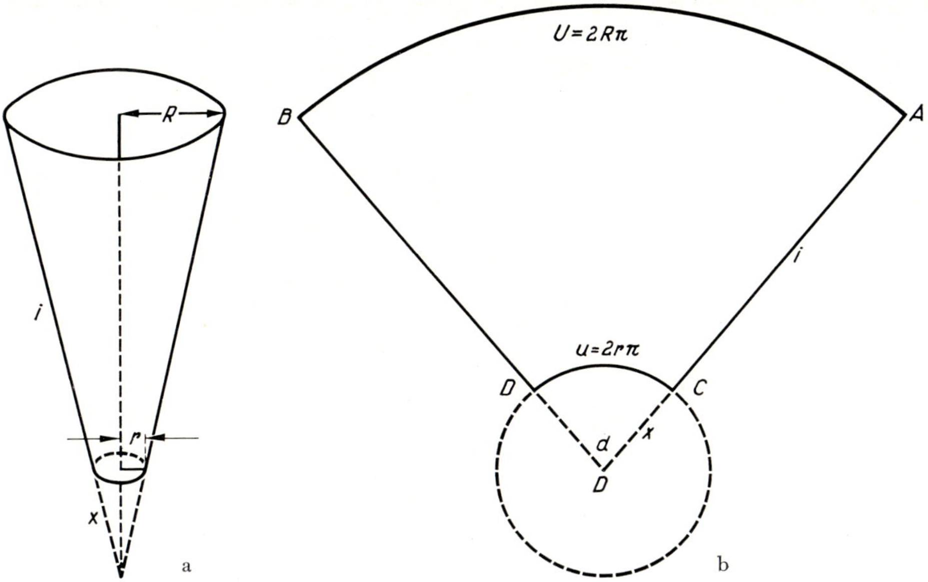

Bild 25. Konstruktion und Schnitt für ein beliebiges Planktonnetz (nach STEUER)

Das Netz wird nun über drei Leitschnüre, die in genau gleichem Abstand am Netzring angeknotet sind, an einer Perlonleine befestigt (Bild 24). Es ist zweckmäßig, die Leitschnüre zunächst an einem kleinen Messingring zu befestigen, in den die Zugleine eingeknotet oder besser mit einem Karabinerhaken eingehängt wird. Auf diese Weise können nach Bedarf verschiedene Netze rasch an der Leine befestigt werden. Für viele Zwecke ist es nützlich, eine in Meterstufen markierte Leine zu verwenden. Die Markierung geschieht mit bunten Fädchen, wie auf S. 23 beschrieben; die damit verbundene Arbeit lohnt sich, da die Leine auch für andere Arbeiten auf dem See benutzt werden kann und jederzeit die Tiefe angibt, in der das eingesetzte Gerät arbeitet.

Bei Netzen mit feinerer Filtergaze muß das Verhältnis von Netzöffnung zu Filterfläche zugunsten der Filterfläche geändert werden; bei gleicher Netzöffnung muß das Netz um so länger sein, je feiner die Gaze ist. Praktisch wählt man eine geringere Netzöffnung als beim Normalnetz; das im Falkauer Institut verwendete Zeppelinnetz hat einen Ringdurchmesser von 15 cm und eine Länge von 1,00 m und ist mit Gaze Nr. 25 bespannt (vgl. Bild 40).

STEUER, Planktonkunde 1910, gibt für die Konstruktion eines beliebigen Planktonnetzes die folgende rechnerische Hilfe: „Die Form des Netzbeutels ist gewöhnlich eine konische. Bei der Konstruktion des Netzbeutels hat man sich nach APSTEINS Angaben zunächst ein Muster, einen Schnitt aus Papier zu entwerfen. Vervollständige ich den abgestumpften Kegel (Bild 25 a) und bezeichne mit x die Mantelhöhe der ergänzten Spitze, so verhält sich $x : x + i = r : R$; daraus folgt $x = \frac{ri}{R-r}$.

Denken wir uns den Kegelmantel aufgerollt (Bild 25 b), so muß sich der Umfang des

Kreises, den ich mit dem Radius x ($= 2x\pi$) schlagen kann, zu $2r\pi$ verhalten, wie $360^\circ : \alpha$; also $\frac{2x}{2r} = \frac{360}{\alpha}$; daraus folgt: $\alpha = \frac{360 \cdot r}{x}$." Soweit STEUER.

Bestimmung des Netzfaktors: Da die Netze während des Fanges einer fortschreitenden Verstopfung unterliegen, fangen sie nicht quantitativ und filtrieren weniger Wasser, als theoretisch in das Netz einströmen könnte. Diese Verstopfung des Netzes hängt von der Zusammensetzung des Planktons und der Dauer des Fanges ab. Grundsätzlich ist dieser Effekt weder zu berechnen noch in seinem Ausmaß vorauszusehen. Darin liegt der schwerwiegendste Mangel der quantitativen Netzmethoden: eine mangelhafte Methode, deren Fehler exakt formuliert werden kann, ist durchaus brauchbar; das Netz erfüllt diese Forderung nicht, weil sich der Fehler einer Kontrolle entzieht.
Steht für die quantitative Arbeit nur das Netz zur Verfügung, so kann man sich dadurch helfen, daß man es vor Beginn der Untersuchungen grundsätzlich gegen eine für quantitativ richtig erachtete Methode eicht. Als „quantitativ richtig" wird die Pumpmethode gewertet, bei der eine bestimmte Wassermenge aus dem See gepumpt und das darin enthaltene Plankton durch ein Gazenetz abfiltriert wird (genaue Arbeitsweise vgl. S. 56). Gleichzeitig mit dem Pumpfang und an annähernd gleicher Stelle wird mit dem zu prüfenden Netz ein entsprechendes Wasservolumen abgefischt und das Ergebnis mit dem Pumpfang verglichen. Aus dem Verhältnis von Pumpfang zu Netzfang ergibt sich dann der Netzfaktor, der — streng genommen — nur für die während der Eichung vorliegenden Planktonverhältnisse gilt!
Um z. B. die Planktonmenge von 300 l gepumpten Seewassers mit der Fängigkeit eines Zeppelinnetzes von 200 qcm Öffnung zu vergleichen, müßte man also einen Netzzug von

$$\frac{300\,000\ \text{cm}^3}{200\ \text{cm}^2} = 1500\ \text{cm} = 15\ \text{m Länge}$$

ausführen und die Planktonmengen miteinander vergleichen.
Vielfach hat es sich als günstig erwiesen, dem Netz einen umgekehrt trichterförmigen Aufsatz aus Leinen vorzusetzen. Dahinter wird im Netz ein Druckminimum erzeugt, so daß durch die Eingangsöffnung mehr Wasser einströmen kann, als der berechneten Wassersäule entspricht. Bei Vergleichsfängen fing ein Normalnetz mit einem derartigen Aufsatz durchschnittlich doppelt so viel wie ohne Aufsatz (ELSTER 1958), doch ist keineswegs sicher, daß das höhere Ergebnis den richtigen Verhältnissen entspricht. Eine kritische Übersicht über die Netzfänge hat ELSTER 1958 gegeben.

Anwendung von Netzen: Netze sind natürlich überall da ausgezeichnet zu verwenden, wo eine qualitative Orientierung über den Planktonbestand eines Gewässers angestrebt wird. Auf hydrobiologischen Exkursionen leisten kleine Wurfnetze, z. B. die schon erwähnten KOSMOS-Netze, gute Dienste. Mit Vorbehalt ist das Planktonnetz zu verwenden, wenn man einen stufenlosen Vertikalfang vom Seeboden bis zur Oberfläche ausführen will. Ein wirklich kontinuierlicher Fang ist überhaupt nur mit einem Netz zu erhalten. Man läßt es bis zum Grund hinunter und zieht es dann langsam und gleichmäßig mit einer Geschwindigkeit von etwa 10 cm in der Sekunde

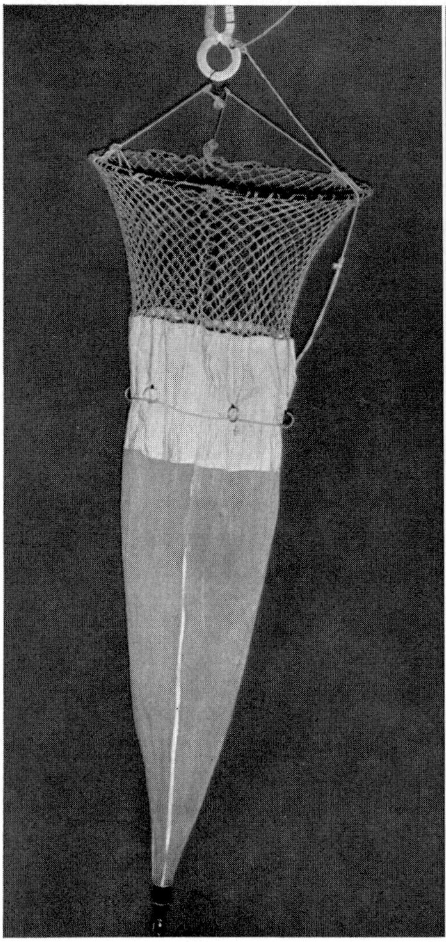

Bild 26. Schließnetz geöffnet

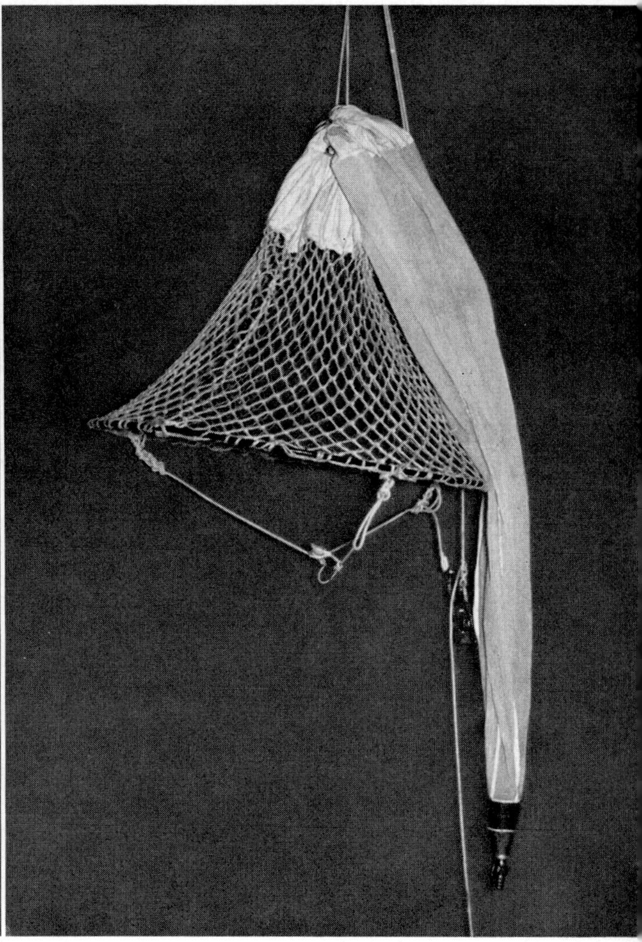

Bild 27. Schließnetz geschlossen (vgl. Text)

bis zur Oberfläche herauf. Aus einem solchen Fang läßt sich mit Vorbehalt die Planktonmenge unter 1 qm Seeoberfläche berechnen.

Das Schließnetz: Oft kommt es darauf an, die genaue Verteilung des Planktons zwischen Gewässergrund und Oberfläche zu ermitteln. Das gelingt nur, wenn man einen Fang jeweils innerhalb begrenzter Tiefenstufen des Vertikalprofils ausführt. Zu diesem Zweck ist das Schließnetz konstruiert worden, das unter Wasser mit Hilfe eines Fallgewichtes geschlossen werden kann (Bild 26). Soll z. B. das Plankton nur zwischen 20 und 10 m Tiefe erfaßt werden, so läßt man das geöffnete Netz bis auf 20 m Tiefe hinunter und zieht es dann langsam wieder hoch; bei etwa 11 m Tiefe schickt man das Fallgewicht hinunter, welches bei 10 m Tiefe das Netz schließt. Das Heraufziehen des Netzes darf dabei keinen Augenblick unterbrochen werden. Beim endgültigen Hochziehen zur Oberfläche kommt kein Plankton mehr in das geschlossene Netz hinein (Bild 27); die gefangenen Organismen entstammen ausschließlich der untersuchten Tiefenstufe. Auf diese Weise läßt sich eine vorhandene Ungleichförmigkeit in der vertikalen Planktonverteilung erkennen, doch liegen die Unterschiede, die man mit dem Schließnetz noch erfassen kann, etwa in der Größenordnung des Netzes selbst. Vertikale Unterschiede von weniger als 1 m wird man nicht mehr sicher feststellen können. Im allgemeinen können die Stufen in größeren Tiefen weiter sein als in der Nähe der Oberfläche. Im 252 m tiefen Bodensee-Obersee würde man etwa die folgenden Stufenfänge ausführen: Grund—100 m, 100 m—50 m, 50 m—30 m, 30 m—20 m, 20 m—15 m, 15 m—10 m, 10 m—5 m, 5 m—3 m, 3 m—2 m, 2 m—1 m und 1 m bis Oberfläche. Bei der Wahl der Stufen ist ja die dichtere Besiedlung des Epilimnions, die Vertikalwanderung des Zooplanktons, die Lage der Sprungschicht u. a. m. zu berücksichtigen.

Die Anfertigung eines Schließnetzes geschieht auf die gleiche Weise wie die eines normalen Planktonnetzes, von dem es sich nur im Schließmechanismus unterscheidet. Der Netzbeutel besteht im unteren Teil aus Planktongaze, darüber aus einem Streifen groben Leinens und einem grob geflochtenen Netzwerk, in das oben der Netzring eingenäht ist (Bild 26). Vom Netzring gehen, wie beim normalen Planktonnetz, drei Schnüre aus, die an einen kleinen Messingring geknotet sind. Dieser Messingring wird über den Auslösemechanismus an zwei Leinen befestigt, der Zugleine und der Schließleine. An der Zugleine wird das Netz hinuntergelassen und heraufgezogen; sie sollte in Meterstufen markiert sein und dient auch zur Führung des Fallgewichtes. Die Schließleine wird ganz locker um den aus grobem Leinen verfertigten Teil des Netzbeutels mit Hilfe von angenähten Ringen herumgeführt. Das eine Ende wird an einen der Ringe fest angeknotet, das andere wird am Auslösemechanismus befestigt. Das Netz wird in folgender Weise geschlossen: das an der Zugleine hinabgelassene Fallgewicht trifft auf den Auslösemechanismus und befreit das Netz von der Zugleine. Es hängt nunmehr ausschließlich an der Schließleine, die sich während des Aufwärtsziehens ringförmig um den Netzbeutel zuzieht und das Netz schließt.

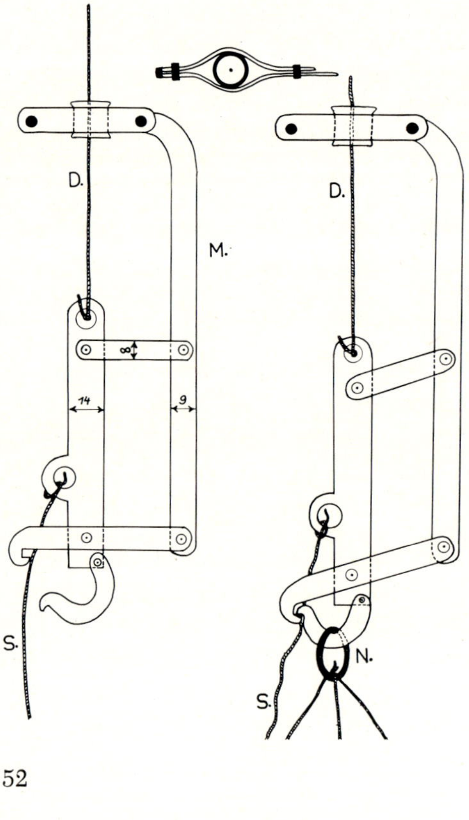

Bild 28. Konstruktion des Schließapparates nach AUERBACH; rechts bei geöffnetem, links bei geschlossenem Netz, das an der Schließleine S hängt. D = Zugleine, N = Ring des Schließnetzes, M = Messingteile, aus denen der Apparat angefertigt ist; die mit ● gekennzeichneten Verbindungen sind fest, die ⊙ drehbar montiert.

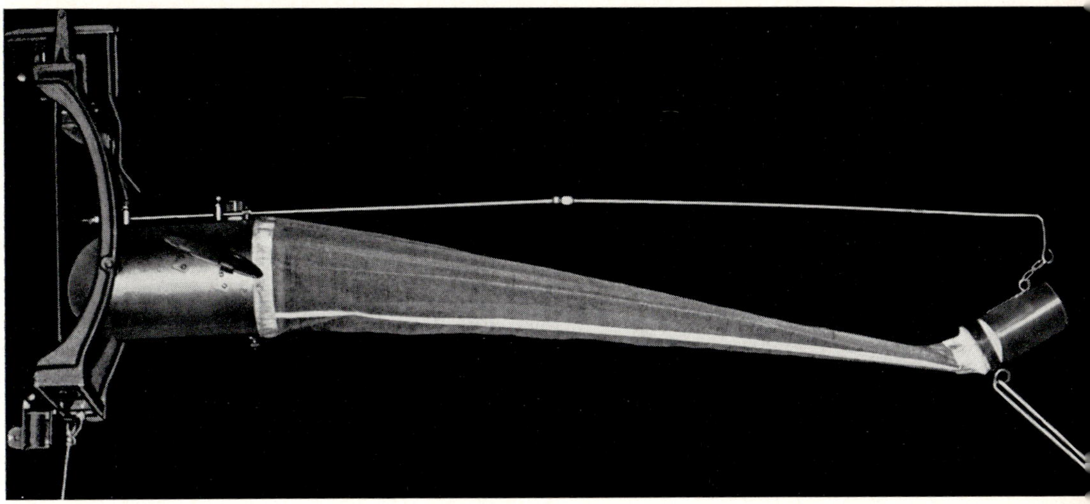

Bild 29. Plankton-sampler von CLARKE und BUMPUS

Der obere Netzteil kippt gleichzeitig zur Seite über, so daß keinerlei Plankton mehr in das Netz gelangen kann (Bild 27).

Als Auslösemechanismus hat sich besonders der Schließapparat nach AUERBACH bewährt (Bild 28). Das Material ist aus Messing; die einzelnen Teile sind drehbar gegeneinander vernietet, bis auf den Führungsring für die Leine, der gleichzeitig Widerlager für das Fallgewicht ist. Das Schließnetz ist in den Haken bei N eingehängt. Das Fallgewicht trifft auf den Schließapparat und drückt die Messingschiene M nach unten. Dadurch wird der untere Querriegel gehoben und der Haken, der das Netz trägt, klinkt aus. Das Netz hängt nun an der Schließleine und wird von ihr wie oben beschrieben zugezogen.

Andere Netze, besonders in der Meeresforschung, arbeiten mit dem Schließmechanismus nach SCHWEDER, der die Öffnung des Netzes selbst verschließt. Er besteht aus einer oder zwei senkrecht gestellten (Halb-)Kreisscheiben, die sich nach dem Auftreffen des Fallgewichtes horizontal legen und die Netzöffnung verschließen.

Der Planktonsampler von CLARKE *und* BUMPUS: Um der Schwierigkeit bei der quantitativen Auswertung von Netzfängen zu begegnen, haben CLARKE und BUMPUS (1950) ein horizontales Schließnetz konstruiert, in dessen Öffnung ein Flügelrad die durch das Netz strömende Wassermenge registriert. Damit ist die Beziehung zwischen Planktonmenge und abgefischtem Wasservolumen exakt bestimmbar.

Das Netz liegt horizontal im Wasser und arbeitet nach folgendem Prinzip (Bild 29): An einem Messingrohr von 12,7 cm Durchmesser und 15 cm Länge werden die jeweils verwendeten Netze über einen Bajonettverschluß befestigt. Das Rohr ist in einem Rahmen nach oben und unten beweglich montiert, so daß es bei jeder Lage des Rahmens horizontal liegt. Als Stabilisator für das Netz dient eine vorn am Messingring und hinten am Netzbecher befestigte Metallstange. Der Rahmen selbst ist so an der Zugleine befestigt, daß er frei schwingen kann und die Rohr-

öffnung bei jeder Bewegung nach vorn gerichtet bleibt. Zwei Flügel am Messingrohr unterstützen noch die Horizontallage. Vorn kann das Rohr mit einem Deckel, der wie die Klappe im Ofenrohr drehbar angebracht ist, verschlossen und geöffnet werden. Das Netz wird verschlossen in die gewünschte Tiefe hinunter gelassen, mit einem Fallgewicht über einen Auslösemechanismus geöffnet und nach dem Fang mit einem zweiten Fallgewicht wieder geschlossen. Während des Fanges dreht sich im Rohr der Propeller, dessen Umdrehungen gezählt werden. Ihre Anzahl pro Zeit ist abhängig von der Geschwindigkeit, mit der das Wasser ins Netz einströmt. Da auch die Wassermenge, die durch das Netz strömt, bei gegebener Netzöffnung von der Einströmgeschwindigkeit abhängt, kann die Umdrehungszahl des Flügels unmittelbar in Wasservolumen umgerechnet werden, wenn man das Gerät vorher geeicht hat. Dies geschieht bei festgestelltem Netz im Strömungskanal und wird von der Herstellerfirma ausgeführt. Im allgemeinen entsprechen einer Umdrehung 3,8 bis 4,5 Liter Wasser, wenn man eine Zuggeschwindigkeit zwischen 1 bis 7,5 km pro Stunde einhält. Der Fehler bei der Angabe des Wasservolumens liegt bei ±5%. Bei geringerer Geschwindigkeit und größerer Verstopfung des Netzes arbeitet der Propeller nicht mehr genau. Aus dem gleichen Grunde sollten als Netzgaze nur Feinheitsgrade bis Nr. 10 verwendet werden (vgl. Tabelle auf S. 46).
Herstellerfirma: Mr. FRED SCHUELER, 30 Albermarle Road, Waltham 54, Massachusetts, U.S.A.

2. Planktonfang mit Hilfe von Wasserschöpfern

Zur quantitativen Entnahme des Planktons bedient man sich heute, besonders in der Phytoplanktonforschung, der Wasserschöpfer, die ein genau angegebenes Wasservolumen zusammen mit dem darin enthaltenen Plankton dem Gewässer entnehmen und den Vorteil bieten, daß damit die Beziehung zwischen Wasservolumen und Planktongehalt direkt gegeben ist. ELSTER (1958) hat sich zu der Anwendung von Schöpfern kritisch geäußert und festgestellt, daß Schöpfer mit horizontal stehenden Verschlußdeckeln vom Typ des RUTTNER-Schöpfers nicht wirbelfrei arbeiten: beim Hinablassen und Einströmen des Wassers entstehen Druckwellen und Turbulenzen, die die Planktonschichten stören.
Besser sind Schöpfer mit vertikal stehenden Deckeln, wie der FRIEDINGER-Typ (Bild 30), der, wie beim RUTTNER-Schöpfer, über ein Fallgewicht mit zwei Klappdeckeln wasserdicht geschlossen wird. Ein gutes Modell, wenn auch mit einem horizontalen Deckel, hat HERBST (1957) konstruiert (Bild 31). Der Plexiglaszylinder wird durch ein Fallgewicht so bewegt, daß er innerhalb eines Gleitgestänges ein kurzes Stück nach unten fällt, dabei die Wassersäule gleichsam „aussticht" und fast gleichzeitig geschlossen wird („Fallschöpfer"). Nach Angabe des Konstrukteurs arbeitet das Gerät weitgehend wirbelfrei und läßt den größeren Planktern keine Zeit zur Flucht; im Vergleich zum RUTTNER-Schöpfer konnten damit z. B. 50% mehr Copepoden gefangen werden.
Horizontale Wasserschöpfer sind u. a. von WOHLENBERG und SCHWEDER sowie von JAAG, AMBÜHL und ZIMMERMANN (vgl. S. 23) konstruiert worden.
Das mit dem Schöpfer (gleich welcher Bauart) entnommene Wasser entleert man durch einen Trichter, an dessen Ablauf ein Gazestück angebracht ist (nur für Zoo-

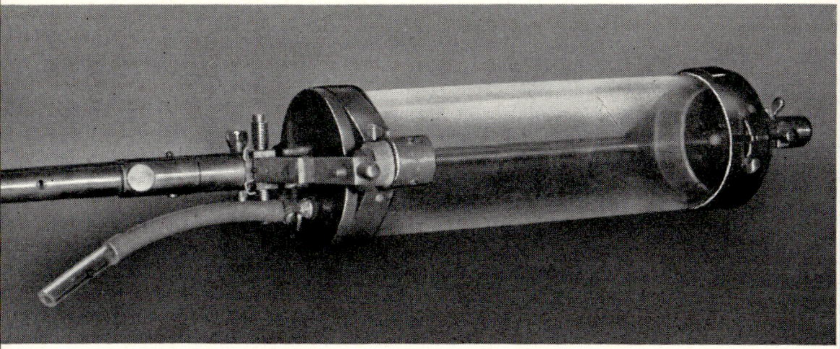

Bild 30. Wasserschöpfer nach FRIEDINGER; *a* geschlossen, *b* geöffnet mit senkrecht stehenden Deckeln

plankton, nicht Phytoplankton). Das Gazeläppchen wird anschließend in einer Probenflasche untergebracht und fixiert. Erst bei der quantitativen Auswertung wird es über einer Petrischale sauber ausgespült.

Mängel der Schöpfermethoden: Die Schöpfer haben meist ein zu geringes Volumen und ergeben dadurch unzuverlässige Werte. Sie müssen daher in der gleichen Tiefenstufe mehrmals eingesetzt werden. Der Fallschöpfer hat einen Inhalt von 2 Litern, vom Ruttner-Schöpfer gibt es auch 5-Liter-Modelle, die, trotz ihrer ungünstigen Konstruktion, im Lago di Varese ein relativ günstiges Ergebnis brachten (Elster 1958). Im Bodensee-Obersee waren nach Elster dagegen mindestens 30, im Untersee 15 Liter je Stufe notwendig, um zuverlässige Werte der Crustaceenverteilung zu erhalten. Ob und wie ein Schöpfer eingesetzt werden kann, ist also jeweils nach der Planktondichte zu entscheiden, die mit einem Netzfang überschlagsmäßig ermittelt werden kann. Bei geringer Zooplanktondichte ist der Einsatz einer Wasserpumpe vorzuziehen, die aus jeder Tiefenstufe beliebig große Wassermengen fördert.

Bild 31. Der Fallschöpfer von HERBST, geöffnet (aus HERBST 1956)

Gegenüber dem Schließnetz liefern Schöpfer nur Stichproben aus einer Schicht, die der vertikalen Lage des Schöpfers entspricht. Darin liegt die Gefahr, daß engbegrenzte Planktonmaxima nicht erfaßt oder aber deren Ausdehnung überschätzt wird, so daß sich zu geringe oder zu hohe Werte bei der Summation der Einzelproben ergeben.

3. Planktonfang mit Wasserpumpen

Die Pumpmethode hat gegenüber den Schöpfern den Vorteil, daß aus einer bestimmten Tiefe beliebig viel Wasser dem See entnommen werden kann; damit ist der Fehler der zu geringen Volumina ausgeschaltet. Man verwendet, um eine gleichmäßige Saugwirkung zu erzielen, am besten elektrisch (Akku) betriebene Flügelpumpen (der Fa. ALLWEILER) mit Durchflußzähler, so daß die gepumpte Wassermenge unmittelbar gemessen wird. An der Pumpe wird ein weicher Gummi- oder Plastikschlauch befestigt, dessen offenes Ende in die zu untersuchende Seetiefe hinabgelassen wird. Das Wasser, welches dabei in den Schlauch eindringt, muß zunächst abgepumpt werden. Dann werden je nach Planktondichte 30—50 Liter Wasser gepumpt und durch verschieden feine Gaze gefiltert, je nachdem, was man zurückhalten will. Verwendet man feinere Netze als Nr. 16, so stört bei der späteren Zählung das Phytoplankton. Das Plankton wird fixiert und zur späteren Bearbeitung aufgehoben.
Zur Beschaffung von Lebendmaterial für Kulturen oder physiologische Untersuchungen sollten keine Pumpfänge gemacht werden, da die Organismen durch die Pumpe unkontrollierbar geschädigt werden könnten.
Ein wesentlicher Vorteil gegenüber Netz- und Schöpferfängen liegt darin, daß mit der Pumpe ein beliebig fein gestuftes Vertikalprofil entnommen werden kann. Dies ist besonders wichtig in den obersten Schichten des Epilimnions und in der Sprungschicht, wo besonders engräumige Unterschiede in der vertikalen Verteilung des Planktons auftreten.
Fehlerquellen der Pumpmethode: Durch Versuche ist gezeigt worden (HERBST 1957, ELSTER 1958), daß größere Zooplankter, besonders Copepoden, mit Fluchtbewegungen reagieren, wenn sie in den Bereich des Wassersogs gelangen. Mit solchen Fluchtreaktionen der Copepoden muß bei Pumpfängen von Hand gerechnet werden. Man kann die dadurch gegebene Gefahr selektiver Fänge verringern, wenn man dem Schlauch einen Trichter ansetzt, der die Plankter am Entweichen hindert. Diese Maßnahme ist jedoch nur bei Schläuchen mit einem Durchmesser bis 2,5 cm notwendig; Versuche haben ergeben, daß bei einem Schlauchdurchmesser zwischen 2,5 bis 4 cm und Verwendung einer handbetriebenen ALLWEILER-Flügelpumpe Nr. 2 der Prozentsatz der entkommenden Copepoden praktisch bedeutungslos ist (ELSTER 1958). Unter diesen Bedingungen ergeben die Pumpfänge repräsentative Quantitativwerte, so daß sie zur Eichung von Netzen und auch Schöpfern herangezogen werden können. Innerhalb der Internationalen Vereinigung für theoretische und angewandte Limnologie (IVL) beschäftigt sich ein Methoden-Komitee auch mit diesen Fragen.

III. FIXIERUNG UND KONSERVIERUNG DES ZOOPLANKTONS

Zur quantitativen Auswertung wird das Zooplankton mit einer etwa 2—3%igen Formalinlösung fixiert und konserviert. Man verwendet zweckmäßig das 40%ige Formol des Handels und setzt eine entsprechend geringe Menge der Probe zu. Da viele Plankter, besonders Cladoceren, mit ihren Schalen im Oberflächenhäutchen des Wassers hängen bleiben, ist es für die spätere Zählung sehr vorteilhaft, die Oberflächenspannung des Wassers mit einer geringen Dosis flüssigem Pril herabzusetzen. Am einfachsten setzt man dem zur Konservierung verwendeten Formol etwas Pril zu. Manche Arten verlieren bei der Fixierung mit Formalin ihre charakteristische Gestalt und ziehen sich mehr oder weniger zusammen. Dies stört bei der quantitativen Zählung jedoch kaum, wenn man die Gestaltänderung für jede Art kennt; man erkennt sie dann trotzdem.

Für die Artbestimmung selbst müssen dagegen oft genauere Fixierungs- und Konservierungsmethoden beachtet werden, die für die verschiedenen Tier- und Pflanzengruppen in Anhang I, Seite 169 ff. zusammengestellt worden sind. Eine einfache Methode zur Trennung von Zoo-Netzplankton in die wichtigsten Gruppen hat neuerdings STRAŠKRABA (1964) beschrieben.

IV. DAS ZÄHLEN DES ZOOPLANKTONS

Ziel der quantitativen Planktonforschung ist es, die Planktondichte und -zusammensetzung, bezogen auf ein Wasservolumen, zu ermitteln. Die dazu ausgeführten quantitativen Fänge müssen selbstverständlich auch streng quantitativ ausgewertet werden. Dazu ist es notwendig, die Anzahl der Organismen in den einzelnen Fängen genau zu ermitteln. Da es sich dabei jedoch meist um eine sehr große Anzahl von Organismen handelt, die niemand in vernünftigem Zeitaufwand alle zählen kann, begnügt man sich mit einem Teil der Probe. Die Kunst liegt darin, diesen Teil von der Gesamtprobe so abzutrennen, daß er die gleiche Zusammensetzung hat und für die Gesamtprobe repräsentativ ist. Nur unter diesen Umständen kann aus dem Teilergebnis die Anzahl der Organismen in der Gesamtprobe berechnet werden.

Das Zählen einer Planktonprobe verläuft also in folgenden Schritten:

1. Herstellen einer geeigneten Planktonkonzentration und Entnahme der Teilprobe.
2. Einfüllen des Planktons in die Zählkammer.
3. Das Zählen selbst.
4. Berechnung des Planktongehalts der Gesamtprobe.

1. Herstellung einer geeigneten Planktonkonzentration und Entnahme der Zählprobe

Die mit prilhaltiger Formalinlösung konservierte quantitative Planktonprobe aus dem Netz-, Schöpfer- oder Pumpfang wird zunächst quantitativ in einen Meßzylinder gefüllt. Ist die Probe planktonarm, wird nach dem Absetzen der Organismen Wasser abgegossen; sehr organismenreiche Proben können dagegen verdünnt werden. Das endgültige Volumen der Probe wird genau notiert und in ein entsprechend großes Schüttelgefäß gegeben. Der Meßzylinder wird nachgespült, das Volumen des Spül-

Bild 32. Stempelpipette und Schüttelgefäß für Zooplankton (Foto Hydrobios)

wassers zur Planktonprobe addiert und ebenfalls in das Schüttelgefäß eingefüllt. Das Volumen der Planktonprobe im Schüttelgefäß muß genau bekannt sein. Als Schüttelgefäße dienen einfache Rundkolben mit weitem Hals, die mit einem durchbohrten Kork verschlossen werden. In die Öffnung des Stöpsels ist eine Stempelpipette so weit eingelassen, daß ihr unteres Ende mindestens bis zur Mitte der Planktonprobe hinabreicht.

Am besten eignet sich das Modell von HENSEN (Bild 32). Die Planktonprobe wird zwischen dem ausgeschliffenen Pipettenstempel und dem Pipettenrohr beim Aufziehen des Stempels eingefangen. Dies geschieht noch während die Probe im Schüttelgefäß geschüttelt und gleichmäßig verteilt wird. Stempelpipetten sind für verschiedene Volumina zwischen 0,1 und 5 ccm erhältlich, aber wegen ihrer genauen Verarbeitung ziemlich teuer.

In den U.S.A. werden an Stelle der Stempelpipetten die „plankton subsampler" verwendet, die ebenfalls die Entnahme einer repräsentativen Zählprobe ermöglichen. Das wird dadurch erreicht, daß die ganze Probe gleichmäßig auf eine Fläche verteilt wird, die in genau gleich große Teilflächen aufgeteilt ist. Der Inhalt einer oder mehrerer dieser Teilflächen wird dann als Zählprobe weiter behandelt. Diese „surface area"-Methoden haben den Vorteil, daß die subsampler leicht selbst hergestellt werden können, wenn man eine Glaskuvette entsprechend unterteilt. Literatur: CUSHING 1961, HOPKINS 1962.

2. Einfüllen des Planktons in die Zählkammer

Bei normalem Crustaceenplankton aus Seen wird mit der Stempelpipette etwa 1 ccm aufgenommen und quantitativ in die Zählkammer gefüllt. Nachspülen ist nicht nötig, da der Stempel unbenetzbar ist. Man muß aber darauf achten, daß außen an der Pipette kein Plankton heften bleibt.

Die Zählplatte ist entweder eine einfache Glasplatte von etwa 8×4 cm Fläche oder

besser eine Glasplatte, an deren Rändern Glasleisten aufgekittet sind, also eine Zählkammer. Schräge Innenkanten der Glasleisten ermöglichen eine gute Beobachtung unter dem Mikroskop bis zum Rand. In beiden Fällen ist der Boden der Platten in Längsstreifen unterteilt, die sich leicht mit einem Diamanten in das Glas einritzen lassen. Am besten stellt man sich Platten mit 0,5, 1,0 und 1,5 mm breiten Streifen aus dem leicht zu bearbeitenden Plexiglas her.
Aus der Stempelpipette wird die Zählprobe auf die Zählplatte gegeben, wobei darauf zu achten ist, daß die Schicht nicht zu dick ist. Im Hinblick darauf ist schon zu Anfang die geeignete Konzentration der Planktonprobe im Schüttelgefäß herzustellen. Bei zu dicker Schicht liegen mehrere Plankter übereinander oder zu dicht nebeneinander und können schlecht erkannt werden; auch zuviel Phytoplankton stört. Störend können sich auch die Erschütterungen beim Verschieben der Platte unter dem Mikroskop auswirken. Um diese Erschütterungen ganz zu vermeiden, füllt man die Probe statt auf die Zählplatte in eine Zählkammer, die dann bis zum Rand aufgefüllt und mit einer Deckplatte verschlossen wird. Zum Auffüllen der Kammer nimmt man entweder weitere Anteile der Planktonprobe oder, wenn diese zu planktonreich ist, planktonfreies Wasser.

3. Das Zählen der Plankter

Die Zählplatten oder -kammern werden unter dem Mikroskop, am besten einem Stereomikroskop, bei einer Vergrößerung ausgezählt, die die Plankter noch mit Sicherheit zu erkennen erlaubt. Dabei ist die Verwendung eines Kreuztisches anzuraten, der eine gleichmäßige, erschütterungsfreie Bewegung der Kammern ermöglicht. Je nach der Fragestellung werden Arten oder Artengruppen gezählt oder auch Altersstadien der einzelnen Arten unterschieden. Man zählt also z. B. Rotatorien, Cladoceren, calanoide oder cyclopide Copepoden usw.; oder man unterteilt diese Gruppen und zählt von den Cladoceren die Bosminen und Daphnien (Bild 33)

Bild 33. Zooplankton-Probe, die hauptsächlich Bosminen enthält; links unten Teil einer *Daphnia;* rechts ein *Copepode* (Vergr. etwa 50-fach)

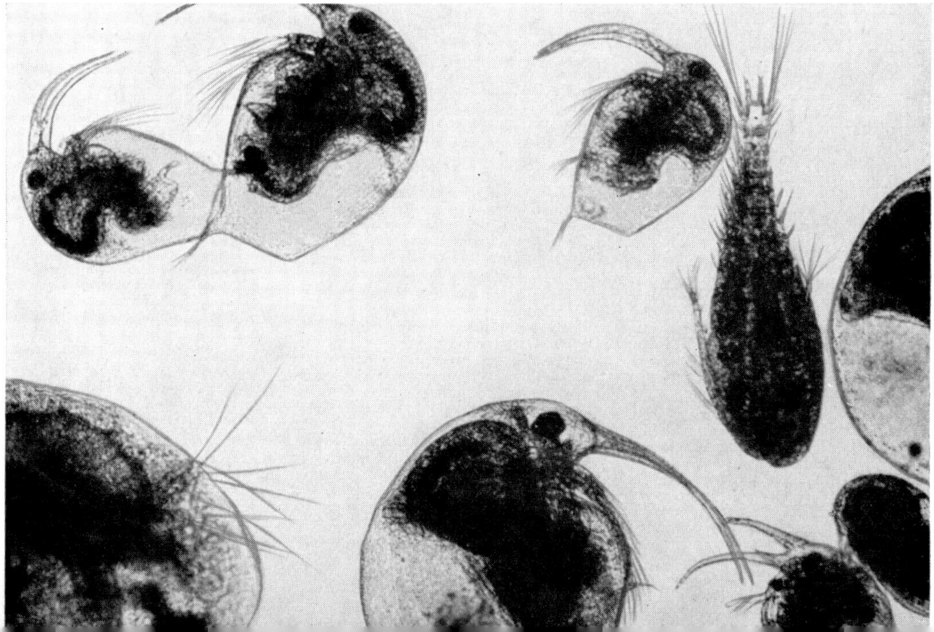

und vielleicht sogar die verschiedenen Arten beider Gattungen getrennt aus. Sehr oft (bei populationsdynamischen Untersuchungen) kommt es darauf an, bei den Copepoden z. B. die erwachsenen Männchen und Weibchen sowie die Entwicklungsstadien getrennt zu zählen. Wieweit man dabei unterteilen will und kann, ist Sache der geplanten Untersuchung.

Es ist selbstverständlich, daß man sich vor Beginn der eigentlichen Zählarbeit anhand einer qualitativen Probe orientiert, was zu erwarten ist. Dann legt man sich vor der Zählung Listen an mit den einzelnen Zählkategorien. Für jedes gezählte Tier wird in der entsprechenden Kategorie ein senkrechter, für jedes fünfte ein Querstrich durch die Vierergruppe gemacht, so daß die Fünfergruppen später rasch zusammengezählt werden können. Man kann auch Zähluhren verwenden, die auf Knopfdruck weiterzählen und unmittelbar die Endsumme angeben; natürlich muß für jede Zählgruppe eine derartige Uhr bereitstehen.

Die vollständig ausgezählte Kammer wird ausgeleert, sorgfältig ausgewaschen und, wenn notwendig, erneut gefüllt. Das Zählergebnis wird für jede Kammer getrennt notiert; nur dann sind die Zählwerte aufeinanderfolgender Kammerfüllungen der gleichen Probe miteinander zu vergleichen. Die Zählprotokolle müssen selbstverständlich über die gerade laufende Untersuchung hinaus aufbewahrt werden, weil sie einen wissenschaftlichen Beleg darstellen und vielleicht auch bei späteren Arbeiten zum Vergleich herangezogen werden müssen.

Soll die ausgezählte Planktonprobe weiterhin aufbewahrt werden, wird sie erneut in Formalinlösung oder besser in Alkohol mit Glyzerinzusatz (vgl. Fixierungs- und Konservierungsmethoden im Anhang II) konserviert. Alkoholproben können jedoch schlecht ausgezählt werden.

4. Berechnung des Planktongehaltes der Gesamtprobe

Da die Zählprotokolle Grundlage für die spätere Berechnung des gesamten Planktongehaltes und seiner Zusammensetzung im See oder in verschiedenen Teilen des Sees sind, ist durch eine ausreichend sorgfältige und umfangreiche Zählung eine Grundlage zu schaffen, auf der mit gutem Gewissen rechnerisch aufgebaut werden kann. Bei jeder Addition, Multiplikation usw. addieren sich die in den Grundlagen gemachten Fehler.

Die Frage, wieviel % der Gesamtprobe zu zählen sind, hängt von ihrem Planktongehalt bzw. ihrer Konzentration im Schüttelgefäß und von ihrer Artzusammensetzung ab. Da das Volumen der Probe nicht beliebig klein sein kann, ist die Konzentration planktonarmer Proben nicht immer günstig einzustellen; notfalls muß die gesamte Probe ausgezählt werden. Wenn sich die Zählergebnisse für die einzelnen Kammerfüllungen nicht mehr wesentlich voneinander unterscheiden, kann man die addierten Zählwerte als statistisch gesichert und für die Gesamtprobe repräsentativ ansehen. Kommt es auch auf seltenere Arten an, so kann man zusätzliche Kammern nur nach diesen auszählen und alle anderen unberücksichtigt lassen.

Hat man von einer Planktonprobe etwa 5% des Gesamtvolumens ausgezählt und sich davon überzeugt, daß dieser Anteil einen statistischen Mittelwert darstellt, so ermittelt man den Planktongehalt der Gesamtprobe durch Umrechnen auf 100% (also hier multiplizieren mit 20).

Dieser Endwert ist die Planktonmenge eines Netz-, Schöpfer- oder Pumpfanges und ist dementsprechend auf ein bestimmtes Wasservolumen bezogen. Handelte es sich z. B. um einen Vertikalfang Grund bis Oberfläche mit dem Normalnetz ($^1/_4$ qm Netzöffnung), so ergibt der durch Zählen und Umrechnen auf 100% ermittelte Planktonwert multipliziert mit 4 den Planktongehalt der Wassersäule unter 1 qm Seeoberfläche. Ein 5-Liter-Schöpferfang müßte mit 200, ein 20-Liter-Pumpfang mit 50 multipliziert werden, wenn man den Planktongehalt je cbm errechnen will usw. Hat man mit dem Schließnetz oder einem anderen Gerät Stufenfänge durchgeführt, so kann der Planktongehalt je Wasservolumeneinheit für die einzelnen Tiefenstufen miteinander verglichen werden. Es sei nochmals betont, daß auch die beim Fang und der Auswertung der Planktonproben gemachten Fehler mit dem gleichen Faktor multipliziert werden.

Phytoplankton

Das Phytoplankton besteht fast ausschließlich aus Algen, von denen die meisten sehr viel kleiner sind als die Planktontiere. Bild 34 gibt einen guten Größenvergleich,

Bild 34. Größenvergleich von Zooplankton (Daphnien und Copepoden) und Phytoplankton *(Staurastrum, Peridinium, Ceratium)* (Vergr. etwa 60-fach)

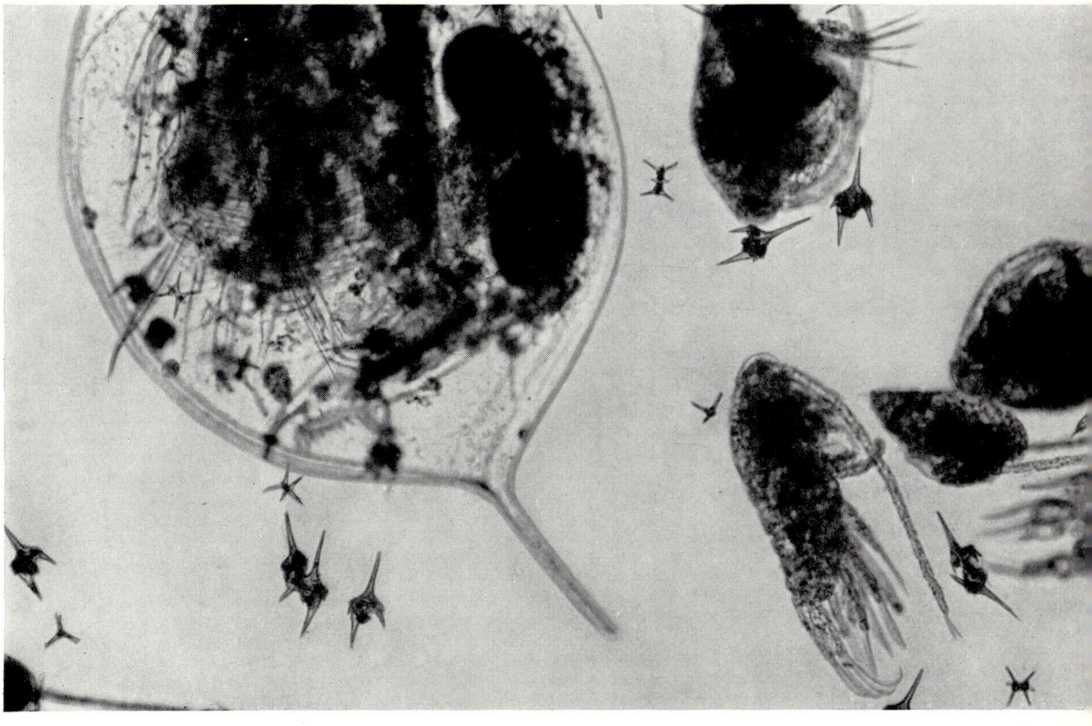

obwohl es sich dabei um große planktische Algen handelt. Nur koloniebildende Planktonalgen, wie *Volvox* und andere (Bild 35 und 36), erreichen annähernd die Größenordnung des Zooplanktons.

Daraus ergeben sich für die Methodik der Phytoplanktonforschung besondere Schwierigkeiten, die durch die Entwicklung des umgekehrten Mikroskops, besonderer Zählkammern und Zählverfahren sowie durch den Verzicht auf die Anwendung von Netzen weitgehend behoben worden sind. Diese Verfahren werden hier im Zusammenhang dargestellt, obwohl sich manche Parallelen mit der Zooplankton-Methodik ergeben.

Das pflanzliche Plankton wird in drei Größenklassen eingeteilt (vgl. auch S. 41):

1. Das Netzplankton, die größten Formen, die auch mit feinmaschigen Netzen (Gaze 25, Porenweite 60 μ) gefangen werden können, wie z. B. *Asterionella, Tabellaria, Fragilaria, Volvox, Oscillatoria, Ceratium, Peridinium* usw. (Bild 2, 37).

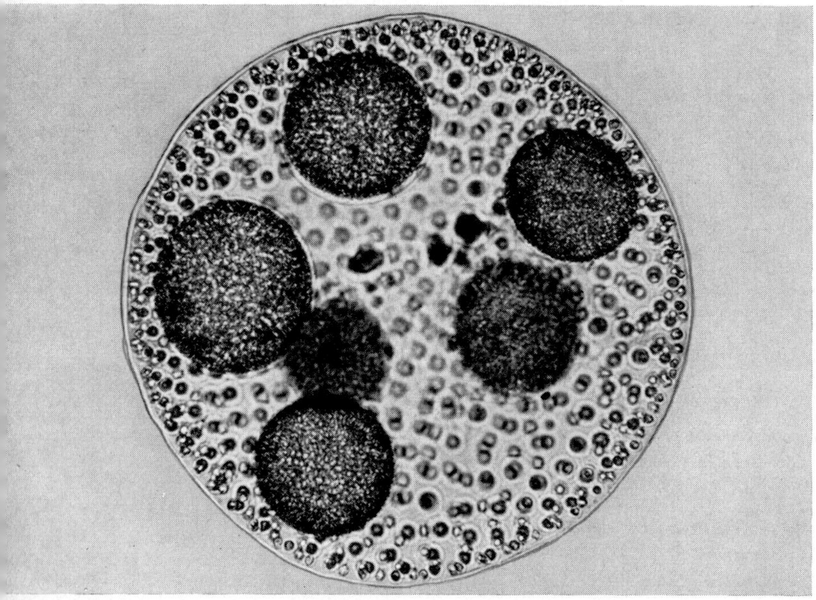

Bild 35. Zellkolonie einer Volvox-Alge, einer der größten Phytoplankter des Süßwassers (Vergr. etwa 100-fach)

2. Das Nannoplankton, kleine Algen unter 60 μ Größe, die also selbst mit den feinsten Netzen nicht mehr gefangen werden können, und

3. Die μ-Algen, allerkleinste Formen von nur wenigen μ Größe (Ultraplankton).

Aus dieser Größeneinteilung geht hervor, daß man bei der Verwendung von Netzen weder das Nannoplankton noch die μ-Algen erfassen würde. Durch neuere Untersuchungen von Rodhe (1958), Nauwerck (1963) und anderen wissen wir aber, daß dieses Nannoplankton eine bedeutende Rolle in der Primärproduktion und als Nahrung des Zooplanktons in den Seen spielt. Für die quantitative Phytoplankton-Methodik scheidet daher jede Verwendung von Netzen aus. Nannoplankton und μ-Algen können nur durch Sedimentation und Zentrifugieren geschöpfter oder gepumpter Wassermengen angereichert werden.

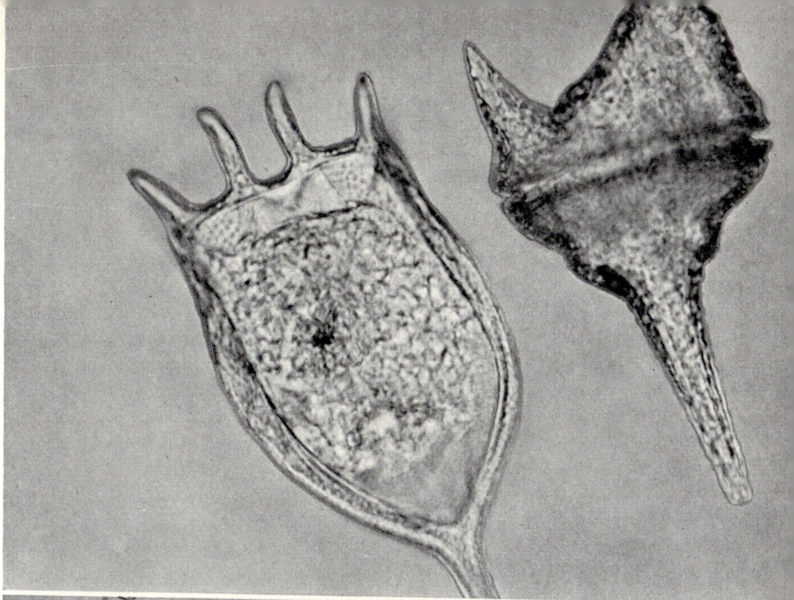

Bild 36. Die größten Phytoplankter sind etwa so groß wie die kleinsten Zooplankter. Rechts der Panzerflagellat *Ceratium;* links das Rädertier *Keratella*

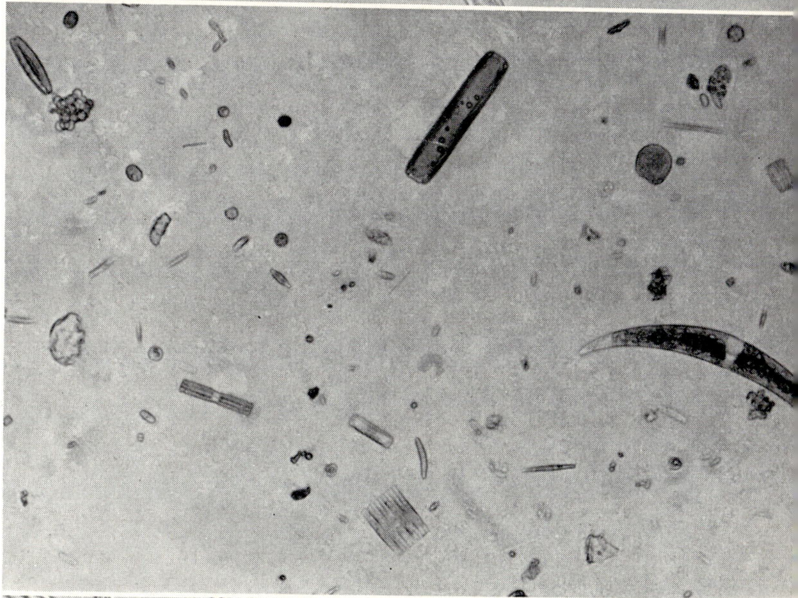

Bild 37. Mit dem Planktonnetz gefangenes Teichplankton. Rechts eine Jochalge *(Closterium);* sonst hauptsächlich Diatomeen

Bild 38. Winterplankton aus dem Großen Plöner See, hauptsächlich fädige Oscillatoriaceen; unten 2 *Ceratium;* darüber eine *Keratella;* links daneben eine *Staurastrum*

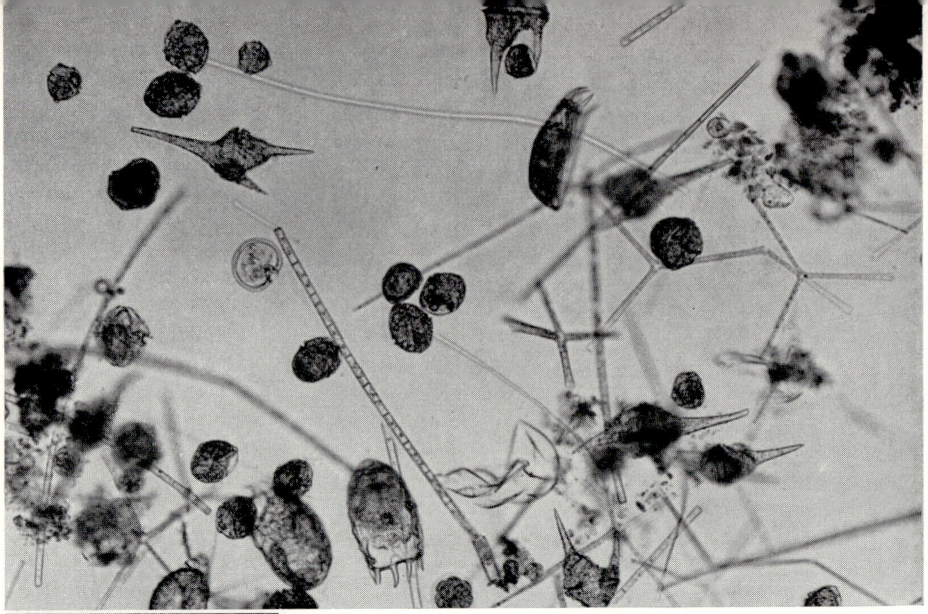

Bild 39. Sommerplankton des großen Plöner Sees; *Peridinium*, *Ceratium*, *Keratella* und *Diatoma*, fast keine Oscillatoriaceen

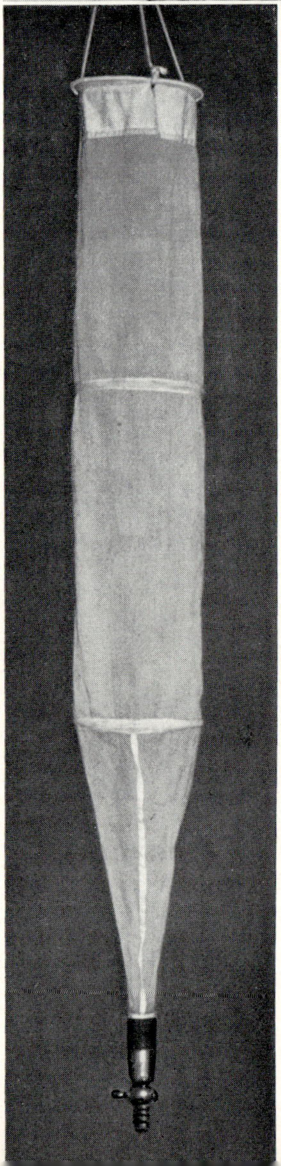

◄ Bild 40. Zeppelinnetz

I. QUALITATIVE UNTERSUCHUNG DES (NETZ-)PHYTOPLANKTONS

Die Kenntnis des pflanzlichen Netzplanktons ist für die Kennzeichnung eines Gewässers wichtig. Oligotrophe und eutrophe Seen bieten ein sehr verschiedenes Planktonbild. Auch im Laufe eines Jahres ändert sich im gleichen See die Planktonzusammensetzung, wie die Bilder 38 und 39 vom Großen Plöner See in Holstein zeigen.

Das Phytoplanktonnetz ist daher auch heute noch ein wichtiges limnologisches Gerät. Da es mit Gaze Nr. 25 versehen sein muß, beträgt seine offene Sichtfläche (vgl. S. 46) nur etwa 20% der Gesamtfläche, und sein Filtrationswiderstand ist dementsprechend hoch. Hinzu kommt die intensive progressive Verstopfung des Netzes. Bei geringer Netzöffnung wird man daher die Filterfläche sehr ausdehnen; dabei entsteht ein sehr langes und enges Netz, das Zeppelinnetz (Bild 40).

Das Zeppelinnetz ist in seinem unteren Teil ein Kegel, der nach oben durch einen Zylindermantel aus Netzgaze verlängert ist; auf diese Weise erreicht man eine große Netzfläche. Das in unserem Institut verwendete Netz ist 1 m lang und hat eine Netzöffnung von 15 cm Durchmesser. Am obersten Netzring ist es mit einem

6 cm breiten Streifen aus festem Leinenstoff angenäht. Zwei weitere Metallringe sind in das Netz selbst eingenäht: einer zwischen Zylinder- und Kegelteil, der zweite in der Mitte des Zylinderteils (Bild 40). Auf diese Weise wird das Netz beim langsamen Zug durch das Wasser stets offen gehalten.
Es läßt sich einfach berechnen, daß das beschriebene Netz eine Gazefläche von 4000 cm^2 hat; die Netzöffnung ist 180 cm^2 groß, was einem Verhältnis von 1 : 22 entspricht (Normalnetz für Zooplankton aus Gaze 8 1 : 4). Da jedoch die effektive Porenfläche bei dieser Gaze nur etwa 1/5 der Gazefläche ausmacht, reduziert sich das tatsächliche Verhältnis aus Netzöffnung zu wirklicher Filterfläche auf 1 : 4,4. Das Zeppelinnetz hätte also keinen nennenswerten Filterwiderstand im reinen Wasser. Es ist jedoch in planktonreichem Wasser mit einer sehr raschen Verstopfung des Netzes zu rechnen, so daß der Filterwiderstand schnell zunimmt und auch die großen Formen nicht mehr quantitativ zurückgehalten werden. Das Zeppelinnetz ist also nur für qualitative Orientierungsfänge und zur Entnahme von Netz-Phytoplankton für Kulturen, Bestimmungen, Demonstrationen usw. geeignet. Neuerdings wird zum Fang von Nannoplankton Gaze mit etwa 30 μ Maschenweite hergestellt (Nannoplanktonnetz nach HÖLL; Fa. BERGMANN), die jedoch auch nur die größten Nannoplankter zurückhält und für quantitative Arbeiten ungeeignet ist.

II. QUANTITATIVE PHYTOPLANKTONFORSCHUNG

Für die quantitative Untersuchung des Phytoplanktons werden niemals Netze, sondern ausschließlich Wasserschöpfer verwendet, wobei man mit geringeren Wassermengen auskommt als beim Fang von Zooplankton. Es können die Schöpfermodelle von RUTTNER und FRIEDINGER, aber auch andere verwendet werden. Ihre Arbeitsweise ist im hydrographischen Kapitel und beim Zooplankton beschrieben worden. Ebensogut wie Schöpferproben sind auch Pumpfänge, die jedoch wegen der geringen Wassermengen, die benötigt werden, nicht erforderlich sind.

1. Fixierung und Konservierung

Von dem Inhalt des Wasserschöpfers wird ein Volumen von ca. 100 ml in eine entsprechende Probenflasche mit eingeschliffenem Glasstopfen (oder Schraubverschluß mit Polyäthyleneinlage) abgefüllt und 2—3 Tropfen konzentrierter wäßriger Lösung von Jod-Jodkalium (Lugol'sche Lösung) plus 10% Essigsäure oder Natrium-Acetat bis zur Kognakfarbe zugesetzt. Das Jod fixiert und konserviert die Organismen und färbt sie zugleich an; die Essigsäure macht die Geißeln und Cilien haltbarer. Die Behandlung mit Jod-Jodkalium hat aber noch einen weiteren, entscheidend wichtigen Vorteil: durch die Einlagerung von Jod werden die Organismen schwerer und sinken rascher zu Boden. Dieses Sedimentieren ist vor der Zählung unbedingt notwendig. Die so behandelten Proben werden gut verschlossen im Dunkeln aufbewahrt; sie sind dann jahrelang haltbar.

Herstellung der Lugol'schen Lösung: 10 g KJ neutrale pro analysi werden in 20 ml H_2O gelöst und dazu 5 g doppelt sublimiertes Jod pro analysi hinzugegeben. Nach gänzlicher Lösung weitere Zugabe von 50 ml H_2O und 5 g CH_3COONa pro analysi

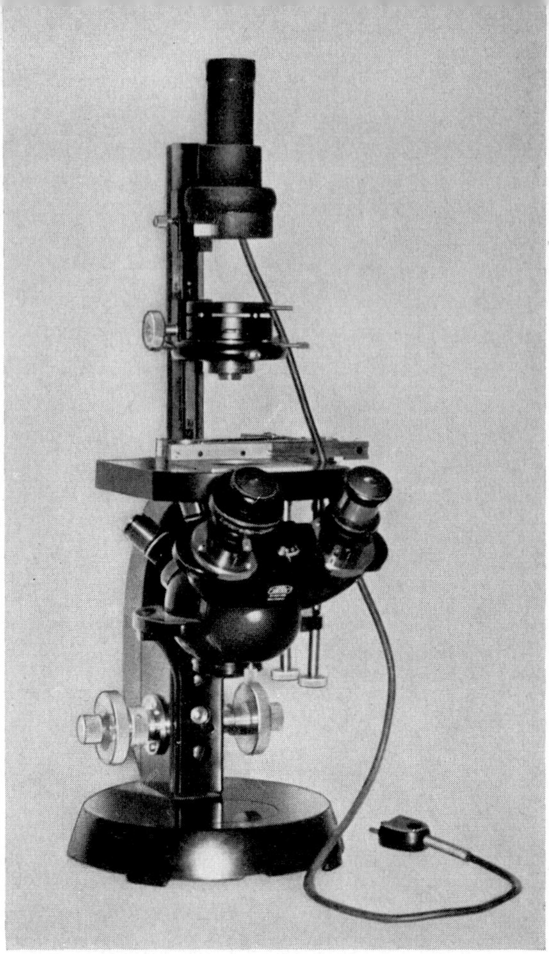

Bild 41. Umgekehrtes Mikroskop nach UTERMÖHL

oder statt des Natriumacetats 10% Eisessig. Aufbewahrung in einem 100-ml-Enghalsfläschchen aus Neutralglas (z. B. Jenaer Geräteglas) mit eingeschliffenem, gut passendem Glasstopfen.

2. Das Zählen des Phytoplanktons

Prinzip: Das Zählen des Phytoplanktons kann aus verschiedenen Gründen nur schwer mit einem normalen Mikroskop ausgeführt werden. Die Planktonprobe muß in einer sogenannten Röhrenkammer gezählt werden, auf deren Deckglasboden das Plankton innerhalb einer bestimmten Zeit absinkt. Das überstehende Wasser kann jedoch jetzt nicht mehr abgegossen werden und verbleibt in der Kammer. Beim Arbeiten mit dem normalen Mikroskop würden bei der erforderlichen starken Vergrößerung die Objektive ins Wasser eintauchen und auch bei Verwendung von Wasserimmersionssystemen optisch schlechte Bilder ergeben.
Man arbeitet daher mit dem Umgekehrten Mikroskop nach UTERMÖHL (1928), bei dem die Objektive von unten her gegen die Bodenplatte der Zählkammer gerichtet werden, so daß das auf dem Deckglas liegende Plankton ohne Schwierigkeiten auch mit Immersionssystemen betrachtet werden kann (Bild 41).
Das Auszählen der mit JJK-Acetat fixierten Planktonproben geht in folgenden Schritten vor sich: 1. Einfüllen in die Planktonkammern und Sedimentieren; 2. Einsetzen der sedimentierten Proben in das Mikroskop; 3. das eigentliche Zählen der Proben.

Einfüllen in die Planktonkammern

Das Kammerverfahren ist von KOLKWITZ (1907, 1911) entwickelt worden. Er verwendete jedoch nur sehr flache Kammern von 0,5 ml Inhalt (Bild 42) mit geringer Sedimentiertiefe, die mit dem normalen Mikroskop, also Betrachtung von oben her, unter Verzicht auf Bestimmung kleinster Formen, ausgezählt wurden. Nachteilig ist, daß die Planktondichte in diesen flachen Kammern nur gering, die durchzumusternde

Bild 42. Flachkammer nach KOLKWITZ (aus RUTTNER)

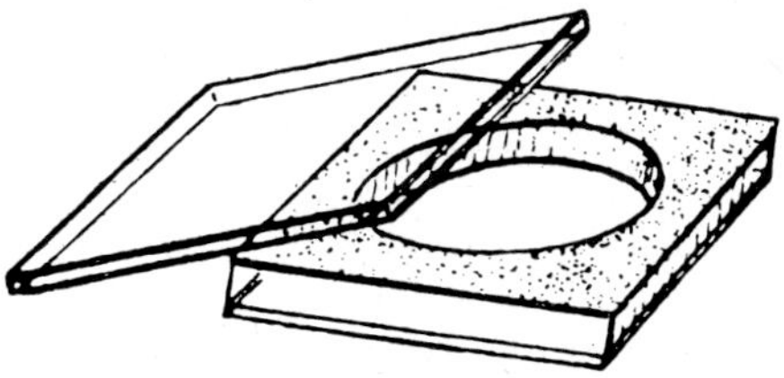

Fläche dagegen verhältnismäßig groß ist. Die Kolkwitz-Kammern können heute immer noch Verwendung finden, wenn kein umgekehrtes Mikroskop zur Verfügung steht; besonders aber dann, wenn eine Probe sehr viel Phytoplankton enthält. Im Handel sind Kolkwitz-Kammern auch passend zum Utermöhl-Mikroskop erhältlich (Bild 43). Es sind ausgefräste Plexiglasplatten mit 0,5 oder 1 ml Inhalt.

Kolkwitz-Kammern sind auch gut geeignet, wenn man das Phytoplankton von Kleingewässern (Tümpeln, Teichen) untersuchen will. Die Kammern können direkt unter Wasser mit einer Deckplatte verschlossen werden. Rylov (1926) hat ein einfaches Gerät beschrieben, mit welchem man Kolkwitz-Kammern auch bis in Tiefen von 1 m noch füllen und verschließen kann.

In der modernen Phytoplankton-Methodik verwendet man sogenannte Röhrenkammern (Utermöhl 1932). Das sind Zylinder, die, im Gegensatz zu den Kolkwitz-Kammern, höher als ihr Durchmesser sind (Bild 43). Damit wird ein längeres Sedimentieren des Phytoplanktons in Kauf genommen, aber auch eine höhere Planktonkonzentration auf der Bodenplatte erreicht, so daß auch seltenere Formen erfaßt werden. Röhrenkammern sind besonders bei planktonarmen Proben vorteilhaft, ja notwendig. Man wählt je nach Planktondichte Kammern von verschiedenem Inhalt, behält aber die Größe der Bodenfläche konstant.

Bild 43. Verschiedene Röhrenkammern nach UTERMÖHL; links eine Verbundkammer (vgl. Text)

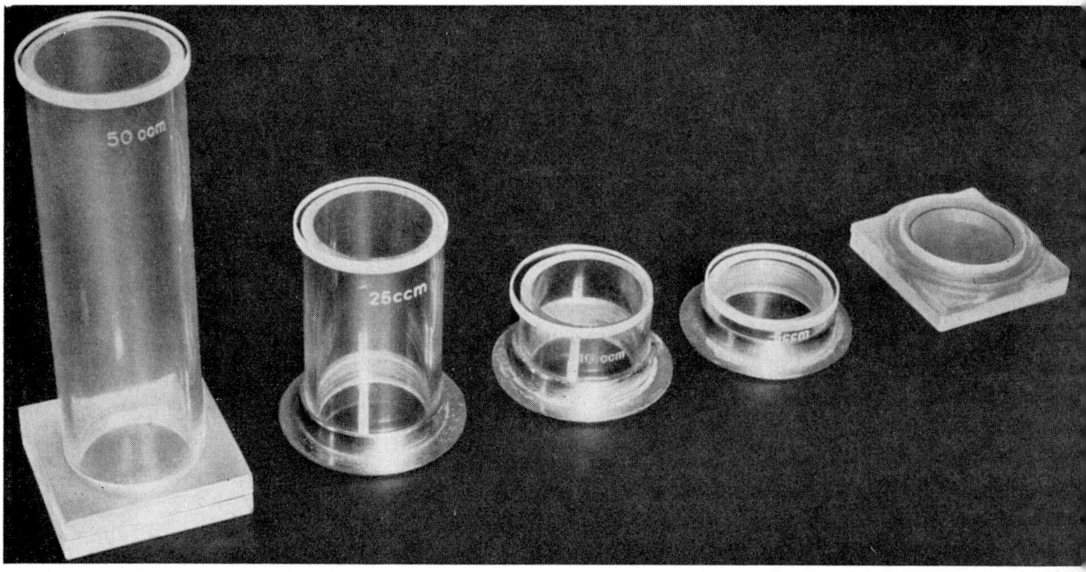

Herstellung von Röhrenkammern

Die Röhrenkammern werden, wie die Kolkwitz-Kammern, heute aus Plexiglas angefertigt (Lund 1951). Sie sind leicht selbst aus Röhrenstücken von Plexiglas oder einem gleichwertigen Kunststoff herzustellen. Man schneidet sie passend zu und schleift die Enden sorgfältig glatt. Die Größe ist beliebig, praktisch sind für den Inhalt jedoch bequeme Maße zu wählen. Auf das untere Ende kittet man ein passendes rundes mikroskopisches Deckglas, das später die Plankter auffängt. Als günstigen Klebstoff gibt Utermöhl Araldit der Fa. Ciba, Basel, an. Die Kammer wird oben mit einer lose aufliegenden runden oder viereckigen Glasplatte verschlossen.

Das Zählen des Planktons ist eine Zeitfrage. Das Ergebnis muß in vernünftiger Relation zur Zeit stehen, die man dafür aufwendet. Noch weniger als beim Zooplankton zählt man eine Probe ganz aus, sondern beendet die Zählung, wenn ein repräsentatives Zählergebnis vorliegt. Viele Autoren haben sich ausführlich mit der Frage beschäftigt, wann ein Zählergebnis als signifikant angesehen werden kann (Lund, Kipling und Le Cren 1958, Javornicky 1958, Nauwerck 1963).

Der Planktongehalt einzelner Proben kann sehr verschieden sein, so daß Kammern verschiedener Größen verwendet werden müssen. Je planktonreicher die Probe ist, um so kleiner kann die Kammer sein. Durch die richtige Wahl der Kammer erzielt man eine gleichmäßige und gut zu zählende Planktonschicht am Boden der Kammer. Als Faustregel gilt folgendes: sind im ml mehr als 10 000 Phytoplankter, so nimmt man Flachkammern (Kolkwitz; flache Röhrenkammern); sind weniger darin, Röhrenkammern bzw. Verbundkammern. Am besten ist es, wenn man sich einen oder mehrere Sätze Kammern verschiedener Größen anfertigt oder kauft. Utermöhl (1958) empfiehlt folgende Volumina und Größen:

Volumen	Innerer Durchmesser	Flächeninhalt	Höhe
1 ml	10 mm	80 mm²	25 mm
5 ml	16 mm	200 mm²	25 mm
10 ml	18 mm	255 mm²	40 mm
20 ml	20 mm	315 mm²	64 mm
50 ml	25 mm	500 mm²	100 mm
100 ml	34 mm	910 mm²	110 mm

Es ist jedoch praktischer, den Innendurchmesser der Kammern und damit ihre Bodenfläche konstant zu halten und nur die Höhe der Kammern und so ihre Volumina zu ändern. So ergeben sich bei Teilzählungen die gleichen Umrechnungsfaktoren (S. 70). Die Fa. Carl Zeiss (Oberkochen) liefert verschieden hohe Röhrenkammern, die alle einen Durchmesser von 25 mm haben (Bild 43).

Zum Füllen setzt man die Kammer in eine Petrischale, schüttelt die Flasche mit dem fixierten Plankton sehr gut durch, verteilt das Plankton dadurch gleichmäßig und füllt die Röhrenkammer bis zum Überlaufen. Es ist wichtig, die Planktonprobe vorher auf Zimmertemperatur zu bringen, damit sich in der Röhrenkammer während des Sedimentierens keine Luftblasen bilden. Auch die Deckplatte ist luftblasenfrei aufzusetzen; die Kammer wird dann abgetrocknet und erschütterungsfrei aufgestellt, bis alles Plankton sedimentiert ist; das dauert je nach Kammerhöhe verschieden lange.

NAUWERCK (1963) hat durch Versuche festgestellt, daß das Verhältnis Höhe : Durchmesser der Kammer einen Einfluß auf das Sedimentieren des Planktons hat. Übersteigt die Höhe der Kammer ihren 5fachen Durchmesser, so werden die Konvektionsströmungen so stark, daß merkbare Mengen des Planktons überhaupt nicht mehr sedimentieren. In Kammern geeigneter Größe genügen 4 Stunden je cm Höhe, um auch kleinste Organismen abzusetzen.

Eine Kombination von KOLKWITZ-Kammer und Röhrenkammer ist die Verbundkammer von UTERMÖHL (1952), die auf Anregungen von KOLKWITZ (1932) und LUND (1951) zurückgeht. Auf eine flache Röhrenkammer von 2 cm^3 Inhalt und 4 mm Sedimentierhöhe, die in eine viereckige Plexiglasplatte eingelassen ist, wird eine unten offene, ebenfalls in eine gleichgroße Platte eingelassene Röhrenkammer ohne Boden wasserdicht aufgesetzt (Bild 43 links). Sodann wird die Röhrenkammer wie oben beschrieben gefüllt und zum Sedimentieren des Planktons erschütterungsfrei aufgestellt. Nach dem Gesagten darf der Röhrenaufsatz nicht zu hoch sein, um ein quantitatives Sedimentieren zu gewährleisten. Der Vorteil dieser Verbundkammern ist, daß das Plankton des gesamten Volumens in die flache Plattenkammer absinkt. Es ist jetzt notwendig, den Röhrenaufsatz so von der Plattenkammer abzuschieben, daß kein Plankton aufgewirbelt wird und verloren geht. Dazu legt man links und rechts an die Plattenkammer 2 Plexiglasplatten von genau gleicher Dicke und Fläche, hält eine davon mit der Hand fest und schiebt mit der anderen Hand mit der Deckplatte der Plattenkammer den Röhrenaufsatz auf die festgehaltene Platte. Die Deckplatte gleitet nach und schließt genau die Plattenkammer, die damit zum Zählen im umgekehrten Mikroskop fertig ist. Das Verschieben gelingt bei genau gearbeiteten Kammern leicht. Leichtes Verhaken ist auf winzige Ungenauigkeiten in der Verarbeitung der Plattenränder zurückzuführen, die durch ganz leichtes Feilen behoben werden können.

Das Zählen selbst

Das Zählen des Phytoplanktons ist schwieriger als das des Zooplanktons; es erfordert viel stärkere Vergrößerungen und entsprechend viel mehr Zeit. Die in das Zählmikroskop eingesetzten Kammern werden von unten her durch die Deckglas-Bodenplatte betrachtet und gezählt. Die Wahl der Vergrößerung richtet sich nach den kleinsten zu zählenden Organismen; für das besonders wichtige Nannoplankton wird eine 1000fache Vergrößerung benötigt. Dadurch steigt die Zeit, die man für die Zählung einer Planktonkammer benötigen würde, ganz außerordentlich an. 1 Million Pflanzenzellen je ml sind in eutrophen Seen keine Seltenheit. Man kann sich also eine Vorstellung von der reinen Zähldauer machen, ohne die Mühe zu berücksichtigen, die für das Erkennen der kleinsten Formen aufgewendet werden muß.

Da sich niemand die Zeit nehmen kann, eine oder mehrere Wochen für das Auszählen einer Planktonkammer zu verwenden, muß man sich beim Zählen auf einen Teil der Bodenfläche der Kammer beschränken.

Am besten ist es, zwei senkrecht zueinander stehende Streifen, die über die Mitte des Kammerbodens laufen, auszuzählen. Dazu ist ein Zählstreifenokular erforderlich, das zwei parallele Fäden enthält, deren Abstand zueinander verstellt werden kann. Quer dazu verläuft ein weiterer Faden. Das Okular wird so ins Mikroskop eingesetzt, daß die parallelen Fäden in einer der beiden Richtungen des Kreuztisches laufen. Diese Einstellung ist erreicht, wenn das durch das Gesichtsfeld gezogene Plankton die parallelen Fäden nicht kreuzt. Gezählt wird nur der Streifen zwischen den parallelen Fäden; da er beliebig einzustellen ist, wählt man den Zählstreifen bei geringer Planktondichte weit, bei größerer entsprechend enger. Dabei ist auch die Vergrößerung zu beachten: je stärker sie ist, desto geringer ist die Breite des Gesichtsfeldes. Da der gesamte Zählstreifen im Blickfeld erfaßt werden muß, kann er nicht beliebig breit gewählt werden.

Mit Hilfe des Kreuztisches wird jetzt das Gesichtsfeld durch den Zählstreifen gezogen. Dabei wird alles gezählt, was sich zwischen den Fäden befindet. Eine Planktonform wird gezählt, wenn sie beim Verschieben den senkrecht zu den Zählstreifenfäden liegenden Faden überschreitet. Außerdem werden diejenigen Plankter gezählt, die auf einem der beiden Grenzfäden, also halb in und halb außer dem Zählstreifen liegen; dabei darf aber nur entweder der rechte oder der linke Faden berücksichtigt werden. Will man weitere Teile des Kammerbodens zählen, so verschiebt man jeweils um eine Zählstreifenbreite und zählt so unter Umständen die ganze Kammer aus; oder man zählt zwei gleichgroße Streifen senkrecht zueinander über die größte Breite. Auf diese Weise gleichen sich Unregelmäßigkeiten in der Planktonverteilung auf dem Kammerboden, die beim Sedimentieren entstanden sind, annähernd wieder aus. Man kann auch mehrere Streifen zählen, die im Winkel von 45° zueinander stehen (Diametralzählung nach UTERMÖHL). Am besten nimmt man dazu Kammern der Fa. Zeiss (Oberkochen) mit 25 mm Durchmesser; da die 4 Zählstreifen dann zusammen 100 mm lang sind und die Bodenfläche der Kammer 500 mm^2 beträgt, ist die Umrechnung auf den gesamten Planktongehalt der Kammer oder auf 1 mm^3 sehr einfach.

Die Entscheidung, welcher Flächenanteil gezählt werden soll, richtet sich nach der Häufigkeit der einzelnen Formen in der Probe. UTERMÖHL (1958) schlägt vor, von jeder wichtigeren Art der Probe mindestens 100 Individuen zu zählen, um eine ausreichende statistische Sicherheit zu gewinnen. NAUWERCK (1963) hatte es bei seinen Phytoplankton-Zählungen im See Erken in Schweden jeweils mit 30—40 Arten zu tun, von denen er 1—3 Arten in der Größenordnung von 10^2, 10—20 Arten in der Größenordnung von 10^1 und die übrigen in der Größenordnung 10^0 zählte, wobei die Größe der Zählkammern, je nach der Planktonkonzentration, so gewählt wurde, daß die Arten entsprechend ihrer Häufigkeit mit den genannten Größenordnungen darin vorhanden waren. Die Zeit für eine Zählprobe konnte auf diese Weise auf $^1/_2$—2 Stunden reduziert werden. Zweckmäßig verwendet man für jede Planktonprobe mehrere Kammern; UTERMÖHL (1958) schlägt für eutrophe Gewässer folgende Kammertypen vor:

1. die 50-ml-Röhren- bzw. Verbundkammer für die seltenen Formen,
2. die 10-ml-Röhren- bzw. Verbundkammer für die Arten mittlerer Häufigkeit,
3. die 1-ml-Röhrenkammer für die häufigeren Arten,
4. die Flachkammer für die massenhaft vorkommenden Arten.

Für oligotrophe Seen wird man von der Verwendung der Flachkammern meist absehen können. Für genaueste Arbeiten benötigt man in jeder Häufigkeitsklasse zur

Kontrolle mindestens 2—3 gleichwertige Kammern, für alle Häufigkeitsklassen also 6—9 Kammern für jede Probe. Der Grad der Genauigkeit in der quantitativen Auswertung und des apparativen Aufwandes richtet sich, wie bei allen Untersuchungen, nach der Fragestellung.

Lund et al. (1958) sowie Javornicky (1958) sind bei der Beurteilung der statistischen Signifikanz des Zählergebnisses zu der folgenden mathematischen Formulierung gelangt:

$f\,max = \pm 2 \frac{100}{\sqrt{n}} \%$, das heißt, daß bei einem Zählwert von 25 Zellen die Fehlerbreite $\pm 40\%$ ist; bei $n = 100$ sinkt sie auf $\pm 20\%$ und bei $n = 10\,000$ auf $\pm 2\%$.

Es ist üblich, aus den Zählergebnissen auf die Zellenzahl pro ml oder Liter Seewasser umzurechnen. Hat man in einer Kammer von 25 mm Durchmesser = 500 mm^2 Bodenfläche 10 mm^2 ausgezählt mit dem Zählergebnis Z, so ist $Z \times 50$ das Gesamtergebnis für die Kammer, wobei Z auch das Zählergebnis für eine einzelne Art sein kann. Das Gesamtergebnis für die einzelne Kammer, dividiert durch ihr Volumen, ergibt die Zellenzahl für jede gezählte Art pro ml. Die Addition aller Einzelwerte führt zur Gesamtzahl der Zellen pro ml Seewasser oder durch Multiplikation mit 1000 pro Liter Seewasser. Diese Werte können direkt miteinander verglichen werden.

3. Andere Auswertungsmethoden

Nicht immer kommt es nur auf die genaue Zellenzahl und die Artverteilung im See an, sondern oftmals auch auf die Ermittlung der Biomasse des Phytoplanktons. Dazu muß man das Gewicht der einzelnen Algen kennen. Beim Zooplankton ist es relativ einfach, das Frisch- und Trockengewicht mehrerer Tiere einer Art zu ermitteln. Das geht beim Phytoplankton darum nicht, weil man größere Mengen einer Art niemals rein dem See entnehmen kann; immer wird man ein Planktongemisch sowie auch den schwebenden Detritus und Zooplankton mit erfassen. Es wären für genügend genaue Trockengewichtsbestimmungen Reinkulturen der verschiedenen Arten Voraussetzung, die heute nur in wenigen Fällen gelingen (vgl. Anhang I). Aus dem gleichen Grunde ist auch die von Apstein (1896) vorgeschlagene Bestimmung des Sedimentiervolumens nicht zu verwenden.

Zu annähernd richtigen Werten kommt man bei Anwendung der Methode von Lohmann (1908). Das Volumen für jede einzelne Art wird durch maßstabgerechte Modelle und deren Verdrängungsvolumen bestimmt; oder die Formen werden auf leicht berechenbare, einfache geometrische Körper reduziert und deren Inhalt berechnet. Man kann das spezifische Gewicht der im Wasser frei schwebenden Organismen gleich 1 setzen; dann entspricht das Volumen ungefähr dem Frischgewicht. Es sind dann $10^6\,\mu^3 = 1\,\mu g$. Multipliziert man die Zellenzahl der einzelnen Arten mit den spezifischen Volumina und addiert alle Werte, so erhält man das Gesamtvolumen der Algenbiomasse bzw. ihr Totalgewicht. Die Durchführung dieser Bestimmung ist umständlich, aber der einzig gangbare Weg überhaupt. Heinrich (1943), Ruttner (1938, 1955) und neuerdings Nauwerck (1963) haben mit dieser Methode wichtige Ergebnisse erzielt. Leider variiert die Größe der Algen von See zu See sehr stark, so daß die von den erwähnten Autoren ermittelten Werte für die einzelnen Algenarten nicht allgemein verwendet werden können.

Wichtige Methoden zur Planktonuntersuchung

Name des Verfahrens	Erstmalige Anwendung	Erforderliche Apparate	Kritische Wertung	Literatur
Netzfang	im Meer: JOH. MÜLLER im Süßwasser: APSTEIN, HENSEN	Planktonnetz	Ausschließlich für qualitative Arbeiten über Meso- und Mikroplankton brauchbar; Nanno- und Ultraplankton werden nicht erfaßt	HENSEN 1887 VOLK 1901
Quantitative Methoden				
Kammerverfahren	KOLKWITZ	Flachkammern genauen Volumens (0,5; 1; 2 ml)	Nur bei hoher Planktondichte für Nanno- und Ultraplankton empfehlenswert	KOLKWITZ 1907, 1911
Sedimentationsverfahren	VOLK	Keine besonderen Geräte erforderlich	Größe der Planktonverdichtung kann den jeweiligen Verhältnissen angepaßt werden. Handhabung etwas umständlich	VOLK 1901 GLENK 1954
Röhrenkammermethode	UTERMÖHL	Umgekehrtes Mikroskop; besondere Röhrenkammern	Vorteile des Kammerverfahrens und Sedimentationsverfahrens vereinigt; limnologisch beste Methode	UTERMÖHL 1925, 1958
Zentrifugenverfahren	LOHMANN	Elektrische Zentrifuge (Handzentrifugen ungeeignet!)	Lebenduntersuchung des Gesamtplanktons möglich	LOHMANN 1908
Membranfiltration	KOLKWITZ	Membranfiltergerät	Gesamtplankton wird erfaßt; zarte Organismen werden aber deformiert; bequeme Handhabung	KOLKWITZ 1924 SCHMITZ 1950
Chlorophyllbestimmung	HARVEY	Membranfiltergerät, Photometer	Sehr zeitsparend; nur das Gesamtplankton wird erfaßt; keine Einzelwerte; nur für produktionsbiologische Fragestellungen geeignet	HARVEY 1934 HANDKE 1941 GESSNER 1942, 1943, 1949
Bestimmung der Photosynthese mit C^{14}	STEEMAN NIELSEN im Meer RODHE im Süßwasser	Geiger-Müller-zähler	Ziemlich umständlich; nur für die Ermittlung der Primärproduktion geeignet	STEEMAN NIELSEN 1952 STRICKLAND 1960 FINDENEGG 1964 RODHE 1958

Chlorophyll-Methode: Vielfach werden bei groben Vergleichsserien Chlorophyllextrakte der quantitativen Phytoplanktonprobe hergestellt und kolorimetrisch die

Menge Chlorophyll pro Liter bestimmt. Diese Werte liefern nur den Gesamtgehalt an Chlorophyll, enthalten aber keinerlei Anhaltspunkte über die Biomasse und sagen nichts aus über das Verhältnis von autotrophen zu mixotrophen und heterotrophen Algenarten. Über die genaue Methodik der Bestimmung vgl. S. 144.
Über die Bestimmung der Assimilationsleistung der Algen (Primärproduzenten) im See vgl. S. 145 ff.
Auf Seite 72 ist die Entwicklung der Phytoplanktonmethodik anhand einer Zusammenstellung von Glenk (1962) wiedergegeben.

Darstellung der Ergebnisse

Die Darstellung der Ergebnisse kann für Zoo- und Phytoplankton in gleicher Weise geschehen.

Vertikalverteilung

Zur Darstellung der Vertikalverteilung bedient man sich der sogenannten Kugelkurven, d. h., man gibt die Anzahl der in jeder Tiefenstufe des Sees gefundenen Plankter nicht in absoluten Zahlen pro Liter, sondern als 3. Wurzel der Individuenzahl dividiert durch 4 an: $\sqrt[3]{\frac{n}{4,19}}$; dies entspricht dem Radius einer Kugel (Lohmann

Bild 44. Vertikale Schichtungsbilder von Zooplankton im See: „Kugelkurven“ (aus EICHHORN 1956)

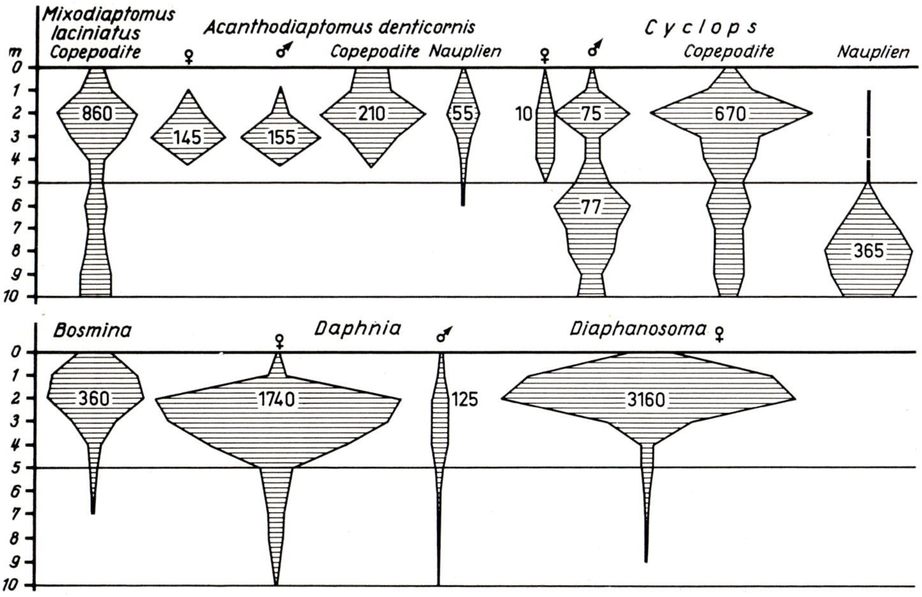

1908). Man kann auch „Würfelkurven" darstellen, bei der direkt die $\sqrt[3]{n}$ dargestellt wird, sollte jedoch immer dazu vermerken, ob Kugel- oder Würfelkurven gemeint sind (THOMASSON 1963). Der Vorteil dieser Art der graphischen Darstellung ist, daß die großen Schwankungen im Planktongehalt ausgeglichen werden. So ergibt sich für 100 Plankter je Liter aus $\sqrt[3]{n}/4$ die Zahl 3, für 100 000 nur die Zahl 30. Ein weiterer Vorteil ist, daß sich aus diesen „Kubikwurzelkurven" (BERGER) die „lineare Volksdichte" der Plankter ablesen läßt. Die jeweiligen Ordinaten entsprechen unmittelbar der Zahl der Organismen, die auf einer gegebenen Strecke durch das Wasser im Mittel anzutreffen sind, worauf BERGER (1965) jüngst wieder aufmerksam gemacht hat. Kugel- und Würfelkurven findet man in der Hydrobiologie überall da, wo vertikale Verteilungsbilder dargestellt werden (Bild 44).

Jahreszeitlicher Wechsel der vertikalen Populationsdichte

NAUWERCK (1963) hat eine sehr eindrucksvolle Darstellungsart für die Entfaltung von Populationen im See im Verlaufe eines Jahres gefunden, wovon das Beispiel für die Diatomeen hier abgebildet werden soll (Bild 45, im Original Graustufen). Auf der Abszisse sind die Monate, auf der Ordinate unten die Tiefen in m abgetragen, oben ist das Gesamtvolumen der Zellen angegeben. Zu jeder Untersuchung sind

Bild 45. Verteilung der Kieselalgen in den einzelnen Monaten des Jahres 1957 im schwedischen See Erken (aus NAUWERCK 1963, umgezeichnet)

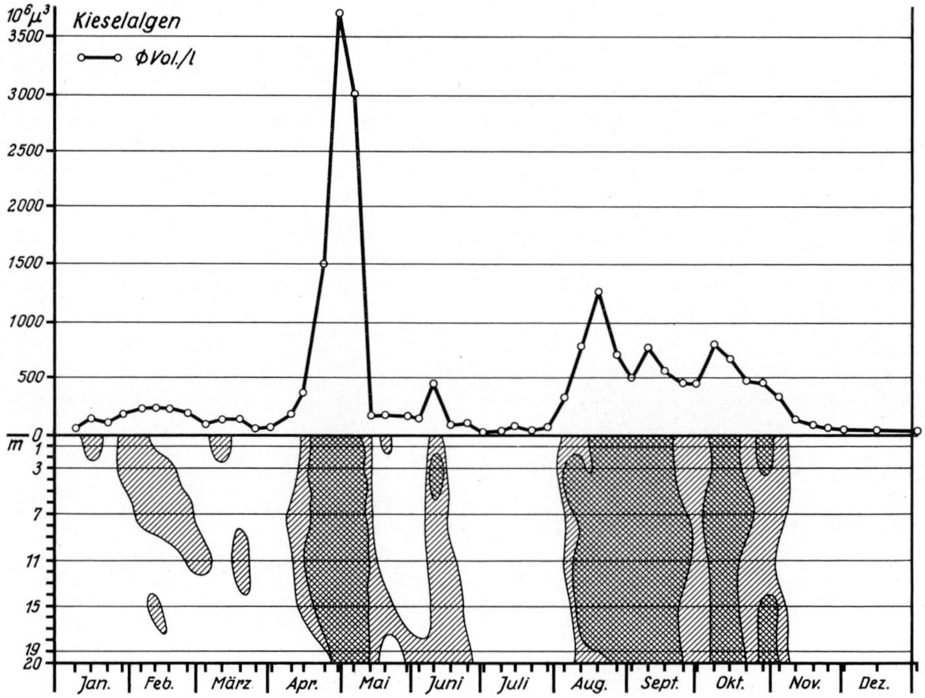

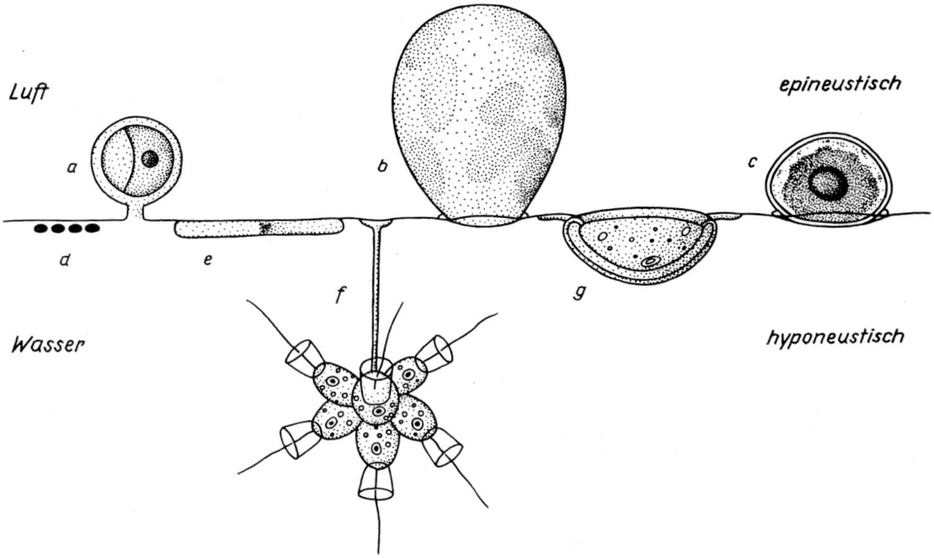

Bild 46. Lebensgemeinschaft des Oberflächenhäutchens: Neuston a *Chromophyton rosanoffi* (Chrysophyceae), b *Botrydiopsis arhiza* (Heterocontae), c *Nautococcus emersus* (Protococcaceae), d *Lampropedia halina* (Coccaceae), e *Navicula* spec. (Diatomacea), f *Condosiga botrytis* (Craspedomonacea), g *Arcella* spec. (Rhizopoda) (aus RUTTNER)

die gefundenen Zellenzahlen/l für die einzelnen Tiefenstufen im Diagramm eingetragen und überdies die Schwerpunkte der quantitativen Entwicklung durch unterschiedliche Graustufen dargestellt. Damit kombiniert ist die Darstellung der aus den Volumina berechneten Biomasse.

B. Untersuchung der Lebensgemeinschaft des Oberflächenhäutchens (Neuston)

Unter Neuston verstehen wir die Lebensgemeinschaft von Organismen, die die Festigkeit des Oberflächenhäutchens ausnutzen. Hauptsächlich sind es unbewegliche Algen, die am Oberflächenhäutchen festsitzen, und zwar entweder nach unten in das Wasser hinein (Hyponeuston), oder sie sitzen auf dem Wasserhäutchen und ragen in die Atmosphäre hinein (Epineuston) (Bild 46).

Auch einige Tiere können — wenigstens zeitweise — dem Neuston zugerechnet werden. Unter den Wassertieren sind das die Cladocere *Scapholeberis* und der Ostracode *Notodromas monacha,* die beide von unten her mit der Bauchseite am Oberflächenhäutchen entlangrutschen und das Neuston abweiden. Von Luftinsekten leben die Schlittschuhläufer (Gerriden) und die Bachläufer *(Velia)* auf der Wasseroberfläche. *Velia* nutzt sogar eine spezifische Reaktion der Wasseroberfläche zur Flucht aus: die Herabsetzung der Oberflächenspannung, die die Wanze dadurch erreicht, daß sie mit ihrem nach hinten gerichteten Rüssel eine Flüssigkeit auf die Wasseroberfläche spritzt. Dadurch wird die Oberflächenspannung herabgesetzt, und die Expansion der Oberfläche treibt das Tier außerordentlich rasch vorwärts. Das gleiche Verhalten ist auch von dem kleinen Käfer *Stenus* bekannt.

Die am Oberflächenhäutchen festsitzenden Mikroorganismen können auf eine ganz einfache Weise untersucht werden; man legt ein gewöhnliches Deckglas, wie es in der mikroskopischen Technik benutzt wird, vorsichtig mit der ganzen Fläche gleichzeitig auf die Wasseroberfläche. Dies gelingt am besten mit einer Pinzette, die das Deckglas senkrecht von oben erfaßt und damit vorsichtig für einen Moment die Wasseroberfläche berührt. Mustert man vorher die Wasseroberfläche mit einer Lupe, so kann man besonders günstige Stellen heraussuchen. Mit der Schicht nach unten legt man das Deckglas auf ein Blockschälchen oder eine Planktonkammer nach Kolkwitz (vgl. Phytoplankton). Soll die Probe fixiert werden, so gibt man in das Schälchen oder die Kammer etwas 1%ige wässerige Lösung von Osmiumtetroxyd OsO_4.

Diese einfache Methode geht auf Naumann (1915) zurück und wurde besonders von Rylov (1925) weiter ausgearbeitet. Rylov (1926) verwendete zur Entnahme von Neuston außer dem Deckglas einen kleinen Drahtring, mit dem er das Oberflächenhäutchen von der Wasserfläche abnahm.

Die an dem Deckglas haftenden Organismen sind der Untersuchung unter dem Mikroskop unmittelbar zugänglich. Um die Organismen auch quantitativ zu bestimmen, photographierte Naumann einzelne Ausschnitte, zählte die Organismen auf den Bildern aus und rechnete auf die ganze Fläche um. Rylov (1925) zeichnete mit Hilfe eines Zeichenapparates einzelne Gesichtsfelder flächengetreu auf Papier und zählte dann aus. Natürlich darf man dabei immer nur mit der gleichen Vergrößerung arbeiten.

DIE UNTERSUCHUNG DER BODENZONE STEHENDER GEWÄSSER (LITORAL UND PROFUNDAL)

I. EINFÜHRUNG

Die Organismen der Bodenzone, des Benthals, sind nicht nur denjenigen Milieufaktoren ausgesetzt, die sich, genau wie im Pelagial, mit wechselnder Wassertiefe ändern, wie Licht, Temperatur und Druck, sondern sie treten darüber hinaus mit den verschiedenen Substraten in unmittelbare Beziehung. Die Bodenzone der stehenden Gewässer ist daher stärker biologisch gegliedert als die Freiwasserzone, und die Untersuchungsmethoden sind dementsprechend vielfältiger.

Folgt man dem Bodenprofil seewärts, so nimmt die Wassertiefe auf der Uferbank bis zur Halde nur allmählich, dann sprunghaft zu (Bild 47). Die Trennung zwischen Ufer- (Litoral) und Tiefenregion (Profundal) eines Sees ist nach morphologischen Kriterien, jedoch sehr unterschiedlich durchgeführt worden (vgl. darüber besonders LENZ 1928 und NAUMANN, Terminologie 1931). Dem stoffwechseldynamischen Aspekt der modernen Limnologie Rechnung tragend, dürfte es jedoch am besten sein, mit RUTTNER (1962) das gesamte, den photoautotrophen Pflanzen zugängliche Bodenprofil als Litoral aufzufassen und die darunter liegende Bodenzone als Profundal zu bezeichnen.

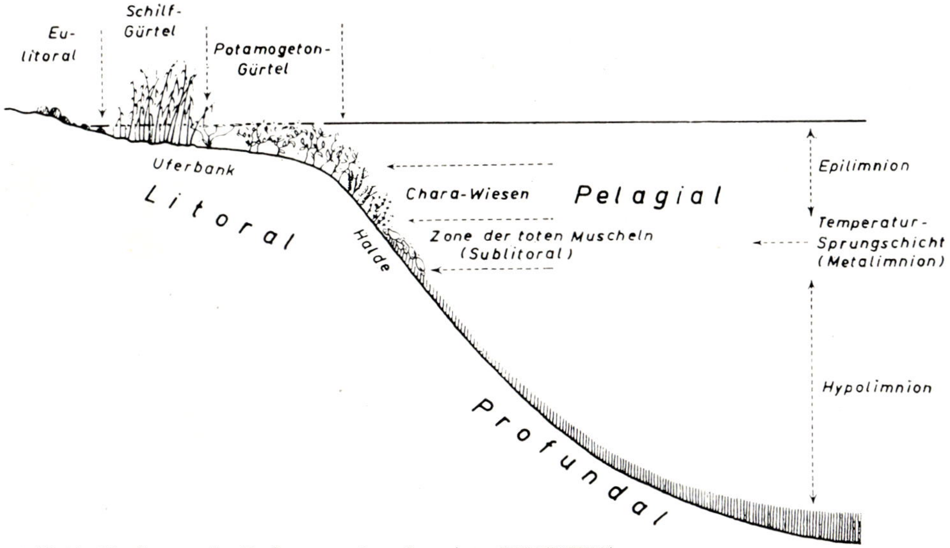

Bild 47. Gliederung der Bodenzone eines Sees (aus STRENZKE)

Der Vorteil dieser Auffassung liegt darin, daß das Litoral, zusammen mit der entsprechenden Schicht des Pelagials, in die trophogene Zone einbezogen werden kann, da ja die positive Assimilationsbilanz der photoautotrophen Pflanzen, d. h. das Überwiegen der Primärproduktion, für beide Lebensräume charakteristisch ist. Je nach den optischen Eigenschaften des Wassers verschiebt sich die vertikale Ausdehnung des Litorals und der trophogenen Schicht des Pelagials im gleichen Sinne.

Dabei ist jedoch zu berücksichtigen, daß die Tiefenverteilung der phanerogamen Wasserpflanzen nicht allein durch das Licht, sondern durch den Druck begrenzt wird (GESSNER 1952; GOLUBIČ 1963); für die Algen gilt das nicht. Die horizontale Ausdehnung des Litorals ist weiterhin von der Ufergestaltung abhängig; bei steil abfallenden Ufern ist der Litoralgürtel vielleicht nur wenige Meter breit oder hat überhaupt keine horizontale Ausdehnung (senkrechte Felswände), bei flachen Ufern kann er weit in den See hineinreichen. Flache Weiher und Kleingewässer haben meist überhaupt keine eigentliche Profundalzone. In diesem Fall spielt die Primärproduktion der Litoralpflanzen im Stoffhaushalt des Gewässers eine ganz überragende Rolle. In tieferen Seen ist die Primärproduktion des Litorals dagegen, auf die trophogene Zone bezogen, relativ gering, und die Hauptrolle fällt dem Pelagial zu (vgl. Kapitel Phytoplankton, S. 61 ff., und Produktionsforschung, S. 142 ff.).

Die Organismen des Profundals leben von der Produktion der trophogenen Zone. Autotrophe Ernährung durch Chemosynthese gelingt hier nur Bakterien und einigen Algen, photoautotrophe wahrscheinlich nur einigen extrem schwachlichtadaptierten Kieselalgen. Die organische Produktion des Profundals verläuft also über den Abbau und die Konsumation der Ur- und Folgeproduktion des Pelagials und Litorals. Daher können wir das Profundal trotz seiner hohen Sekundärproduktion als tropholytische Zone des Benthals dem Litoral gegenüber und der tropholytischen Tiefenzone des Pelagials an die Seite stellen.

Es sei an dieser Stelle darauf hingewiesen, daß die durch ihre Temperaturverhältnisse charakterisierten Zonen Epi-, Meta- und Hypolimnion grundsätzlich nichts mit der Einteilung in trophogene und tropholytische Zone zu tun haben; das Epilimnion kann mit der trophogenen Zone zusammenfallen, braucht es aber keineswegs.

In der weiteren Einteilung der Bodenzone folgen wir wiederum RUTTNER. Die oberste Zone des Litorals liegt im Bereich der jahreszeitlichen Wasserstandsschwankungen und des Wellenschlags; es ist die Zone des Eulitorals. Typische Lebensräume sind das interstitielle Ufergrundwasser, das in den letzten 25 Jahren eingehendere Beachtung gefunden hat, und die Brandungsufer der Seen. Diejenigen Uferzonen, die ständig unter Wasser liegen, gehören zum eigentlichen Litoral (nach RUTTNER jetzt Sublitoral genannt); es ist am besten, sie nach den aufeinander folgenden Pflanzengürteln zu gliedern. Es folgen nacheinander: 1. die Überwasserpflanzen der Uferbank (Röhrichtgürtel), 2. die Potamogetonzone und der Gürtel der Schwimmblattpflanzen an der Grenze von Uferbank und Halde und 3. die Zone der unterseeischen Wiesen auf der obersten Halde (vgl. hierzu Bild 47). In extrem lichtdurchlässigen Seen kann darauf noch eine Zone mit Grünalgen-Watten (hauptsächlich *Spirogyra)* folgen (z. B. Vrana-See in Jugoslawien; GOLUBIČ).

Das Profundal ist nach den verschiedenen Bodenablagerungen weiter zu untergliedern; vgl. hierzu LENZ (1928), die sehr ausführliche „Limnologische Terminologie“ von NAUMANN (1931) und ZÜLLIG (1956).

II. DIE UNTERSUCHUNG DES EULITORALS

Das Eulitoral umfaßt die äußerste Uferzone der Seen im Bereich des unmittelbaren Wellenschlages und der Wasserstandsschwankungen. Seine Ausdehnung hängt von örtlichen Bedingungen ab, wie Steilheit des Ufers und dem Ausmaß der Wasserstandsschwankungen. Die Untersuchungen müssen wegen des starken Wellenschlages und der geringen Wassertiefe ohne Verwendung eines Bootes durchgeführt werden.

1. Das interstitielle Ufergrundwasser

Die Porenräume zwischen den Sanden und Kiesen des Eulitorals sind mehr oder weniger mit Wasser angefüllt. In ihnen leben viele oft sehr typische Tiere von ganz charakteristischer Gestalt, die man auch in ähnlichen Lebensräumen an den Meeresküsten (Mesopsammal) und am Ufer von Fließgewässern (Hyporheal, vgl. S. 127) antrifft. Auch Algen sind in den obersten Schichten dieser Ablagerungen zu finden. Durch die Untersuchungen von PENNAK (1940, 1950), NEEL (1948), RUTTNER-KOLISKO (1953, 1954, 1962), PONYI (1960) u. a. wissen wir über die Lebensbedingungen in diesen Porenräumen und ihre Besiedlung schon eine ganze Menge. Bei der Entnahme der Proben muß man beachten, daß sich sowohl in horizontaler wie vertikaler Richtung Unterschiede in der Organismenverteilung ergeben. Man unterscheidet das vom Wellenschlag überspülte Hygropsammon, dessen Porenräume vollständig wassergesättigt sind, und das Eupsammon, welches vom Wellenschlag nicht mehr erreicht wird.
Methodisch stehen zur Untersuchung zwei Wege offen.

Graben in unmittelbarer Ufernähe: Man hebt im Hygropsammon mit einem kleinen Handspaten ein Loch bis zum Grundwasser aus. Das zusammenlaufende Porenwasser wird mehrmals ausgeschöpft und durch ein Handnetz (vgl. Bild 48) aus Gaze Nr. 25 filtriert. Dabei wird auch der Detritus zurückgehalten, mit dem die Poren oft dicht angefüllt sind und von dem sich die Organismen ernähren. Die gewonnenen Detritusproben werden ohne Zusatz von Konservierungsmitteln möglichst rasch ins Labor transportiert, und hier werden die Organismen ausgezählt.
Vor dem Auszählen wird das Volumen der gesamten Probe in einem graduierten Standzylinder ermittelt. Einige ccm der Schlammprobe, die vorher mit etwas Wasser verdünnt wurde, werden in dünner Schicht auf eine Petrischale verteilt, deren Boden in parallele Streifen aufgeteilt ist. Unter dem Binokular (Stereolupe) wird jeweils innerhalb eines Streifens gezählt und auf diese Weise die ganze Schale durchgemustert. Auf diese Weise werden je nach Organismendichte 5—10% der Gesamtprobe ausgezählt, und anschließend wird die Organismenzahl des Gesamtfanges berechnet.
Legt man derartige Grabungen in verschiedener Entfernung vom Ufer und in verschiedenen Tiefen an, so kann man die Verteilung der Organismen im Sediment ermitteln (PENNAK 1940, PONYI 1960). Auf diese Weise konnte PONYI im Plattensee in Ungarn nachweisen, daß die planktischen Krebse *Daphnia hyalina cucullata, Scapholeberis kingi* und *Mesocyclops leuckarti* mit dem Wellenschlag in die interstitiellen Hohlräume eingeschwemmt werden und sich hier eine Zeitlang halten können.

Entnahme einer Probe im ganzen: Dazu bedient man sich einer kleinen Röhre, die senkrecht in den Sand gestoßen wird. Die so ausgestochene Sandsäule kann vorsichtig in Scheiben von beliebiger, jedoch kaum weniger als 1 cm Dicke zerlegt werden, die dann getrennt unter dem Mikroskop zur Untersuchung gelangen (Methode von NEEL 1948).
Nach dieser Methode untersuchte RUTTNER-KOLISKO die vertikale Verteilung von Organismen im Sandufer des schwedischen Sees Erken. Zur Gewinnung der Organismen wurde die Sandprobe solange gegen eine feste Unterlage gestoßen, bis genügend Porenwasser überstand. Davon wurde 1 ml abpipettiert und unter dem Mikroskop quantitativ nach Organismen ausgezählt. Von jeder so untersuchten Sandprobe wurde der Wassergehalt durch Gewichtsdifferenz der nassen und getrockneten Probe ermittelt und daraus der Gesamtgehalt an Organismen bestimmt. Die gefundenen Organismen werden pro Volumen Sand angegeben.
Zur Gewinnung von Organismen aus der Sandprobe ist die Methode von REMANE jedoch besser: man gibt eine schwache Formalinlösung zur Probe, schüttelt durch und dekantiert vom Sand. Die Formalinlösung betäubt die Organismen und verhindert, daß sie sich an den Sandkörnchen festhalten und mit ihnen zu Boden sinken; so bleiben sie „in Lösung“ und sind nach mehrmaligem Aufschwemmen und Dekantieren quantitativ zu erfassen.
Die Besiedlungsdichte beträgt oft einige 1000 Individuen je ccm Sand, wobei die Diatomeen, Flagellaten, Ciliaten und Rotatorien besonders zahlreich sind, aber auch Crustaceen, Tardigraden, Würmer und Gastrotrichen, jedoch nur selten Milben vorkommen.
Grundsätzlich sollten auch Temperaturmessungen im Sand und im angrenzenden Oberflächenwasser sowie Korngrößenanalysen durchgeführt werden. Die Arbeiten besonders von PENNAK und RUTTNER-KOLISKO enthalten auch hydrographische und chemische Angaben.

2. Die Untersuchung des Brandungsufers

Das Brandungsufer ist durch eine Reihe sehr charakteristischer Lebensbedingungen gegenüber allen anderen Zonen des Litorals ausgezeichnet. In erster Linie ist es der Bereich der stärksten Wasserbewegung im See. Hinzu kommen die extremen jahres- und tageszeitlichen Temperaturschwankungen. Verglichen mit anderen Bezirken des Sees, besonders mit der Tiefenzone, ist auch der Sauerstoffgehalt des Wassers immer hoch. Alle diese Faktoren haben für die tierischen und pflanzlichen Organismen eine unmittelbare Bedeutung und geben der Biocönose innerhalb des Sees eine ganz charakteristische Zusammensetzung, die in vielem derjenigen der Fließgewässer gleicht: Wasserbewegung und gute Sauerstoffversorgung sind ja hier wie dort entscheidende Lebensbedingungen.
Höhere Pflanzen halten sich hier kaum, nur Algen bilden mehr oder weniger feste Überzüge auf Steinen. Auch von den Tieren sitzen viele fest an den Steinen oder suchen zwischen ihnen Schutz vor zu starker Wasserbewegung. Mit der tierischen Besiedlung haben sich besonders WESENBERG-LUND (1908) und EHRENBERG (1957), mit den Algenüberzügen an Steinen hat sich KANN (1941) in einer sehr gründlichen Untersuchung beschäftigt.

Pflanzen (epilithische Algen)

Das Brandungsufer ist entweder sandig oder steinig. Auf den Steinen leben zahlreiche epilithische Algen in Form von Algenkrusten, die schwer quantitativ zu entnehmen sind. Auch an künstlichen Steinschüttungen und an Betonmauern sind epilithische Aufwuchsalgen zu finden.
Eine einigermaßen befriedigende Methodik hat KANN herausgefunden. Am einfachsten ist es, den Aufwuchs mit einem Messer vom Substrat abzukratzen oder abzuheben. Manche Formen, besonders einige Blaualgen, sind in sehr dünner Schicht dem Substrat auf- oder fast eingewachsen; nur in günstigen Fällen können diese Arten mit einer Rasierklinge abgehoben werden. Hier hilft vielleicht auch die von DOUGLAS für Fließgewässer beschriebene Methode weiter (vgl. S. 115 ff.).

Bei Kalksteinen mit dicker und poröser Kruste kann diese zusammen mit den Algen ganz abgehoben werden. Die Kruste wird mit schwacher Salzsäure vorsichtig entkalkt, worauf mit der Rasierklinge möglichst dünne Vertikalschnitte hergestellt werden, die mikroskopisch auf ihren Algengehalt hin untersucht werden können. Für den Fall, daß sich die Algenkruste nicht leicht vom Stein abheben läßt, schlägt GOLUBIČ vor, ihn mit ganz schwacher Salzsäure zu beträufeln oder ganz in Salzsäure zu legen. Nach Stunden oder auch erst nach Tagen läßt sich die Kruste oberflächlich abheben und ist dann auch gleichzeitig entkalkt *. Statt mit Salzsäure kann man auch mit Milchsäure arbeiten, nur dauert das Verfahren dann länger.
Über weitere quantitative Methoden vgl. das Kapitel Fließgewässer, S. 115 ff.

Tierische Besiedlung

Unter den tierischen Bewohnern der Brandungsufer treffen wir viele an, denen wir bei der Untersuchung der Fließgewässer auch begegnen. Die ständige Wasserbewegung ist jedoch für die Tiere im Brandungsufer insofern viel kritischer, als die Richtung mit der anrollenden und abfließenden Welle ständig wechselt. Gegenüber den Verhältnissen in Fließgewässern kommt hinzu, daß die Temperatur in der Brandungszone im Sommer stark ansteigt und besonders im Tagesrhythmus großen Änderungen unterliegt. Das ist in den Fließgewässern niemals in diesem Ausmaß der Fall. Es können in beiden Lebensräumen also nur diejenigen Organismen leben, die gegenüber der Temperatur besonders tolerant sind. Immerhin waren von 155 Tierarten des Brandungsufers ostholsteinischer Seen nur 72 typisch für diesen Lebensraum, und 83 lebten auch in Fließgewässern der Ebene und des Gebirges.

Die Tiere halten sich auf Steinen, zwischen den Steinen oder im Sand auf. Sind die Steine ausnahmsweise mit Moosen bewachsen, suchen sie darin Schutz; sonst leben sie in Algenbüscheln oder sitzen direkt auf dem glatten Stein. Wegen dieser unterschiedlichen Lebensweise ist es schwierig, die Tiere quantitativ von einer bestimmten Bodenfläche abzusammeln.
Die zur Untersuchung des Lebensraums geeigneten Methoden sind sehr einfach. Zur qualitativen Orientierung über den Faunenbestand nimmt man Steine auf und

* Herrn Dr. GOLUBIČ danke ich für diese mündlichen Hinweise.

Bild 48. Einfaches Handnetz zum Sammeln von Organismen am Ufer von Seen, in Kleingewässern und in Gebirgsbächen

sammelt die anhaftenden Organismen mit der Pinzette ab, wobei unter den Stein ein kleines Handnetz (Bild 48) gehalten wird, welches die losgelösten Organismen und jene, die sich (als Fluchtreaktion) vom Stein fallen lassen, auffängt. Der Fang wird entweder sofort konserviert oder in einem größeren Sammelgefäß lebend transportiert. Am besten eignen sich hierfür die temperaturisolierten DEWAR-Gefäße, die es in allen Größen zu kaufen gibt.

In tieferem Wasser können die Steine statt mit der Hand auch mit dem Pfahlkratzer (Bild 49) aufgenommen werden. Die untere Kante dieses Gerätes ist eine scharfe, nach vorn weisende Eisenschiene, mit der die Steine abgelöst und in den Netzbeutel geschoben werden können.

Zur quantitativen Arbeit sind Bodengreifer, Dredgen, Schlammstecher und ähnliche Geräte ungeeignet, weil sie nicht oder nicht genügend tief in den harten Boden eindringen. Am besten ist es, eine bestimmte Bodenfläche, etwa 1 m^2, mit Hilfe eines Eisenrahmens von 1 m Seitenlänge abzugrenzen und die darin liegenden Steine abzusammeln; in tieferem Wasser nimmt man einen hochwandigen Kasten mit kleinerer Fläche. Da die Tiere auf der Steinoberfläche leben ist deren Ermittlung wichtig. Auf direktem Wege wäre die Bestimmung der Oberfläche eines Steines durch Planimetrieren sämtlicher Flächen zwar möglich, praktisch aber viel zu umständlich und in vernünftigem Zeitaufwand nicht durchzuführen.

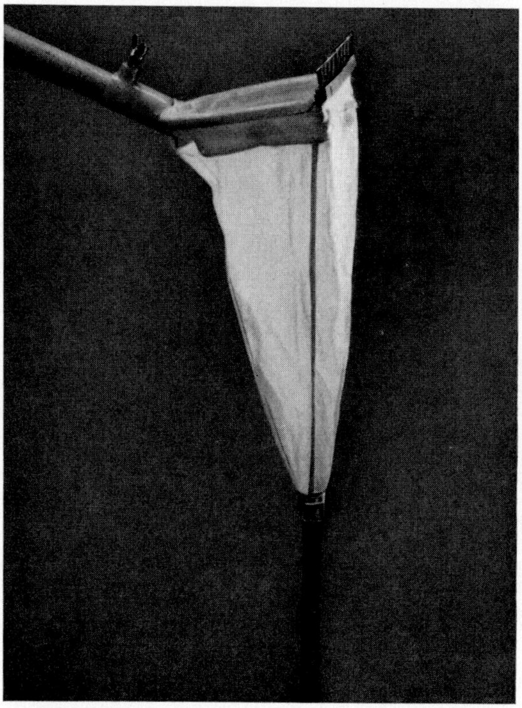

Bild 49. Pfahlkratzer, vorn mit Bürste zum Abbürsten von Gegenständen unter Wasser. Zum Aufsammeln von Steinen hat der Pfahlkratzer statt der Bürste eine scharfe Eisenkante.

Schräder (1932) hat daher vorgeschlagen, die größte Fläche (größte Projektion von oben) als Besiedlungsfläche anzunehmen. Diese größte Fläche wäre also für jeden im abgegrenzten m^2 liegenden Stein zu bestimmen, alle Einzelflächen zu addieren und die so gewonnene Gesamtfläche mit der ermittelten Organismenzahl ins Verhältnis zu setzen. Zu vielleicht besseren vergleichbaren Werten kommt man, wenn man die Steinoberfläche jeweils als Oberfläche einer volumengleichen Kugel berechnet. Dazu wird das Volumen des Steines durch Bestimmung seiner Wasserverdrängung ermittelt und aus $\frac{4}{3} \pi r^3$ der Radius einer inhaltsgleichen Kugel berechnet. Aus $4 \pi r^2$ läßt sich dann deren Oberfläche bestimmen. Die Ausführung dieser Berechnungen für jeden Stein ist sehr umständlich. Ehrenberg hat daher für kleine, mittlere und große Steine Kugelflächenwerte ermittelt und mit dieser Erfahrung die Kugeloberfläche der ausgewerteten Steine geschätzt.
Die Besiedlung wird jeweils auf 1 m^2 Steinoberfläche umgerechnet.
Auf Sandboden lassen sich Bodengreifer ebenfalls schlecht einsetzen. Quantitative Proben lassen sich mit beiderseits offenen Rohren erzielen, die man in den Sand einstößt. Dies ist natürlich nur in flachem Wasser möglich und liefert auch nur sehr begrenzte Sandproben, die wie bei der Untersuchung des interstitiellen Ufergrundwassers ausgewertet werden.

III. DIE UNTERSUCHUNG DES EIGENTLICHEN LITORALS

Bei der Methodik der Untersuchung des eigentlichen Litorals sind drei in Richtung Seemitte aufeinanderfolgende Pflanzengürtel mit unterschiedlichen Lebensbedingungen und verschiedener Besiedlung zu unterscheiden: Der Röhrichtgürtel, besonders mit *Scirpus lacustris, Phragmites communis* und *Typha,* die Zone der Potamogetonarten und der Schwimmblattpflanzen mit *Nymphaea, Nuphar, Hydrochares* u. a. und schließlich die Zone der unterseeischen Wiesen mit *Myriophyllum, Ceratophyllum, Elodea* und besonders der am tiefsten hinabreichenden Characeen. Es wurde schon erwähnt, daß für die Phanerogamen der Druck die Tiefenverbreitung begrenzt, für die Characeen dagegen nicht.

1. Röhrichtgürtel

Die Röhrichtgürtel stellen gegenüber der freien Seefläche einen weitgehend abgeschlossenen Lebensraum dar. Sie bestehen im wesentlichen aus dem gemeinen Rohr, *Phragmites communis,* dem Schilf *Typha* mit mehreren Arten und der Binse *Scirpus lacustris.* Im Wald der Schilfrohrstengel verliert sich die Brandung mehr oder weniger stark, je nach der Dichte des Pflanzengürtels. Eine Befestigung der Organismen wie in der Brandungszone fällt deshalb in diesen Stillwasserbereichen fort. Der fehlende Austausch mit dem freien See erschwert aber auch die Durchlüftung, so daß die Sauerstoffverhältnisse nicht so günstig sind wie in der Brandungszone; diese Verhältnisse sind in den einzelnen Bezirken des Röhrichtgürtels sehr verschieden und müssen bei genauen hydrobiologischen Untersuchungen berücksichtigt werden.
Die Organismen dieses Pflanzengürtels leben entweder zwischen den Stengeln, teilweise auch planktisch, unmittelbar auf dem Grund oder an den Pflanzenstengeln

selbst, im Aufwuchs, der sowohl aus pflanzlichen wie tierischen Organismen besteht. Diesen Aufwuchs nennt man Periphyton. Für eine vollständige Untersuchung müssen alle drei Biotope getrennt mit unterschiedlichen Methoden untersucht werden.

Die Organismen des freien Wassers werden mit Handnetzen, dem Pfahlkratzer und mit an einem Stock befestigten Planktonnetzen verschiedener Maschenweiten erbeutet. Unter den pflanzlichen Organismen sind es besonders Algen, die hier vorkommen, von Tieren: Insektenlarven, Rädertiere und Kleinkrebse, von denen besonders die beiden zuletzt genannten planktisch leben. Quantitativ, d. h. bezogen auf ein Wasservolumen, lassen sich nur die planktischen Organismen erfassen, und zwar durch Schöpfproben, wobei nicht die beim Plankton besprochenen Wasserschöpfer, sondern einfache Becher oder Eimer verwendet werden. Der Inhalt der Schöpfproben wird zunächst durch eine grobe Netzgaze gefiltert, die die größeren Tiere zurückhält, sodann durch die Gaze Nr. 25 für pflanzliches Makro- und tierisches Mikroplankton; das wieder aufgefangene Wasser enthält das Nannoplankton. Alle drei Fraktionen müssen getrennt ausgewertet werden (vgl. hierzu Kapitel Plankton, S. 41 ff.).

Unter den Organismen des Bodens sind die Tiere vorherrschend. Sie werden am besten mit dem Pfahlkratzer erbeutet, indem Schlamm vom Boden aufgenommen und gesiebt wird. Mit Dredgen und Bodengreifern ist im Röhrichtwald natürlich nichts zu machen.

Der Aufwuchs (Periphyton) besteht aus einem mehr oder weniger dichten Rasen hauptsächlich von Fadenalgen und Diatomeen, in den sich Schlammpartikel festsetzen, so daß ein fast schlammiger Überzug entsteht, der wiederum eine arten- und individuenreiche Tierwelt beherbergt.

Will man diese Lebensgemeinschaft quantitativ richtig erfassen, muß man sowohl den pflanzlichen Aufwuchs quantitativ von seiner Unterlage abnehmen sowie die darin lebenden Tiere vollständig berücksichtigen. Das ist jedoch kaum ganz zu erreichen. Ponyi (1962) hat in sehr schönen Untersuchungen gezeigt, daß die niederen Krebse nur sehr locker an den Aufwuchs gebunden sind und diesen bereits bei geringen Erschütterungen verlassen. Für Nematoden, bdelloide Rotatorien, Testaceen und andere fester sitzende Gruppen gilt das nicht, so daß die Gefahr besteht, bereits durch die Entnahmemethode eine Auslese in der Lebensgemeinschaft zu treffen.

Zum quantitativen Aufsammeln des Aufwuchses hat Meschkat (1934) die Pflanzenstengel mit einer langgestielten Sichel dicht über Grund abgeschnitten und herausgenommen, oder er hat sie vorher geköpft und ein langes Glasrohr über die Stengel gestülpt und sie erst dann herausgenommen. Anschließend wurden die Stengel in etwa 20 cm lange Stücke zerschnitten und entsprechend ihrer Aufeinanderfolge numeriert und in passenden Glasrohren transportiert. Die Stengelstücke müssen getrennt untersucht werden, da in der vertikalen Aufeinanderfolge sowohl Unterschiede im pflanzlichen Bewuchs als auch in den Tiergesellschaften zu erwarten sind.

Bei dieser Behandlung der Röhrichtstengel gehen, wie die Untersuchungen von Ponyi gezeigt haben, die Entomostraken fast vollständig verloren; bei Röhrichten im Balatonsee sank ihre Artenzahl von 21 auf 4—5. Die Meschkatsche Methode ist also für Entomostraken nicht quantitativ, doch liefert sie gute Ergebnisse bei der Untersuchung der vertikalen Gliederung des Aufwuchses an Pflanzenstengeln.

SCHÖNBORN (1962) hat die Testaceen (beschalte Amöben) im Aufwuchs so erbeutet, daß er den Aufwuchs an *Typha*- und *Phragmites*-Stengeln auf einer Länge von 25 cm abkratzte und in ein Gefäß mit Wasser brachte. 25 cm Länge entsprachen dabei 225 cm² Fläche, so daß ein direkter Vergleich mit der vom BIRGE-EKMAN-Bodengreifer (vgl. S. 95) erfaßten Fläche möglich war.
SCHÖNBORN quetschte im Labor die Aufwuchsalgen aus und verteilte den Detritus gleichmäßig in einer bestimmten Menge Wasser. 50 cm³ dieser Probe wurden dann ausgezählt und daraus der Gesamtgehalt an Testaceen in der Probe berechnet. Sowohl pflanzlicher Bewuchs wie tierische Besiedlung werden dabei auf die Stengeloberfläche bezogen. Es ist aber zu bedenken, daß den Tieren eine viel größere Substratoberfläche im Aufwuchs zur Verfügung steht.
MESCHKAT kratzte den Bewuchs erst im Laboratorium ab und musterte ihn ohne vorherige Fixierung unter dem Mikroskop durch, wobei die größeren Tiere gleich gezählt wurden. Das Wasser in den Transportröhrchen wurde mit Formol versetzt und die der Glaswand ansitzenden Organismen abgebürstet. Nach 24stündiger Sedimentation wurde der Bodensatz im Transportröhrchen abgehebert und zusammen mit der formolfixierten Hauptprobe in einer Petrischale mit kariertem Boden unter dem Mikroskop ausgezählt.
Soweit die Algenproben nicht sofort weiter verarbeitet werden, sind sie am besten mit 2⁰/₀iger Formalinlösung zu fixieren und zu konservieren. Die Menge an pflanzlichem Aufwuchs auf den untersuchten Stengelstücken läßt sich quantitativ auch durch Volumen- oder Gewichtsbestimmung angeben.
Als Ergebnis der Aufwuchsuntersuchungen sind folgende Angaben wichtig: Artenzusammensetzung und Menge der Aufwuchsalgen sowie Anzahl der Tiere, bezogen auf Substratfläche; Artenzusammensetzung der Tiergesellschaften; vertikale Zonierungen im Aufwuchs in Abhängigkeit von Lichtgradienten und anderen Faktoren. Diese Vertikalverteilung des Aufwuchses ist besonders von THOMASSON (1925), v. CHOLNOKY (1927), IVLEV (1929), MESCHKAT (1934) und SCHÖNBORN (1962) untersucht worden. Für den *Phragmites*-Gürtel sei noch auf die Arbeit von GESSNER-LIERSCH (1950), für die Fauna im Algenbewuchs auf MEUCHE (1939) hingewiesen.

2. Schwimmblattgürtel und Potamogetonzone

An den Röhrichtgürtel schließt sich die Potamogetonzone und der Gürtel der Schwimmblattpflanzen an (Bild 50), der jedoch nur da ausgebildet ist, wo die Wellenbewegung nicht zu stark ist, also z. B. in windgeschützten Buchten. Im Leben vieler Tiere spielt der Schwimmblattgürtel eine wichtige Rolle, besonders zur Eiablage und für die Ernährung (Bild 1). Der Schwimmblattgürtel wird besonders von Seerosengewächsen und *Potamogeton*-Arten mit Schwimmblättern, wie *Potamogeton natans* und *Potamogeton alpinus,* sowie dem Wasserknöterich *Polygonum amphibium* L. und Froschbiß *Hydrocharis morsus ranae* L. gebildet. Vorwiegend mit der tierischen Besiedlung dieser Zone haben sich TH. v. BÜLOW (Dissertation Univ. Kiel 1951), KRASOWSKA und MIKULSKI (1960) sowie MÜLLER-LIEBENAU (1956) beschäftigt.
Die Untersuchung des freien Wassers wird in dieser Zone bereits nach der gleichen Methodik wie im Pelagial durchgeführt; sie braucht hier nicht weiter besprochen zu werden.

Bild 50. Schwimmblätter von *Potamogeton natans* in einem Kleingewässer

Für die Untersuchung der Bodenzone dieses Pflanzengürtels stehen dagegen einige Hilfsmittel zur Verfügung, die genauer besprochen werden müssen. Es sind die Dredgen zur qualitativen und die Bodengreifer zur quantitativen Probenentnahme. Da die Bodengreifer das wichtigste Hilfsmittel für die Untersuchung der eigentlichen Tiefenfauna der Gewässer sind, werden sie ausführlich erst im Kapitel Profundal (S. 94ff.) dargestellt.
Es gibt verschiedene Modelle von Dredgen; am häufigsten wird die einfache STEINMANNsche Netzdredge (Bild 51) verwendet. Sie besteht aus einem

Bild 51. Dredge nach STEINMANN für Bodenuntersuchungen

schweren dreieckigen Eisenrahmen, an den ein Netzbeutel aus grober Grießgaze (vgl. S. 46) und darüber zum Schutz ein Beutel aus grobem Leinen befestigt sind. An den Ecken des Metallrahmens sind Löcher oder Ringe zur Befestigung der Zugleine angebracht. Von LUNDBECK, KOLKWITZ, FITTKAU und anderen sind auch Dredgen mit viereckigem Rahmen konstruiert worden (Bild 52), die jedoch alle nach dem folgenden Prinzip arbeiten: die Dredgen werden an einer langen Leine gezogen, sie drücken sich dabei durch ihr hohes Gewicht leicht in den Boden ein und sammeln so den Schlamm der obersten Bodenschicht auf, ohne ihn jedoch wie ein Netz zu sieben. Es hat also keinen Zweck, eine Dredge länger zu ziehen, als bis der Netzbeutel gefüllt ist, was aus der Kantenlänge des Rahmens leicht überschlagsmäßig zu berechnen ist. In diesem Zusammenhang sei auf die Schließdredge von RIEDL verwiesen, die auf S. 103 f. genauer besprochen wird.

Die Dredge wird nach beendetem Zug heraufgeholt und ihr Inhalt portionsweise in einem Netzbeutel aus Grießgaze durch Schlenkern im Wasser von Detritus befreit, was natürlich mit Vorsicht geschehen muß, damit von oben keine Tiere in die Probe hinein kommen. Die Verwendung von Metallsieben, z. B. des KOLKWITZschen Schlammsiebes, ist nicht günstig, da weichhäutige Formen, besonders Turbellarien und andere Würmer, leicht zerrieben werden (über die Siebmethode vgl. S. 104 ff.). Der Rückstand im Netz wird portionsweise in eine weiße Schüssel mit etwas Wasser

Bild 52. Viereckige Dredge

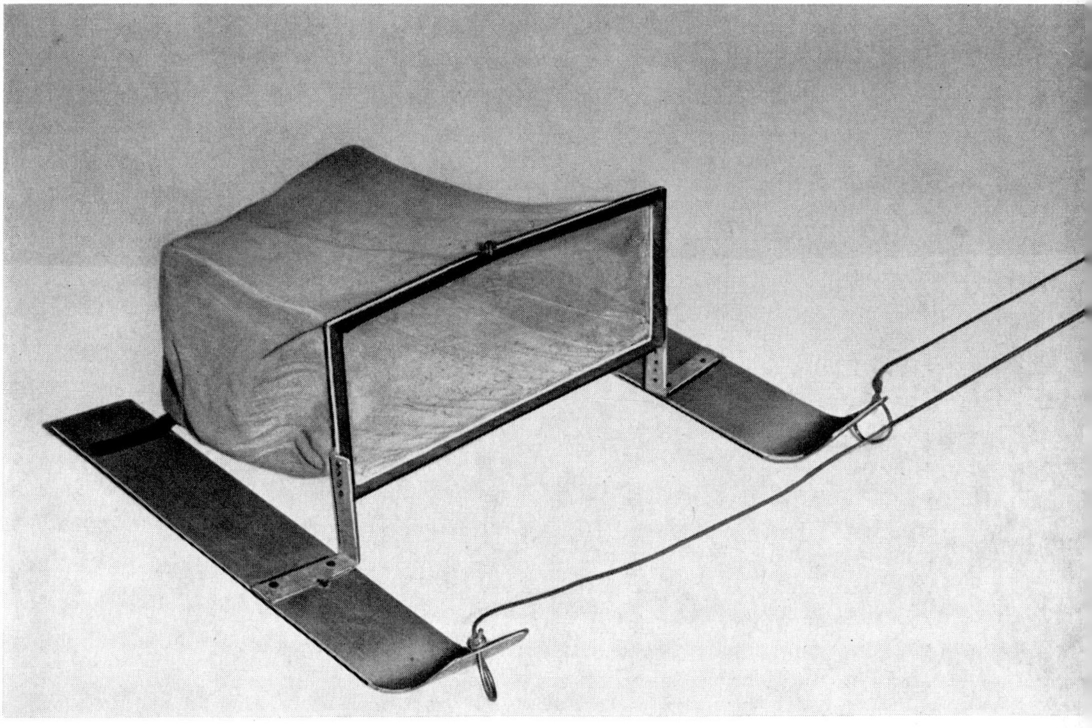

gegeben und die Tiere mit Pipetten und Pinzetten ausgelesen. Je nach dem Untersuchungsplan werden die Organismen an Ort und Stelle fixiert (vgl. Anhang II) oder in weiten Sammelgefäßen lebend transportiert.
Die mit den erwähnten Dredgen erhaltenen Fangergebnisse sind nicht quantitativ, d. h., die Fänge lassen sich nicht sicher auf eine abgesammelte Bodenfläche beziehen. Für quantitative Fänge sind auch entsprechende Dredgen konstruiert worden, die sich im Pflanzengürtel des Litorals jedoch nicht einsetzen lassen; sie werden, wie die Bodengreifer, im Kapitel Profundal besprochen.

Die Besiedlung der Pflanzen selbst: Die Pflanzen werden mit Rechen, Eisenhaken, Wurfangeln und Dredgen vom Grund heraufgeholt. Auch die Schwimmblattpflanzen sind mit einem Algenaufwuchs überzogen, der jedoch weniger dicht ist als im Röhricht. Bei der Untersuchung dieses Aufwuchses ist streng zwischen Stengeln und Schwimmblättern zu unterscheiden. Bei den Schwimmblättern ist vorwiegend deren Unterseite besiedelt, besonders mit Egeln, Strudelwürmern, Mollusken und Insektenlarven, die oft charakteristisch geformte Stücke aus den Blättern herausschneiden (Bild 1) oder Gänge in das Blattgewebe zwischen Ober- und Unterhaut fressen (Blattminierer). In den Schwimmblättern von *Potamogeton natans* ist die Larve der Chironomide *Eucricotopus brevipalpis* ein typischer Minierer.

3. Die untergetauchten Pflanzen (unterseeische Wiesen)

Die ganz untergetauchten Pflanzen besiedeln den uferfernsten Bereich des Litorals bis in eine Tiefe, in der das schwache Licht für eine positive Assimilationsbilanz gerade noch ausreicht. Diese Tiefe erreichen jedoch nur das Moos *Fontinalis,* die Characeen und Fadenalgen *(Cladophora, Spirogyra),* die im untersten Litoral regelrechte unterseeische Wiesen bilden.
Besonders auffallend sind in dieser Zone gallertige Kugeln, die von den Algen *Nostoc* und *Aphanothece* oder, wenn sie ganz hellgrün gefärbt sind, von dem Infusor *Ophrydium* gebildet werden.
Unter den höheren Wasserpflanzen sind *Ranunculus, Myriophyllum, Ceratophyllum,* verschiedene *Potamogeton*arten und *Elodea* die wichtigsten Arten. Zur pflanzensoziologischen Kartierung vom Boot aus leistet ein Wassergucker gute Dienste. Es ist ein kastenartiger, zylindrischer oder kegelstumpfförmiger Hohlkörper aus Holz oder Metall mit zwei seitlichen Griffen, dessen untere Öffnung mit einer Glasscheibe abgedichtet ist, während die obere freien Einblick gewährt. Der Wassergucker wird vom Boot aus ins Wasser eingetaucht und ermöglicht eine bequeme Musterung der Pflanzenbestände.
Die Organismen des freien Wassers werden wie üblich mit Planktonnetzen oder quantitativ mit Wasserschöpfern und Pumpfängen gesammelt und ausgewertet. Der Anteil an pelagischen Formen ist in dieser uferfernen Zone des Litorals bereits sehr hoch, und die Freiwasserschicht über den Charawiesen gehört ganz dem Pelagial an.
Die Bodenorganismen, zu denen auch die Pflanzen zu rechnen sind, werden mit Dredgen und Bodengreifern zusammen mit den Bodenablagerungen heraufgeholt und wie auf S. 94ff. beschrieben weiter behandelt. Besonders zur Erfassung der

Pflanzen in größeren Tiefen haben sich Rollen aus Stacheldraht und eiserne Rechen, die zweiseitig mit Zinken versehen sind, gut bewährt. Sie werden an langen Leinen geschleppt, während der von RIETH konstruierte Pflanzengreifer senkrecht hinuntergelassen wird und wie ein Bodengreifer funktioniert. Zusammen mit den Pflanzen werden jedoch nur diejenigen Organismen heraufgeholt, die ihnen relativ fest ansitzen, also im wesentlichen wieder die Aufwuchsorganismen; alle anderen gehen während des Transportes nach oben verloren. GARNET und HUNT (1965) benutzen einen Zylinder aus Stahlblech von $^1/_{30}$ m^2 Grundfläche, der von oben her über die Pflanzen gestellt wird. Eine runde, genau passende Stahlplatte, deren Ränder scharf geschliffen sind, wird mit Hilfe einer fest montierten Stange so gedreht, daß der Zylinder unten geschlossen wird. Dabei werden die Pflanzen mehr oder weniger dicht über dem Boden abgeschnitten und mit dem Zylinder heraufgeholt. Teile des Zylindermantels sowie die Bodenplatte sind mit Drahtgaze bespannt, damit das Wasser leicht ablaufen kann. Der Röhrensammler ist besonders gut bei aufrecht wachsender Vegetation auf ebenem sandigem oder schlammigem Boden zu verwenden.
Auch auf diesen Pflanzen ist der Aufwuchs sehr reich; er setzt sich besonders aus Grünalgen und Diatomeen zusammen und beherbergt eine charakteristische Nematoden- und Testaceen-Fauna. Aus den oben angegebenen Gründen ist es jedoch schwierig, diese Aufwuchsgemeinschaft quantitativ zu erfassen.
Die Zone der untergetauchten Pflanzen ist außerordentlich reich besiedelt. Die zahlreichen Tierarten leben zwischen dem Gewirr der Pflanzen und verwerten sie zum Gehäusebau, als Nahrungspflanzen und bei der Fortpflanzung. Bei der Untersuchung dieser Tiergesellschaften ist darauf zu achten, daß viele Tierarten, ähnlich wie das Plankton, im Litoral tagesperiodische Vertikalwanderungen ausführen und nachts gegen die Oberfläche wandern (MUNDIE 1959); das ist bei Wassermilben auch von PIECZYŃSKI (1960) beobachtet und von SZLAUER (1963) für Crustaceen mit kleinen Fangtrichtern genauer untersucht worden.

4. Halbexperimentelle Methoden zur Untersuchung des Aufwuchses

Schon HENTSCHEL verwendete künstliche Substrate aus Schiefer, Holz und Zelluloid, um die Entwicklung und Zusammensetzung des Aufwuchses genauer zu studieren. Die Substrate, in der Regel Platten, wurden in verschiedener Lage zur Wasseroberfläche und in verschiedenen Tiefen exponiert und nach unterschiedlich langer Zeit auf ihren Bewuchs hin ausgewertet. Diese Methode ist seither beim Studium des Aufwuchses mit vielen Veränderungen immer wieder herangezogen worden. SLÁDEČKOVÁ (1962) hat die bisherigen Untersuchungsmethoden in einem sehr ausführlichen Sammelreferat zusammengestellt. Wir müssen uns hier, entsprechend der Wichtigkeit dieser Methoden, etwas eingehender damit befassen, und zwar in folgenden Abschnitten: Exposition des Materials und Expositionszeit, quantitative Auswertung durch Zählen und quantitative Auswertung durch Bestimmung der Biomasse. Für die Fließgewässer ist die Arbeitsmethodik auf den Seiten 132 ff. ausführlich dargestellt worden.
Exposition der Substrate: Da die Farbe des Substrates keinen und die Rauhigkeit seiner Oberfläche nur einen quantitativen Effekt auf den Aufwuchs ausüben, nimmt man am besten durchsichtige Substrate von glatter Oberfläche, also Zelluloid, Plastik-

material und besonders Glas. Als Glasplatten eignen sich mikroskopische Objektträger besonders gut, da deren Bewuchs ohne weiteres unter dem Mikroskop betrachtet werden kann. Zelluloidstreifen haben den Vorteil, daß sie in jeder Länge verwendet werden können und ein kontinuierliches Horizontal- oder Vertikalprofil ergeben. Bei der anschließenden Auswertung können sie in beliebig große Abschnitte aufgeteilt werden. Zelluloidstreifen lassen sich auch um Pfähle oder um Steine wickeln und sind in jeder Lage zu exponieren. Im Röhrichtgürtel sind auch Glasstäbe senkrecht in den Boden gestellt worden.

Für die Exposition von Objektträgern hat jeder Untersucher seine eigene Methode entwickelt; es können hier nur Hinweise gegeben werden. Im allgemeinen wird eine horizontale und vertikale Lage der Glasplatten im Wasser ausreichen. In sehr eutrophen und verunreinigten Gewässern liefern horizontal exponierte Platten keine guten Ergebnisse, weil die Platte infolge der intensiven Sedimentation zu rasch mit Detritus bedeckt wird; hier sind also vertikal gestellte Platten besser. In oligotrophen Gewässern ergeben auch horizontale Platten gute Ergebnisse. Um die Aufwuchsbesiedlung im Profil von der Gewässeroberfläche bis zum Grund zu erfassen, werden mehrere Glasplatten übereinander exponiert, wobei ihr gegenseitiger Abstand in der Nähe der Oberfläche nicht mehr als 20 cm, darunter nicht mehr als 100 cm betragen sollte. Die Platten werden mit Hilfe von seitlichen Einkerbungen im Glas an senkrecht hängenden Schnüren befestigt, die wiederum an einer Boje angeknüpft und am Boden mit einem Stein verankert sind. Sehr einfach ist auch ein Holzrahmen herzustellen, dessen Längsseiten Einschnitte für die Objektträger hat, wie in einem Kasten für mikroskopische Präparate. Der Rahmen mit den Platten kann horizontal oder vertikal exponiert und dabei ebenfalls an einer Boje befestigt werden. Burbaneck und Allen (1947) Newcombe (1949, 1950) und Yount (1956) haben auf diese Weise gute Ergebnisse erzielt.

Eine sehr gute Methode von Kusnetzow hat Sládečková (1960, 1962) etwas abgeändert und mit bestem Erfolg verwendet. Die Glasplatten werden an großen Korkstopfen in der Weise befestigt, daß jeder Kork 4 Objektträger in horizontaler und 4 in vertikaler Lage trägt (Bild 53). Die Korkstopfen haben eine mittlere Durchbohrung, durch die ein gummiisoliertes Kabel geführt wird. In Abständen von 1 Meter werden die mit Glasplatten beschickten Korken durch je einen Knoten in der Leine über und unter dem Korken befestigt. Das Kabel wird an einer Boje oder einem Holzfloß befestigt, wobei allerdings die Gefahr besteht, daß der oberste, dicht unter der Oberfläche exponierte Korken, von der Boje beschattet wird. Durch einen schweren Stein am Grund wird das Kabel straff gehalten; bei Gummiisolierung überdauert es selbst Expositionszeiten von mehr als 1 Jahr. Pieczyńska (1964) verwendet ebenfalls Objektträger, aber auch größere Glasplatten, die in einen Holzrahmen eingefaßt sind. Der Rahmen ist mit einem Loch versehen und wird an einer Schnur hängend im Wasser exponiert.

Einsammeln und Transport der exponierten Glasplatten: In zeitlichen Abständen von 1 bis mehreren Wochen wird von jedem Korken je ein horizontaler und ein vertikaler Objektträger entnommen, bzw. bei einer anderen Expositionstechnik sinngemäß verfahren. Jede entnommene Platte wird durch eine neue ersetzt. Die eingesammelten Platten werden einzeln in Weithalsflaschen mit Seewasser ins Labor

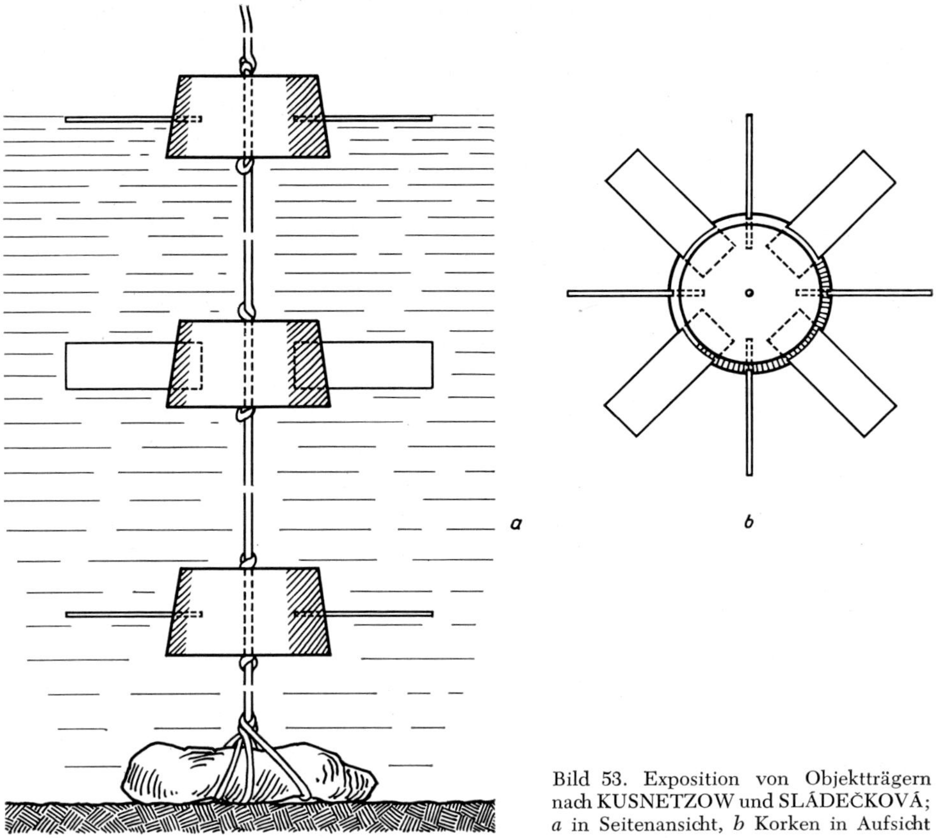

Bild 53. Exposition von Objektträgern nach KUSNETZOW und SLÁDEČKOVÁ; *a* in Seitenansicht, *b* Korken in Aufsicht

transportiert. Selbstverständlich wird jede Platte sorgfältig nach Expositionsdauer, Lage und Wassertiefe gekennzeichnet.

Bestimmung des Bewuchses durch Zählen: Die Glasplatten werden so bald wie möglich weiter verarbeitet. Fixierung mit Formalin und anderen Reagentien ist ungünstig und zu vermeiden. Da beide Seiten der Platten mit Aufwuchs besetzt sind, muß von der einen der Aufwuchs entfernt werden. Bei horizontal exponierten Platten ist zwischen Ober- und Unterseite genau zu unterscheiden, bei Vertikalplatten besteht hierin kein Unterschied. Das Periphyton der gesäuberten Fläche wird quantitativ in eine Weithalsflasche gespült. Mit der gesäuberten und getrockneten Fläche wird der Objektträger auf einen zweiten gelegt, dessen Mittelfläche in Quadraten von 1 cm^2 Fläche aufgeteilt ist. Bei mittlerer Vergrößerung (etwa 100fach) werden 2 cm^2 aus der Mitte des Objektträgers genau durchgemustert und alle Organismen darin gezählt (Technik vgl. Zooplankton, S. 59 ff.), mit Ausnahme der freilebenden größeren Tiere, die gesondert aus der gesamten Probe ausgezählt werden.

In Kolonien von *Campanella umbellaria, Carchesium polypinum, Ophrydium sessile* und anderen größeren Organismen wird jedes Individuum einzeln gezählt; Kolonien von winzigen Flagellaten, wie *Monadodendron, Condosiga* u. a. werden dagegen als Individuen gezählt. Als Kolonien werden weiterhin gezählt: die fächerigen

Synedra-Kolonien, die Fäden von Blaualgen, Grünalgen und von *Melosira varians*, die verzweigten Fäden des Eisenbakteriums *Crenothrix fusca*, die Gallerthüllen von *Tetraspora cylindrica*, die Scheiben von *Coleochaete soluta* u. a. m. (SLÁDEČKOVÁ).
Bei sehr lange in den oberen Wasserschichten exponierten Objektträgern ist der Bewuchs an Diatomeen und Grünalgen oft so dicht, daß die Platten fast oder völlig undurchsichtig sind und eine genaue Zählung unmöglich wird. Man kann sich aber so helfen, daß man die oberste Bewuchsschicht vorsichtig abnimmt, in etwas Wasser verteilt und getrennt auszählt.
Nach der beendeten Zählung wird der Aufwuchs von den Glasplatten abgeschabt und in Weithalsflaschen zur späteren qualitativen Untersuchung mit 2‰iger Formalinlösung konserviert.
Als Grundlage für die Berechnung des Bewuchses auf jeder Platte wird das mittlere Zählergebnis für 1 cm^2 genommen. Der Mittelwert für 1 cm^2 wird dann mit der doppelten Fläche der Glasplatte multipliziert, da ja beide Flächen bewachsen sind, wobei jedoch derjenige Flächenanteil, der bei der Befestigung im Korken bzw. im Rahmen usw. steckt, abgezogen werden muß. Die quantitative Angabe erfolgt in Individuenzahlen pro cm^2.
Regelmäßig setzen sich auch größere Tiere auf den Platten fest, wie Rotatorien, Würmer, Polypen, Insektenlarven und -puppen sowie kleine Crustaceen. Diese Tiere werden gesondert auf der ganzen Platte ausgezählt.

Quantitative Bestimmung des Periphytons durch Ermittlung der Biomasse: Wenn der Aufwuchs auf den Platten so dicht ist, daß die Platte undurchsichtig wird, oder auf einer überhaupt opaken Platte, ist ein unmittelbares Auszählen unter dem Mikroskop unmöglich. In diesem Fall müssen andere quantitative Bestimmungen herangezogen werden, die hier nicht näher besprochen zu werden brauchen.

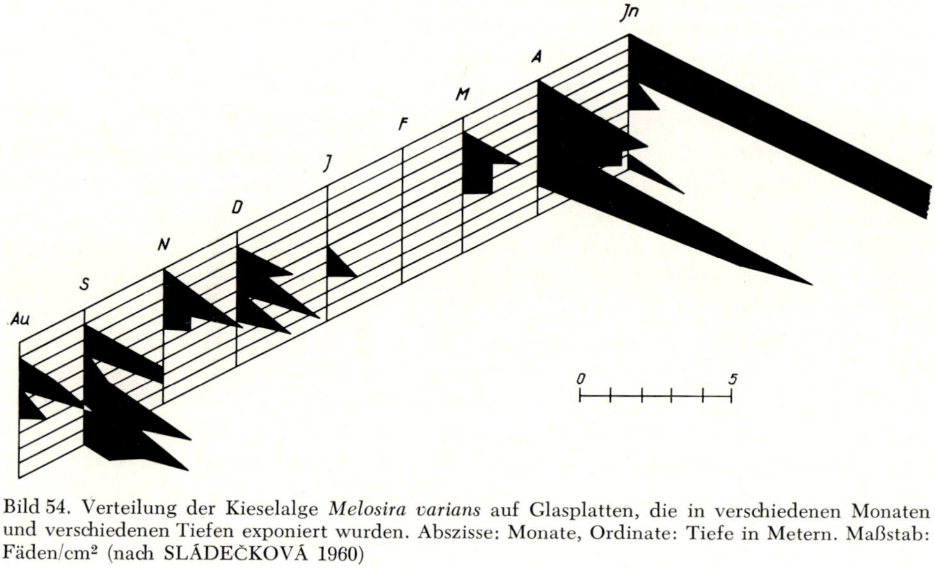

Bild 54. Verteilung der Kieselalge *Melosira varians* auf Glasplatten, die in verschiedenen Monaten und verschiedenen Tiefen exponiert wurden. Abszisse: Monate, Ordinate: Tiefe in Metern. Maßstab: Fäden/cm^2 (nach SLÁDEČKOVÁ 1960)

1. Frisch- und Trockengewichtsbestimmung (z. B. COOKE 1958 sowie GRZENDA u. BREHMER 1960). SLÁDEČEK und SLÁDEČKOVÁ (1963) stellten fest, daß das nach Erhitzen auf 105 °C bestimmte Trockengewicht des Aufwuchses etwa 8% des Frischgewichtes ausmacht. Bestimmt man behelfsmäßig das Trockengewicht an der Luft, so beträgt dieser Wert durchschnittlich 8,8% des Frischgewichtes.
2. Ermittlung des Frischvolumens in graduierten Zylindern (z. B. HENTSCHEL 1916 und SLÁDEČKOVÁ 1957).
3. Messung von Photosynthese und Respiration in Hell-Dunkel-Flaschen (vgl. S. 150 ff., nach BACKHAUS).
4. Chlorophyllbestimmungen (vgl. S. 144 ff.).

Darstellung der Ergebnisse: Die Korkstopfenmethode, aber auch jede andere, liefert Daten über die folgenden Zusammenhänge: Qualitative und quantitative Zusammensetzung des Aufwuchses in Abhängigkeit von der Expositionszeit, der Expositionslage relativ zur Wasseroberfläche und der Wassertiefe. Daraus lassen sich Schlüsse über den zeitlichen Aufbau der Biocönose unter verschiedenen Bedingungen ziehen. SLÁDEČKOVÁ (1960) hat daraus sehr instruktive Raum-Zeit-Diagramme für einzelne Arten und Artengruppen konstruiert (Bild 54). Bezüglich der Lageorientierung der Platten ergaben sich sehr interessante Unterschiede in der tierischen Besiedlung.

IV. DIE UNTERSUCHUNG DER TIEFENZONE (PROFUNDAL)

Der Profundalregion der Seen fehlt eine photoautotrophe Primärproduktion; ihre Organismen leben von der Destruktion und Konsumation der in der trophogenen Zone des Pelagials aufgebauten organischen Substanz, während die Primärproduktion des Benthals nur eine geringe Bedeutung hat: die im Herbst absterbenden Pflanzen des Litorals werden durch den Wind und mit Strömungen in den See hinaus verfrachtet und sinken dann allmählich zu Boden.

Wie im einführenden Kapitel dargestellt wurde, sind die Sauerstoffverhältnisse in der Tiefenregion der Seen von der Produktion an organischer Substanz in der trophogenen Zone und dem Verhältnis der trophogenen zur tropholytischen Zone abhängig. Diese unterschiedlichen Sauerstoffverhältnisse sowie die dadurch bedingten Verschiedenheiten in der tierischen Besiedlung des Profundals hat THIENEMANN (1918) zur Begründung seines Seetypensystems herangezogen. Die Erforschung der Bodenzone der Seen war für lange Zeit ein Hauptanliegen der Limnologie.

Die Sauerstoffzehrung am Boden während der Stagnationsperioden ist in oligotrophen Seen so geringfügig, daß der Sauerstoff hier für die Bodentiere niemals zum Minimumfaktor wird. In eutrophen Seen dagegen kann der Sauerstoff im Tiefenwasser schon wenige Wochen nach der Vollzirkulation bedenklich absinken und schließlich zum absoluten Minimumfaktor werden. Die Folge davon ist, daß nur Tierarten, die mit ganz geringen Sauerstoffmengen auskommen, die Tiefenzone der eutrophen Seen besiedeln können; sie leben hier oft in ungeheuren Mengen, während im oligotrophen See die Bodenfauna artenreicher, aber individuenärmer ist. Die Bodenzone eines Sees vermag also erste Hinweise auf seinen stoffwechselphysiologischen Charakter zu geben; in den eutrophen Seen ist die Gattung *Chironomus (= Tendipes)*, in oligotrophen die Gattung *Tanytarsus* in der Bodenfauna vorherrschend, weshalb diese Seen Chironomusseen bzw. Tanytarsusseen genannt wurden. Es ist klar, daß diese Typisierungen immer nur für eine kleine Gruppe besonders charakteristischer Seen gelten, daß aber auch alle Stufen der Skala zwischen den Extremen verwirklicht sind.

Charakteristische Bewohner des Profundals sind neben den Chironomidenlarven die Larven der Schlammfliege *Sialis* und der Mücke *Chaoborus,* ferner einige Mollusken, besonders die Erbsenmuscheln *Pisidium,* Oligochaeten und Nematoden, einzelne Wassermilben, Muschelkrebse und Harpacticiden sowie die Entwicklungsstadien einiger Cyclopiden. Wie aus dieser Aufzählung schon zu erkennen ist, verbringen nicht alle Bodenorganismen ihre gesamte Lebenszeit im Profundal. Die Insektenlarven verwandeln sich zu geflügelten Luftinsekten. Aber schon die Larven der Chironomide *Sergentia coracina* steigen im Titisee im Schwarzwald ins Pelagial auf, wenn der Sauerstoffgehalt am Grund während der Stagnationsperioden unter 2 mg/l absinkt (WÜLKER 1961) und die Larve von *Chaoborus* unternimmt Vertikalwanderungen; sie hält sich tagsüber in den obersten Schlammschichten auf und steigt nachts zur Wasseroberfläche, wo sie ein rein planktisches Leben führt (BERG 1937, SCHRÖDER 1961, NORTHCOTE 1964); für diese Wanderungen sind jedoch die Lichtverhältnisse ausschlaggebend. Die Entwicklungsstadien der oben erwähnten Cyclopiden machen im Bodenschlamm nur eine mehr oder weniger lange, wahrscheinlich durch die Photoperiodik induzierte (EINSLE 1964) Ruhepause durch und sind dann in riesigen Mengen, bis zu einigen Millionen je m^2 zu finden; im Winter und Frühjahr entwickeln sie sich weiter.

Die zur Untersuchung der Bodenfauna der Seen verwendeten Hilfsmittel lassen sich in drei Gruppen einteilen: die Bodengreifer, Röhrenlote und Schlammstecher sowie die Dredgen. Für die Entnahme repräsentativer Bodenproben wirkt sich erschwerend aus, daß die Bodenfauna ungleich verteilt ist und daß besonders die Chironomiden am Boden halbpassive, durch Wasserströmungen am Grund gesteuerte Wanderungen ausführen (BARTHELMESS 1963).

1. Bodengreifer

Die Bodengreifer sind entwickelt worden, um quantitative, möglichst ungestörte Teile aus dem Schlammboden auszuheben und an die Oberfläche zu bringen; ungestört heißt, daß die natürliche Schichtung des Sediments und der Bodenfauna möglichst weitgehend erhalten bleiben soll. Das Funktionsprinzip ist kurz folgendes: Die meisten Bagger haben zwei gegeneinander bewegliche Schaufeln. Sie werden in geöffnetem Zustand an einer Leine oder einem Drahtseil auf den Gewässergrund hinuntergelassen, wo sie wegen ihres beträchtlichen Eigengewichtes etwas einsinken. Daraufhin werden sie geschlossen, d. h., die Schaufeln wirken mit aller Kraft gegeneinander und schneiden dabei eine bestimmte Menge Sediment aus dem Boden heraus. Der Verschluß des Greifers wird entweder durch ein Fallgewicht oder durch das Aufsetzen des Greifers auf den Grund und den darauffolgenden Zug an der Leine erreicht. Der geschlossene Greifer wird an die Oberfläche geholt und das Sediment ausgeleert.

Aus dieser Arbeitsweise der Greifer ergeben sich die folgenden Fehlerquellen:

1. Der Greifer erfaßt nur in der obersten Sedimentschicht einen quadratischen Aus-

schnitt, nicht dagegen im tieferen Teil, wo die Schaufeln das Sediment halbkreisförmig aus dem Boden herausschneiden; die Sedimentprobe ist also qualitativ nicht in allen Schichten gleichwertig. Dieser Mangel ist durch den Kastengreifer von REINECK (vgl. unten) behoben worden, gilt aber für alle sonst benutzten Greifer. Als weiterer, auf der gleichen Ebene liegender Fehler kommt hinzu, daß ein einigermaßen handlicher Greifer nur eine verhältnismäßig sehr geringe Bodenfläche aussticht, beim EKMAN-BIRGE-Greifer sind es 225—250 cm^2. Da, wie erwähnt, die Bodenfauna keineswegs gleichmäßig im Sediment verteilt ist, ist die Gefahr gegeben, daß aus zu wenigen Greiferfängen falsche Schlüsse über die Besiedlung des Profundals gezogen werden. Als Grundlage für die Berechnungen sind wenigstens 10 Greiferproben je Tiefenstufe erforderlich, aus denen ein Mittelwert berechnet wird. RIEDL (1956) hat das Aufsetzen des PETERSEN-Greifers auf den Grund genau beobachtet und gesehen, daß er kurz vorher die obersten Schlammschichten teilweise beiseite fegt. Dabei handelt es sich gerade um die Schichten, in denen die Mikrofauna lebt. Beim weiteren Eindringen des Greifers wird auch gröberes Material aufgewirbelt, das oben aus den Klappen herausdringt. RIEDL rechnet mit einem Verlust von 50 bis 80% der Mikrofauna (Ciliaten, Turbellarien, Milben, Copepoden, Ostracoden). Dieser Fehler ist deshalb schwerwiegend, weil er nicht sicher beurteilt werden kann. Er ist nur dadurch möglichst gering zu halten, daß man den Greifer langsam abfiert.
2. Ein weiterer Fehler ergibt sich aus der unterschiedlichen Festigkeit und Zusammensetzung der Sedimente und dem Verschlußmechanismus der Greifer. In sehr weiches Sediment können die Greifer tief einsinken und die oberste Schicht sogar durchstoßen. Greifer, die sich durch Aufsetzen auf den Boden selbst schließen, arbeiten in diesem Fall ganz unzuverlässig, weil ein Mindestwiderstand des Bodens Voraussetzung für das Funktionieren des Verschlußmechanismus ist; derartige Greifer eignen sich für ganz weiche Böden also kaum. Aber auch bei den mit Fallgewicht zu schließenden Greifern ist die Entscheidung, das Fallgewicht hinunterzulassen, von dem Nachlassen des Leinenzuges, also dem Aufsetzen des Greifers am Boden, abhängig. Diese Dinge sind zu beachten.
Auch bei harten Böden gibt es Schwierigkeiten. Weniger schwere Greifer setzen nicht richtig auf, sondern liegen mehr oder weniger flach, sinken nicht tief genug ein und arbeiten nicht mehr quantitativ. Die selbsttätig schließenden Greifer sind hier besser, weil sie eine günstigere Greifwirkung haben. Bei grobkörnigem und steinigem Sediment können sich Steine zwischen die Baggerschaufeln klemmen, so daß der Bagger nicht fest schließt und einen Teil des Sediments beim Hochziehen wieder verliert. Der Materialverlust steigt mit der Wassertiefe, durch die der Greifer gezogen werden muß und ist schwer abzuschätzen. Derartige Proben müssen natürlich verworfen werden, und es hilft nichts anderes, also solange zu arbeiten, bis eine ausreichende Anzahl brauchbarer Fänge geglückt ist. Die Entwicklung der Bodengreifertechnik und die Verbesserungen an den Greifern selbst beruhen alle auf der Erkenntnis der hier nur kurz diskutierten Fehler. Besonders ausführlich haben sich mit diesen Problemen ALSTERBERG (1922), ALM (1922), WASMUND (1932) und neuerdings RIEDL (1956) sowie SANDER (1957) beschäftigt.
Besprechung einiger Greifertypen: Der erste quantitativ arbeitende Bodengreifer ist von EKMAN (1911) konstruiert und von BIRGE (1922) verbessert worden; er wird noch heute in der Hydrobiologie allgemein verwendet (Bild 55). Seine beiden, ge-

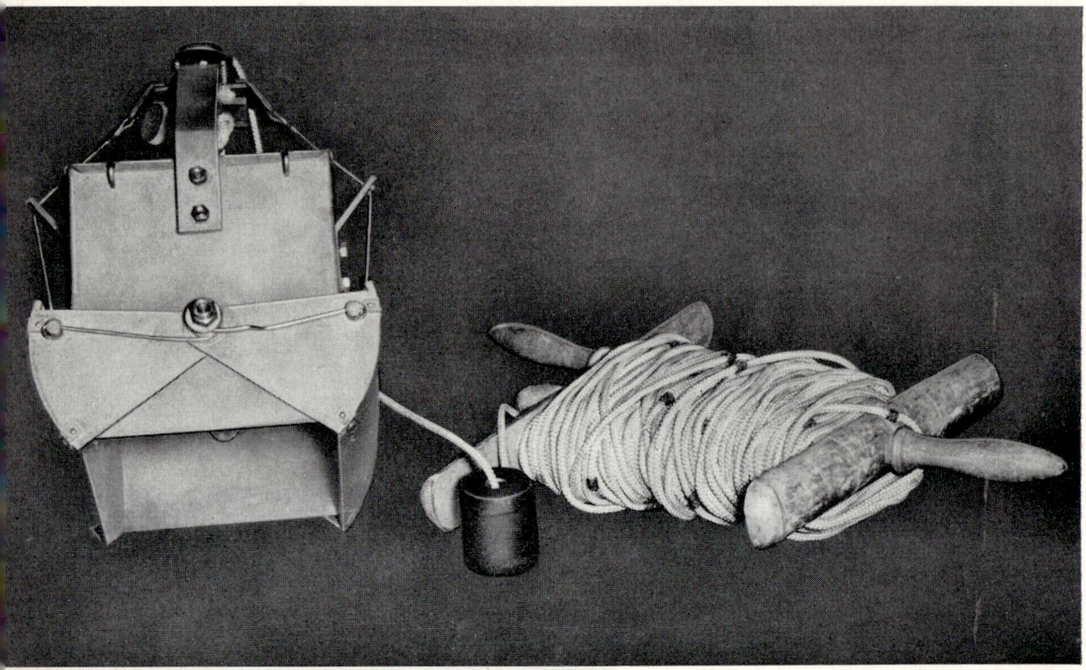

Bild 55. Bodengreifer nach EKMAN-BIRGE, geöffnet, mit Fallgewicht und markierter Leine

gen einen sehr starken Federzug durch zwei Kettenzüge offengehaltenen Schaufeln werden von oben durch ein Fallgewicht geschlossen. Am Ruck in der Leine, mit der man den Greifer hält, spürt man deutlich, wann dies der Fall ist. Erst dann hebt man den Greifer durch vorsichtiges Ziehen an der Leine aus dem Boden und holt ihn ganz herauf. Zweckmäßig verwendet man wieder markierte Leinen, um jeweils auch die Entnahmetiefen ablesen zu können. Der Greifer muß ziemlich schwer sein und ist am besten aus Messing (nicht Eisen) verfertigt, das im Wasser nicht rostet. Sein oberer Teil

Bild 56. Zerteilergreifer nach LENZ

1 2

Bild 57. Bodengreifer nach AUERBACH; 1 geöffnet, 2 geschlossen. f_2, c_1, c_2 = Verschlußmechanismus und Gestängeträger; g = Ringgewicht; a = bleibeschwerte obere Seitenwände des Kastens; b_1 = Schaufeln, die in 2 den Kasten verschlossen haben (aus AUERBACH 1953).

ist kastenförmig und durch zwei bewegliche Deckel, die dem Wasserdruck beim Hinunterlassen des Greifers nachgeben, geschlossen; sie schützen das Sediment beim Heraufholen des Greifers vor dem Ausgespültwerden. Lundbeck (1936) hat den Greifer durch zusätzliche Bleiauflagen noch beschwert und damit erreicht, daß er auch in festeres Sediment eindringt. Der Greifer hat eine Grundfläche von 225 bis 250 cm^2, so daß die Umrechnung auf 1 m^2 durch Multiplizieren mit 40 sehr einfach ist. Wasmund (1932) hat den Greifer größer und schwerer gemacht und dem Original von Ekman wieder angeglichen.

Eine sehr nützliche Verbesserung am Greifer von Ekman-Birge hat Lenz (1931) eingeführt. Sein Zerteilergreifer (Bild 56) ist etwas höher, hat aber die gleiche Grundfläche. An zwei gegenüberliegenden Seiten sind in gleicher Höhe Schlitze angebracht, in die Metallscheiben eingesteckt werden können. Mit ihrer Hilfe kann der Inhalt des Kastens in horizontale Schichten zerteilt werden, die dann getrennt zur Untersuchung gelangen. Mit diesem Gerät, das überall verwendet wird, hat Lenz wichtige Ergebnisse über die vertikale Verteilung der Bodentiere im Tiefensediment der Seen erzielt. Eine ähnliche horizontale Zerteilung von Schlammproben erlauben die „Schlammschöpfer“ von Jenkin und Elgmork (vgl. S. 101).

Bild 58. Monaco-Greifer nach LEGER (links), Scherengreifer nach RUTTNER (rechts) (aus WASMUND 1931)

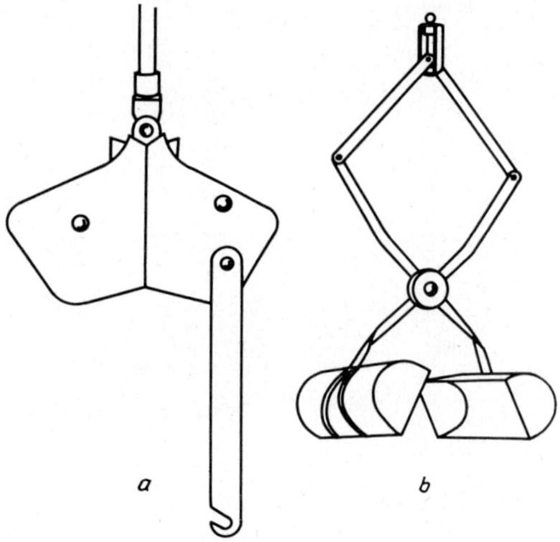

Für die quantitative Arbeit in tiefen Alpenrandseen mit vorwiegend tonigem Sediment hat AUERBACH (1953) einen sehr zuverlässig arbeitenden Kasten-Greifer konstruiert (Bild 57). Er ist mit nur 100 cm² Bodenfläche viel kleiner, aber mit 13,25 kg Gewicht viel schwerer als der EKMAN-BIRGE-Greifer. Er wird im Gegensatz zu diesem nicht durch ein Fallgewicht geschlossen, sondern die Schaufeln (Bild 57, b_1) schließen sich selbständig nach dem Aufsetzen des Greifers auf dem Boden. Dies wird einmal erreicht durch Abwärtsbewegung eines eisernen Ringes, der die Schaufeln in den Boden drückt (Bild 57, g) und zweitens durch den Zug des Seiles beim Heraufholen des Greifers, der die Schaufeln völlig schließt. Der AUERBACH-Greifer sticht völlig glatte und störungsfreie Sedimentproben aus dem Boden aus und arbeitet auch in über 100 m Tiefe einwandfrei.

Ein ähnlich arbeitender Greifer ist von FRANKLIN und ANDERSON (1961) konstruiert worden, bietet aber gegenüber dem AUERBACH-Greifer keine wesentlichen Vorteile. Besonders für sandig-steiniges Sediment, z. B. in Hochgebirgsseen, empfiehlt WASMUND (1932) den von LEGER konstruierten Monaco-Greifer (Bild 58), dessen Schaufeln sich ebenfalls nach dem Aufsetzen des Greifers selbsttätig schließen. Nach dem gleichen Prinzip arbeitet auch der sehr zuverlässige Greifer von VAN VEEN (1936), der durch einen kleinen Riegel offengehalten wird. Nach dem Aufsetzen auf den Grund spreizen die beiden Schaufeln noch weiter, so daß der Riegel gelöst wird. Die Leine ist so befestigt, daß die Schaufeln um so fester schließen, je stärker der Zug nach oben ist. Der ursprünglich für meeresbiologische

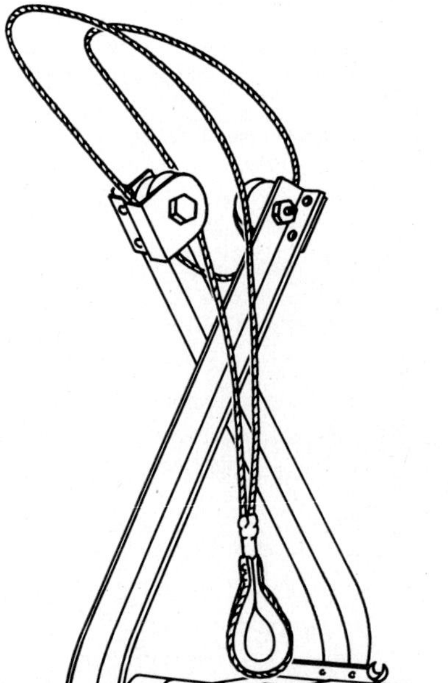

Bild 59. Greifer von VAN VEEN, geschlossen (aus Katalog Hydrobios umgezeichnet)

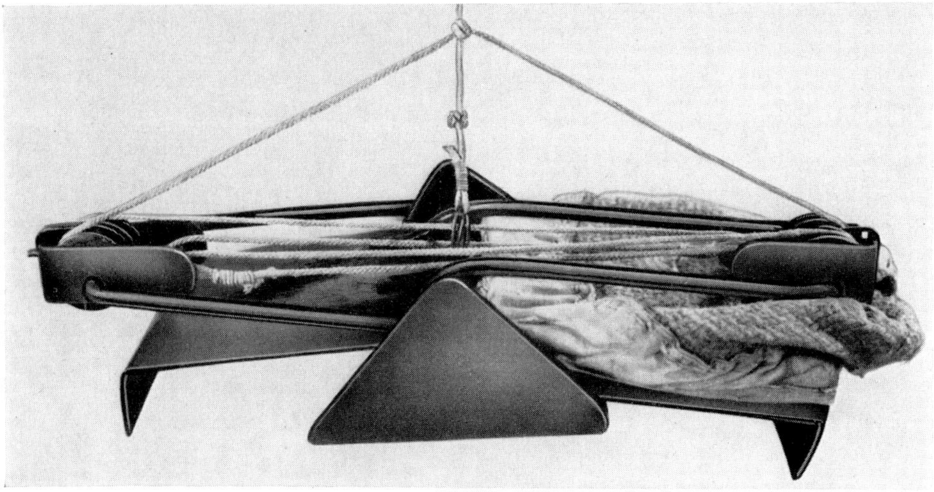

Bild 60. Zusammenlegbarer Bodengreifer nach GÜNTHER, geöffnet

Untersuchungen konstruierte Greifer ist als verkleinertes Modell ($^1/_{20}$ m^2) für hydrobiologische Bodenuntersuchungen sehr gut zu verwenden (Bild 59).

Unbedingt zu erwähnen ist der von Reineck (1963) konstruierte Kastengreifer II. Der in den Boden eingesenkte Stechkasten hat eine Grundfläche von 22×30 cm und eine Höhe von 45 cm und ist auswechselbar. Je nach der Festigkeit des Sediments wird er durch zusätzliche Gewichte beschwert. Beim Heraufholen wird der Kasten durch ein Greifmesser horizontal geschlossen, so daß eine völlig kubische Sedimentprobe erfaßt wird. Da der Greifer sehr groß und außerordentlich schwer (750 kg!) ist, ist seine Verwendung in der Süßwasserbiologie kaum möglich; auch das kleinere Gerät, der „150-kg-

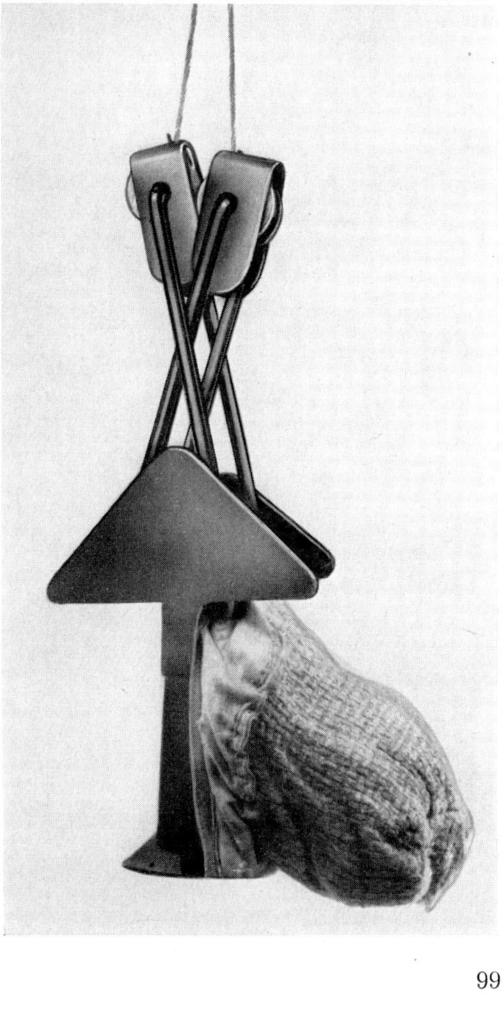

Bild 61. Greifer nach GÜNTHER, geschlossen

Kastengreifer", ist nur von größeren Booten aus einzusetzen. Nach dem gleichen Prinzip ließen sich jedoch auch kleinere Greifer bauen.
Wegen des hohen Gewichtes der Greifer ist ihre Mitnahme auf längeren Exkursionen schwierig. Einen auf die Maße 25×17×6 cm zusammenlegbaren, nur 1,5 kg schweren Bodengreifer hat GÜNTHER (1963) beschrieben; er ist leicht auf Exkursionen mitzunehmen. Der Greifer arbeitet nach dem Schaufelprinzip, doch bestehen die Schaufeln hier aus einem Metallrahmen mit einem Beutel aus grobem Leinen zur Aufnahme des Sediments und einem dazu passenden Deckel. Der Seilzug des Greifers läuft über jederseits 2 Rollen, die als lose und feste Rolle eines Flaschenzuges arbeiten (Bild 60 und 61). Dreieckige Bleigewichte beschweren den Greifer jederseits, der in geöffnetem Zustand an einem Seilzug aufgehängt ist. Diese Hängevorrichtung klinkt aus, sobald der Greifer auf dem Sediment aufsitzt. Beim Zug nach oben werden nun die seitlichen Seilzüge des Flaschenzuges betätigt und der Greifer wird geschlossen. Die Kraft, mit der die Greiferzangen zupacken, ist stets doppelt so groß, wie das Gewicht des ergriffenen Gegenstandes. Nach den Angaben des Konstrukteurs gibt es nur zwei Möglichkeiten: „einmal das Reißen der Schnur, an der der Greifer hängt, oder die Bergung des gefaßten Gegenstandes". Das gilt übrigens auch vom Monaco- und VAN-VEEN-Greifer.
Nur erwähnt werden sollen hier noch die Greifer von LANG (1930), KNUDSEN (1927), der von HENTSCHEL verbesserte PETERSEN-Greifer, der Greifer von FRIEDINGER und der RUTTNER-Greifer sowie der sehr interessante, von RIETH (1960) kürzlich konstruierte Greifer, der eine Reihe von Vorzügen bietet.

2. Schlammstecher, Röhrenlote und Schlammschöpfer

Diese Geräte sind weniger zur Untersuchung der Bodenfauna entwickelt worden, wie die Bodengreifer, sondern sie dienen einer möglichst genauen, d. h. ungestörten Erfassung auch tieferer Sedimentschichten. Schon NAUMANN hatte eindringlich darauf hingewiesen, daß die Sedimente und besonders die Kontaktzone Sediment—Wasser für die stoffwechseldynamischen Vorgänge im See höchst bedeutsam sind.
Alle heute verwendeten Schlammstecher und Röhrenlote gehen auf die Modelle von APSTEIN und NAUMANN zurück. Der Schlammstecher von APSTEIN wird heute kaum noch verwendet. Er besteht aus einem 50 cm langen Messingrohr von 3 cm Durchmesser, das oben mit einem kräftigen Bleigewicht beschwert ist. Ein Ventil am oberen Ende läßt das Wasser im Rohr nach oben entweichen, wenn das Gerät zum Grund hinuntergelassen wird, und schließt sich wieder beim Hochziehen des Rohres. Das Bleigewicht stößt das Rohr kräftig in den Schlamm, wobei ein Sedimentprofil ausgestoßen wird. Die Probe wird später mit einem Stock aus dem Rohr herausgedrückt. Dabei wird die Schichtung des Sediments jedoch leicht zerstört. Die heute noch vielfach verwendeten NAUMANN-Lote liefern kleine, aber ungestörte Bohrkerne. Die aus Hartglas verfertigte Röhre besteht aus gegeneinander drehbaren Rohrhälften, die leicht aufgeklappt werden können; auf diese Weise gelingt die Entnahme des Sedimentes schonender.
Zur genauen Untersuchung der Mikroschichten im Schlamm und deren Bakterienflora konstruierte LIEBMANN (1950) ein Rohrlot, dessen Messingrohr in Abständen von 1 mm mit Bohrungen von 0,5 mm Durchmesser versehen ist. Vor der Proben-

entnahme werden diese Löcher mit Tesafilm abgedichtet. Nach der Probenentnahme, die auf die übliche Weise geschieht, wird die Tesafilm-Abdichtung mit feinen Pipetten durchstochen, und an beliebigen Zonen des Sedimentprofils werden Proben zur Untersuchung entnommen. Die Röhre wird nach der Probenentnahme durch ein Klappenventil geschlossen.
Ein ähnliches Gerät entwickelte ZÜLLIG (1953). Die Plexiglasröhre enthält im oberen Teil Bohrungen in Abständen von 20 cm zur Entnahme von Wasser aus der Kontaktschicht, im unteren Teil Bohrungen, die eine Entnahme von Sediment in Abständen von 1 cm erlauben.
In diesem Zusammenhang sei auch auf die sogenannten Bodenwasserschöpfer hingewiesen, die aus größerer Tiefe Wasserproben aus der Boden-Wasser-Kontaktzone entnehmen. Derartige Schöpfer sind von ELSTER (1957), LIEPOLT (1960) und MURRAY (1962) benutzt worden. Für den gleichen Zweck hat ZÜLLIG (1959) den FRIEDINGER-Schöpfer (vgl. Bild 30, S. 55) etwas modifiziert. Der Zylinder ist nur 20 cm hoch und wird durch ein Fallgewicht geschlossen. Für Proben, die unmittelbar über Grund genommen werden sollen, wird dem Schöpfer ein Gestell mit Ringboden angeschraubt, der auf dem Sediment aufsitzt und gewährleistet, daß sich der Schöpfer nur 20—30 cm über der Schlammoberfläche befindet. Ebenfalls aus dem FRIEDINGER-Schöpfer hat ELGMORK (1962) einen sehr interessanten Schlammschöpfer entwickelt, mit dem er die Verteilung von Cyclopiden-Copepodiden und der Larven von *Chaoborus* im Sediment schwedischer Seen untersucht hat. Im unteren der beiden Klappdeckel ist eine Metallscheibe eingesetzt, in deren zentraler Vertiefung ein Metallstab eingeschoben werden kann; der untere Klappdeckel ist, dem Durchmesser des Metallstabes entsprechend, durchbohrt. Der geöffnete Schöpfer wird in das weiche Sediment eingesenkt und durch ein Fallgewicht geschlossen. Nachdem der gefüllte Zylinder heraufgeholt worden ist, wird der Metallstab durch die Öffnung des unteren Deckels gegen die bewegliche Metallscheibe geführt und diese nach oben gedrückt. Dadurch wird das Sediment oben aus dem Schöpfer herausgedrückt, wobei beliebige Sedimentportionen mit Hilfe einer Metallplatte abgeschnitten werden können; der Zylinder muß darum völlig glatt gearbeitet sein. Nach den Angaben von ELGMORK hat der Schöpfer noch bis in Seetiefen von 150 m gute Ergebnisse geliefert.
Zu erwähnen sind noch einige andere Modelle von Röhrenloten, die u. a. von PERFILIEW (1927, 1929) und REISSINGER (1930) konstruiert worden sind. Einen komplizierten, aber wohl sehr brauchbaren Schlammschöpfer hat MORTIMER (1942) unter dem Namen „Jenkin surface mud sampler" beschrieben. Zur Untersuchung historischer Ablagerungen in Seen verwendeten FREY (1954) und DEEVEY (1954) Kolbenbohrer, die bei der Erforschung mariner Ablagerungen zur Anwendung kommen, und erzielten damit mehrere Meter tiefe Bohrkerne, die bis in geologische Zeitabschnitte zurückreichen und Aufschluß über die Geschichte der Seen geben (vgl. auch FREY 1963). ZÜLLIG (1956) hat mit einem Kolbenbohrer nach KULLENBERG sehr tiefe Bohrprofile aus dem Zürichsee entnommen.

3. Dredgen

Die wichtigsten Typen der Dredgen sind schon bei der Besprechung des Litorals beschrieben worden (S. 86 ff.). Selbstverständlich können sie auch im Profundal zur

Gewinnung von Bodenmaterial eingesetzt werden. Es sollen hier noch drei Modelle beschrieben werden, die besonders in größeren Tiefen mit Erfolg eingesetzt wurden: der „bottom skinner“ von Frolander und Pratt (1962), die Schlittendredge von Elster (1933) und die Schließdredge von Riedl (1955, 1960).

Mit dem „bottom skinner“ wird kein Sediment gesammelt, sondern das Bodenwasser unmittelbar über der Schlammschicht mit einem Horizontalnetz abgefischt. Das Gestänge, in welchem das Netz befestigt ist, gleicht einem Schlitten, der über das Sediment hinweggezogen wird. Das Netz ist das gleiche, welches Clarke und Bumpus in ihrem Planktonsampler (vgl. S. 53) verwendet haben. Die Netzöffnung liegt nur wenige Zentimeter über dem Boden (Bild 62). Damit der ständige Zug nach oben die Dredge nicht vom Boden hebt, sind vorn seitlich am Gestänge schwere kugelförmige Gewichte befestigt. Obwohl die Methode mit allen Fehlern der Netzfänge (vgl. S. 46) behaftet ist, haben die Autoren bis in Tiefen von etwa 12 m gute Ergebnisse erzielt. Das Netz verstopft aber relativ rasch, so daß exakte Angaben über die filtrierte Wassermenge schwierig sind. Mit diesem Gerät erbeutet man die auf der obersten Sedimentschicht und im freien Wasser lebenden Tiere, die weder mit Bodengreifern noch mit Planktonnetzen und Wasserschöpfern gut zu erfassen sind.

Die Schlittendredge nach Elster (1933) ist konstruiert worden, um in der größten Tiefe des Bodensees die Eier der Blaufelchen in genügender Anzahl zu sammeln; das war mit den üblichen Dredgen nicht möglich. Die Schlittendredge besteht aus zwei skiartig geformten, vorn etwas nach oben umgebogenen Blechen von 75 cm Länge und 15 cm Breite, die ein gleichmäßiges Gleiten unmittelbar an der Oberfläche des Seebodens ermöglichen (Bild 63). Auf jedem Ski ist in der Mitte ein Gewicht von etwa 7 kg befestigt, wodurch verhindert werden soll, daß die Dredge beim Gleiten in die Höhe steigt. Dem gleichen Zweck dient ein über dem Netzrahmen angebrachtes, bewegliches Höhensteuer, eine einfache quadratische Blechplatte von 22×32 cm Größe. Wenige Zentimeter vor dem Netzeingang wurde quer von Ski zu Ski ein eiserner Rechen befestigt, dessen Zähne in Abständen von 1 cm schräg nach vorn weisen und etwa 2 cm unter der Sohle des Schlittens endigen. Der Rechen hat

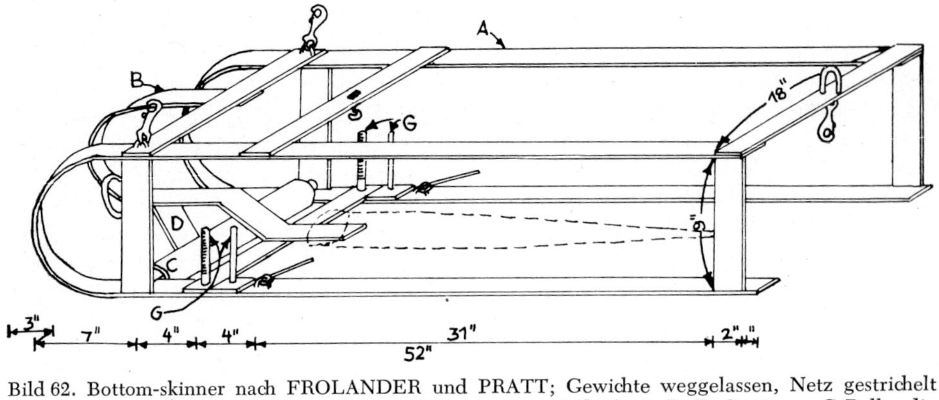

Bild 62. Bottom-skinner nach FROLANDER und PRATT; Gewichte weggelassen, Netz gestrichelt angedeutet (aus FROLANDER u. PRATT 1962, etwas verändert). A, B, D Gestänge, C Rolle, die die Bewegung des Schlittens erleichtert, G Bolzen zum Befestigen von Gewichten oder Leinen; Größenangaben in Zoll

Bild 63. Schlittendredge nach ELSTER (umgezeichnet aus ELSTER 1953)

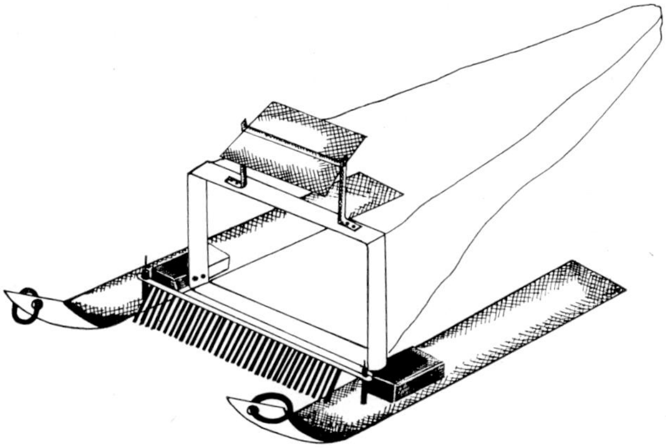

zwei Vorteile: er wirbelt unmittelbar vor dem Netzeingang die oberste Schicht des Sediments auf, wodurch Organismen aufgescheucht und Fischeier in die Höhe gewirbelt werden und sicher ins Netz gelangen; außerdem schiebt er größere Hindernisse beiseite und schützt so das Netz. Die Netzöffnung ist viereckig und 30×50 cm groß. Der 1,40 m lange Netzbeutel ist aus Drahtgaze von 2 mm Maschenweite hergestellt und durch ein Flacheisen, das an der unteren Fläche des Netzes entlangführt, starr mit dem Netzrahmen verbunden. Der Becher, der mit einem Bajonettverschluß am Netz abnehmbar befestigt ist, hat einen Durchmesser von 7 cm.

Die Schlittendredge, wie auch das Modell von FROLANDER und PRATT, können nur mit einem Motorboot geschleppt und mit einer leistungsfähigen Seilwinde heraufgeholt werden. Ein Schleppzug von 10 Minuten Dauer (Geschwindigkeit 1,8 km pro Stunde) lieferte aus 160—200 m Tiefe im Bodensee bis zu 175 Blaufelcheneier, zahllose Pisidien, bis zu 65 *Gammarus* und zahlreiche *Niphargus*. Im Gegensatz dazu erbeutete man bei 10 Proben mit dem EKMAN-BIRGE-Greifer nur 1 Felchenei (neben anderen Organismen). Die Dredge arbeitet jedoch nicht streng quantitativ, da sich mit zunehmender Verstopfung auch ihre Fängigkeit ändert. Hebt man den Netzrahmen durch geeignete Unterlagen etwas an, so gelingt es, auch die unmittelbar über dem Sediment schwimmenden Tiere, z. B. Wassermilben oder die eben geschlüpften Larven der Blaufelchen, zu erbeuten. Die Schlittendredge arbeitet dann etwa so wie der „bottom skinner" von FROLANDER und PRATT. Die Schließdredge von RIEDL (1955) fängt quantitativ. Sie besteht aus einer Schlittendredge, einem Zwischensack mit abnehmbaren Netzen und einem Zählwerk, das die von der Dredge zurückgelegte Wegstrecke angibt. In Verbindung mit einer Schließvorrichtung kann die Dredge nach einer bestimmten Zugstrecke geschlossen werden.

Die Schlittendredge läuft auf breiten Kufen. Sie ist mit einer Vor- und zwei Hauptschaufeln versehen, die verstellbar sind und das Bodenmaterial bis zu einer Tiefe von 5 cm aufwerfen. Da zwischen Hauptschaufel und Dredge ein Abstand von 50 cm liegt, sinkt das grobe Material vor ihrer Mündung wieder zu Boden, und nur der leichtere Detritus und der größte Teil der Mikrofauna wird von der Dredge aufgenommen. Die Hauptschaufeln können so weit eingezogen weren, daß sie 10 cm über der Sedimentoberfläche stehen; die Dredge sammelt dann ausschließlich die bodennahen Wasserschichten ab. Zwischen Schlittendredge und Netzbeutel ist ein Zwischensack aus grobem Segeltuch eingeschaltet, an den die Netzbeutel eingeklinkt werden. Diese einfache Befestigung hat den Vorteil, daß die Netze rasch ausgewechselt werden können.

Das Interessanteste an dieser Dredge ist das Zählwerk und die Schließvorrichtung. Das Zählwerk ist ein mit Federstahl-Spateln am Boden laufendes Schaufelrad. Die Schaufeln dringen bei dem von RIEDL beschriebenen Gerät 5 cm tief in den Grund ein, können aber Steine überspringen und harte Flächen überlaufen. Im sicheren Funktionieren des Schaufelrades liegt der neuralgische Punkt der Dredge (vgl. dazu RIEDL 1955). Bei der Bewegung des Schaufelrades wird eine Schnur von einer eingebauten Spule ab- und auf den mittleren, verjüngten Teil der Radwelle aufgewickelt und damit der zurückgelegte Weg markiert. Der Verschluß wird durch zwei vor der Dredgenöffnung mit einem Nagel offen gehaltenen Platten erreicht, die durch eine Arretierung an der Schnur (Knoten, Nagel o. ä.) ausgeklinkt und geschlossen werden. Da die Untersetzung der von der Dredge zurückgelegten Strecke auf die aufgespulte Schnur 1 : 40 beträgt, bringt man die Arretierung auf der Schnur in 1 m Abstand vor dem Haltenagel für die Verschlußklappen an, wenn die Dredge nach 40 m schließen soll. Für Einzelheiten und Konstruktionspläne muß auf die Arbeiten von RIEDL (1955, 1960) verwiesen werden. Ein etwas vereinfachtes Gerät wird im Institut für Seenforschung in Langenargen mit Erfolg verwendet (Mitteilung Dr. J.-U. RIXEN).

4. Die weitere Verarbeitung der Bodenproben

Die weitere Bearbeitung der mit dem Bodengreifer oder der Dredge gewonnenen Bodenproben beginnt damit, daß das Sediment gesiebt oder geschlämmt wird, was im allgemeinen schon an Ort und Stelle geschieht. Dazu benutzt man Netze oder Drahtsiebe, die man sich leicht selbst aus einem runden oder viereckigen Holzrahmen, den man auf einer Seite mit Drahtgaze bespannt, herstellen kann. Am besten setzt man ein grobes Sieb von 0,5 bis 0,6 mm und ein feines mit weniger als 0,2 mm Maschenweite übereinander (vgl. unten). Sehr brauchbar ist das KOLKWITZ'sche Schlammsieb, ein rechteckiger Holzkasten, in dessen Boden Messingsiebe von verschiedener Maschenweite eingeschoben werden. Gut zu verwenden sind auch die zur Sedimentanalyse benutzten Metallsiebe, die so übereinandergestellt werden, daß die gröbsten Siebe oben, die feinsten dagegen unten liegen (vgl. Bild 13), doch sind größere Siebsätze nicht gut an Bord zu handhaben. RAWSON (1963) und FREMLING (1961) verwenden zum Sieben im Wasser einen umgedrehten Eimer mit einem Sieb im größten Durchmesser sowie zwei seitlichen Siebfenstern und einem Propeller, der den Wirkungsgrad des Gerätes noch vergrößert.
Über die erforderliche Mindestmaschenweite, die beim Sieben von quantitativen Bodenproben ein vollständiges Zurückbehalten aller Tiere mit Ausnahme der Protozoen garantiert, hat JONASSON (1955, 1958) eingehende Untersuchungen durchgeführt. Er stellte fest, daß schon nach einer Verringerung der Maschenweite von 0,62 auf 0,51 mm der Anteil der *Tanytarsus*-Larven (Chironomiden) im Siebrest um 47% anstieg. Die weiteren Untersuchungen ergaben, daß nur Pisidien und Tubificiden-Kokons, die Larven von *Chaoborus* sowie erwachsene Larven und Puppen von *Chironomus anthracinus* mit Maschenweiten von 0,6 mm quantitativ zurückgehalten werden. Tubificiden und nicht ausgewachsene *Chironomus*-Larven werden quantitativ nur von Sieben mit Maschenweiten von 0,2 mm zurückgehalten. Zu gleichen Ergebnissen ist auch SANDER (1957) gekommen. Gegenüber den Sieben mit Maschenweiten von 0,51 mm fingen Siebe mit Maschenweiten von 0,26 mm 111% und solche

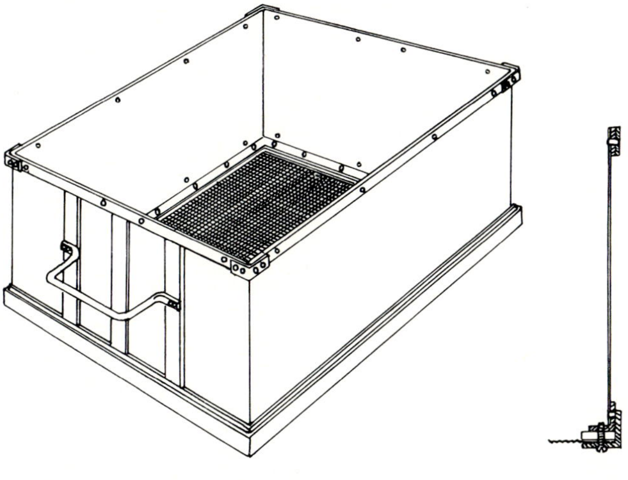

Bild 64. Kasten zum Sieben von Sedimentproben (nach JONASSON)

mit 0,20 mm 246⁰/₀ mehr Organismen. Bei quantitativen Bodenuntersuchungen, besonders auch bei populationsdynamischen Fragen, wo es auf die noch nicht erwachsenen Larven ankommt, ist also eine Maschenweite von unter 0,2 mm zu verwenden, sonst ist die Maschenweite sorgfältig auf die Größe der auszulesenden Tiere abzustimmen.

JONASSON (1958) selbst verwendet in Anlehnung an KOLKWITZ einen viereckigen Siebkasten (Bild 64) von 30 cm Breite, 40 cm Länge und 17 cm Höhe. Die Bodenfläche ist mit Gaze aus Phosphorbronze bespannt und kann beliebig gegen andere, engmaschigere Bodensiebe ausgetauscht werden. Zu diesem Zweck ist die Bodenfläche mit Winkeleisen gegen den Kasten verschraubt; eine Gummiabdichtung sorgt für einen absolut wasserdichten Abschluß. Das Sieben wird so ausgeführt, daß der Kasten wiederholt mit der Bodenfläche ins Wasser eingetaucht wird; dabei

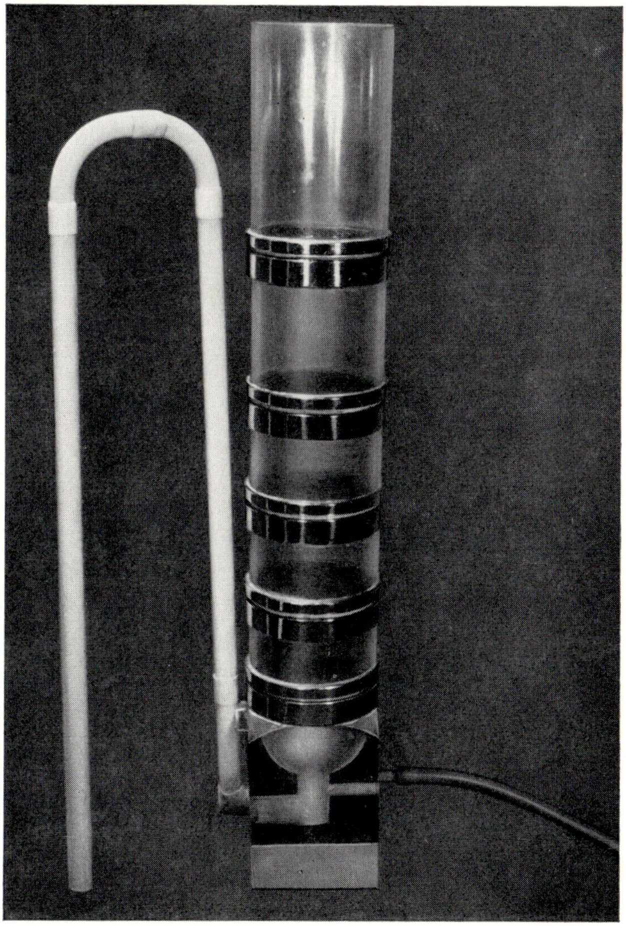

Bild 65. Automatisches Schlämmgerät (nach LÖFFLER, Foto LÖFFLER)

werden die feinen Schlammpartikel ausgeschwemmt, und nur der Siebrest mit den Organismen bleibt im Sieb zurück.

Grundsätzlich ist zum Sieben zu sagen, daß die Stoff-Siebe schonender arbeiten als die Metall-Siebe. Es ist daher oft ratsamer, mit engmaschiger Gaze bespannte Pfahlkratzer zum Sieben der Bodenproben zu verwenden.

Im Laboratorium lassen sich die Bodenproben natürlich wesentlich genauer sieben. Dies geschieht, wie schon beschrieben, durch mehrere übereinander gestellte Siebe auf dem Wege des Schlämmverfahrens. Ein automatisches Schlämmverfahren hat LÖFFLER (1961) kürzlich beschrieben (Bild 65 und 66). Das sehr einfache Gerät ist aus Plexiglas verfertigt und besteht im wesentlichen aus einem zerlegbaren Zylinder mit Filteransatz, der einem quaderförmigen Sockel aufsitzt. Ein Stutzen am unteren Zylinderstück nimmt einmal eine Zulei-

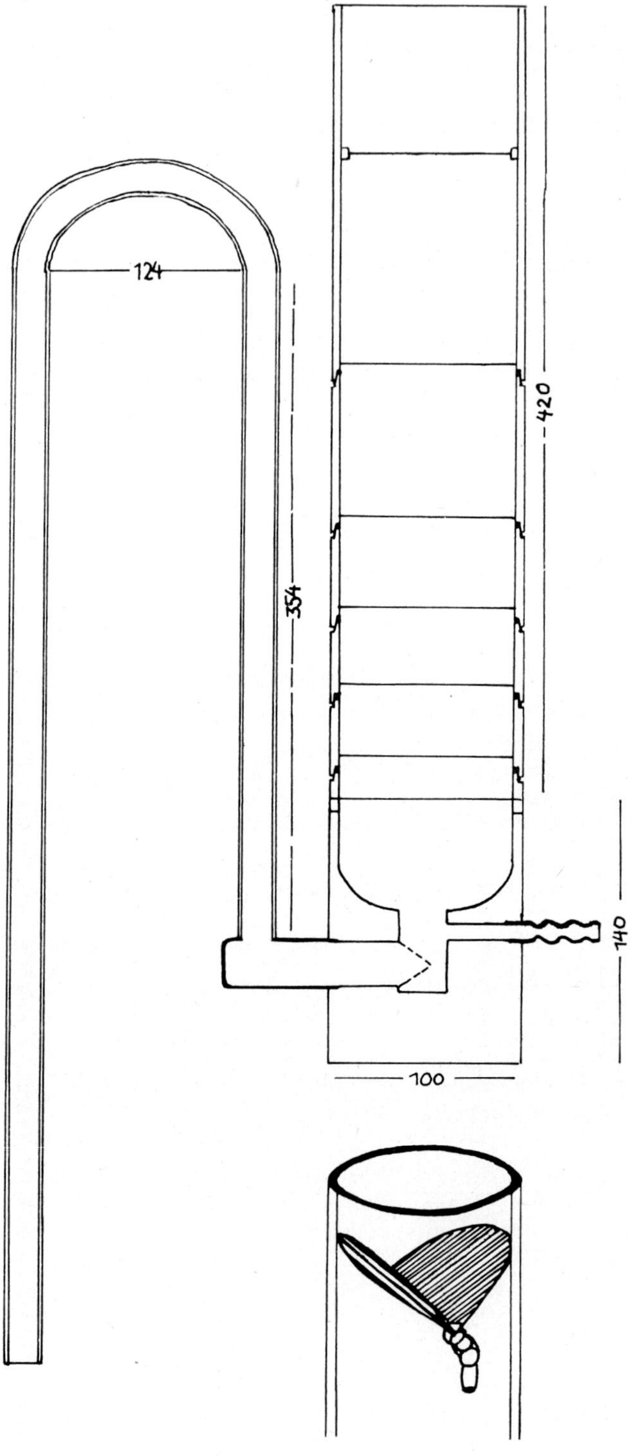

Bild 66. Schnitt durch das Schlämmgerät nach LÖFFLER; das Wasser wird von rechts zugeführt und links abgehebert; unten gefaltetes und geneigtes Filter (vgl. Text)

tung für Wasser auf, ferner einen Heber, der bei entsprechendem Wasserstand im Zylinder die Wassersäule absaugt. In den Zylinder werden mehrere Filter aus Bronzegaze so eingesetzt, daß die gröbsten oben, die feinsten unten sind. Der Zylinder kann rasch in seine miteinander verschraubten und durch Gummiringe abgedichteten Siebsektoren zerlegt werden. Auf das oberste Sieb wird die Probe geschüttet und Wasser von unten her zugeführt. Das Wasser steigt nach oben und wird darauf vom Heber wieder abgelassen. Durch die ständig steigende und wieder fallende Wassersäule wird das oberste Filter bespült, und die feineren Siebteile gelangen in die unteren Siebe. Oberhalb des obersten Bronzefilters, genau in der Höhe des maximalen Wasserstandes, befindet sich ein Filter aus Müllergaze, dessen Funktion es ist, an der Oberfläche haftende Partikel abzufangen und einzutauchen. Die Geschwindigkeit des Wasseranstieges kann durch den Wasserhahn, die des Abfallens durch die Länge und den Innendurchmesser des Hebers reguliert werden. Am besten konstruiert man den Heberarm so, daß er ohne längeren Zeitverlust zu verlängern oder zu verkürzen ist. Das abfließende Wasser kann durch ein engmaschiges Gazefilter geleitet werden, das auch noch kleinste Formen zurückhält. Besonders günstig ist es, wenn die Filter nicht plan, sondern geneigt und außerdem gefaltet in den Zylinder eingebaut werden (Bild 66). Die so gebildete Abflußrinne mündet in einen Tropfflaschenhals, der in verschlossenem Zustand mit der Innenwand des Zylinders glatt abschließt. Bei dieser Anordnung der Siebe fällt das Zerlegen des Zylinders ganz weg.
Bei diesem Verfahren sollten nur konservierte Proben verarbeitet werden. Durch die Fixierung sind die Organismen erhärtet und können nicht so leicht beim Sortieren des Materials Schaden nehmen; an sich arbeitet die Methode sehr schonend.

Auslesen der Organismen aus dem Siebrückstand

Die Siebverfahren liefern einen Siebrest, der aus Sediment und den Organismen passender Größe besteht. Der weitere Schritt besteht also im Aussammeln der Organismen. Am einfachsten arbeitet man mit der Pipette und Pinzette. Der Siebrückstand wird portionsweise in eine weiße Schüssel oder eine weite Petrischale über weißem Grund gefüllt und mit etwas Wasser übergossen. Wenn die Organismen noch leben, ist das Aussammeln einfacher als bei konservierten Proben, die auch wegen des Formalins sehr unangenehm sind. Ein Teil der Probe muß unter dem Binokular auf kleinste Organismen untersucht werden; dies gilt besonders für die feinen Siebanteile aus den engmaschigen Sieben.
Dieses Verfahren des Aussammelns von Hand ist sehr zeitraubend. Soweit ich sehe, stehen zwei andere Methoden zur Verfügung, mit denen die Organismen direkt ausgesammelt oder doch wenigstens angereichert werden können: das Arbeiten mit spezifisch dichteren Lösungen und das Arbeiten mit zerhacktem Gleichstrom. Beide Methoden erfordern nur einen geringen apparativen Aufwand.

Spezifisch dichtere Medien

Das Prinzip der Methode ist folgendes: das spezifische Gewicht der Wasserorganismen ist etwas höher als das des Wassers; daher sinken sie zu Boden, falls sie nicht schwimmen, was Bodenorganismen aber selten tun. Wenn man das spezifische Gewicht des Wassers durch Zugabe einer spezifisch dichteren Lösung jedoch erhöht, werden die Organismen relativ leichter und kommen an die Oberfläche wie Holz im Wasser.

Als spezifisch dichtere Medien nimmt man Lösungen von höhermolekularen Substanzen, keine anorganischen Salzlösungen, wie z. B. Calciumchlorid CaCl (MACAN 1958), die zu ionenwirksam sind und zu rasch in die Tiere eindringen. Die Tiere sinken nach einer Behandlung mit Calciumchlorid vom spez. Gewicht 1,1 nach 15—20 Sekunden wieder zu Boden und verlieren dabei viel Substanz (HELL 1960). Bei Verwendung von Wasserglas mit einem spezifischen Gewicht von 1,15 schwammen die Tiere noch tagelang an der Oberfläche (HELL 1960). Zu ähnlich günstigen Ergebnissen kam auch ANDERSON (1959) mit einer Rohrzuckerlösung vom spezifischen Gewicht 1,12.

Die Arbeitsweise ist folgende: Die mit 40⁰/₀igem Formalin fixierte Sedimentprobe (bei Fixierung mit 40⁰/₀iger Formalinlösung tritt gegenüber schwächeren Formalinlösungen bei den Organismen kein Gewichtsverlust auf) wird in einer kleinen Schüssel mit der entsprechenden Lösung übergossen und das Ganze gut umgerührt. Die Tiere kommen rasch zur Oberfläche. Die überstehende Lösung wird zusammen mit den Tieren durch einen Trichter gegossen, der innen mit einem Stück grober Netzgaze ausgekleidet ist. Die Flüssigkeit wird aufgefangen und wieder verwendet. Die Gaze mit den angesammelten Tieren wird mit Wasser überspült, bis die letzten Reste der Wasserglas- oder Zuckerlösung abgewaschen sind. Die Trichopteren mit Steingehäuse und die schalentragenden Mollusken, die beide natürlich zu schwer sind, um an die Oberfläche zu kommen, werden einzeln mit der Pinzette aus dem Sediment herausgenommen und in die Konservierungsflüssigkeit übertragen. Eine Sedimentprobe ist in 20—25 Minuten ausgelesen. Für die Herstellung der Zuckerlösung werden etwa 300 g Zucker in 1 Liter Wasser gelöst.

Arbeiten mit zerhacktem Gleichstrom

Diese Methode liefert nur dann befriedigende Ergebnisse, wenn nur kleine Schlammportionen ausgelesen werden. Am besten verwendet man eine viereckige Glaskuvette von 80—100 mm Länge, 30—40 mm Breite und etwa gleicher Höhe. An den Enden der Glaskuvette werden kleine Metallplättchen als Elektroden angebracht. Als Stromquelle verwendete DITTMAR (1951) 120 Volt Gleichstrom (Bild 67). Fließt der Strom gleichmäßig, so sprechen viele Arten zu langsam darauf an. Um einen besseren Effekt zu erzielen, unterbricht man den Strom in bestimmten Abständen, wobei jedesmal der Öffnungsstrom als besonderer Reiz wirkt. Die Stromzufuhr wird also einfach über eine Morsetaste mit 10—20 Hertz unterbrochen (Bild 67).

Die in das Gefäß eingebrachte Schlammschicht sollte nicht höher als 1—2 cm, die darüber stehende Wasserschicht 1 cm hoch sein. Die im Schlamm lebenden Tiere verlassen nach Einschalten des Stromes ihren Lebensraum fluchtartig, kommen an die Wasseroberfläche und stellen sich quer zur Stromrichtung. Größere Tiere (Trichopteren-, Ephemeropteren-, Plecopteren-, Coleopteren- und Nematocerenlarven) erscheinen nach den Versuchen von DITTMAR schon nach wenigen Sekunden, Oligochaeten nach etwa 15 Sekunden, Nematoden und Protozoen erst nach 30—40 Sekunden. Das liegt daran, daß bei gleicher Stromdichte die Wirkung (der Stromdurchfluß)

Bild 67. Vorrichtung zur Anwendung von zerhacktem Gleichstrom zum Aussammeln von Organismen aus Schlammproben. 1 Küvette, 2 Elektroden, 9 deren Zuleitungen und 6 deren Anschlußklemme; 11 Morsetaste (nach DITTMAR)

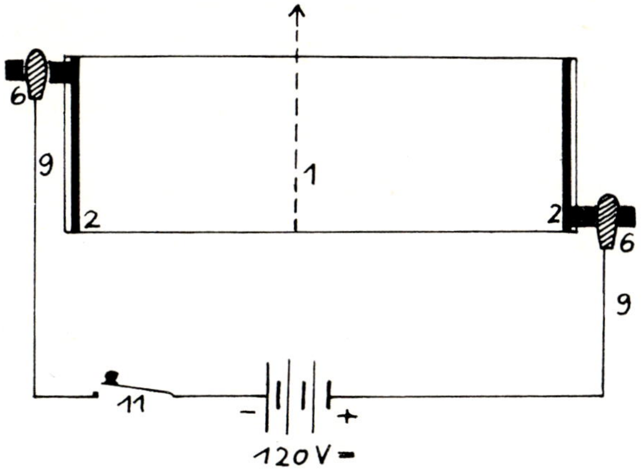

bei kleineren Tieren geringer ist. Außerdem spielt die Körperbedeckung eine Rolle: weichhäutige Tiere sprechen stärker an als gepanzerte und gehäusetragende.
Die größeren, zur Oberfläche gelangten Tiere werden zunächst mit der Pinzette, die kleineren dann mit der Pipette herausgefangen. Dann nochmals alles umrühren, absetzen lassen und die restlichen Tiere unter dem Mikroskop entnehmen.
Da das Verfahren auf einer Reaktion des lebenden Tieres beruht, können natürlich nur Lebendproben auf diese Weise behandelt werden. Auch die inzwischen gestorbenen Organismen werden nicht erfaßt.

5. Darstellung der Ergebnisse

Die bei bodenfaunistischen Untersuchungen in Gewässern ermittelte Besiedlung wird üblicherweise entweder in Anzahl Organismen jeder Art oder Gruppe oder in Frischgewicht aller Individuen einer Art oder Gruppe, bezogen auf eine Flächeneinheit, angegeben.
Die Zahl der Organismen je Flächeneinheit kann bildlich oder in Tabellenform dargestellt werden. Die bildliche Darstellung ist nur sinnvoll, wenn die unterschiedliche Besiedlung einzelner Seen unmittelbar anschaulich miteinander verglichen werden soll, wie es z. B. Bild 68 für einige Seen des Hochschwarzwaldes zeigt. In die immer gleich großen Bezugsflächen werden die Organismengruppen als schematische Umrißzeichnungen eines charakteristischen Vertreters entsprechend ihrer Anzahl eingetragen. Die so hergestellten Bilder können direkt quantitativ miteinander verglichen werden. Für genauere Angaben ist jedoch die Zusammenfassung der Ergebnisse in Tabellen unerläßlich.
Neben der Angabe der Stückzahlen ist die Berechnung des Frischgewichtes aller je Flächeneinheit lebender Tiere für die Beurteilung der Produktivität des Profundals von Bedeutung.
Individuenzahlen liefern für Produktionsberechnungen keine vergleichbaren Werte, weil die Biomasse der einzelnen Organismen ganz verschieden ist. Produktion ist daher immer auf Volumen oder Gewicht zu beziehen. Wichtig sind das Feuchtgewicht, das Trockengewicht und das Aschengewicht. Das Frischgewicht ermittelt man durch Wiegen von Tieren, die auf Fließpapier keine Feuchtigkeit mehr abgeben. Für die Trockengewichtsbestimmung werden die Tiere 4 Tage bei 80° getrocknet und

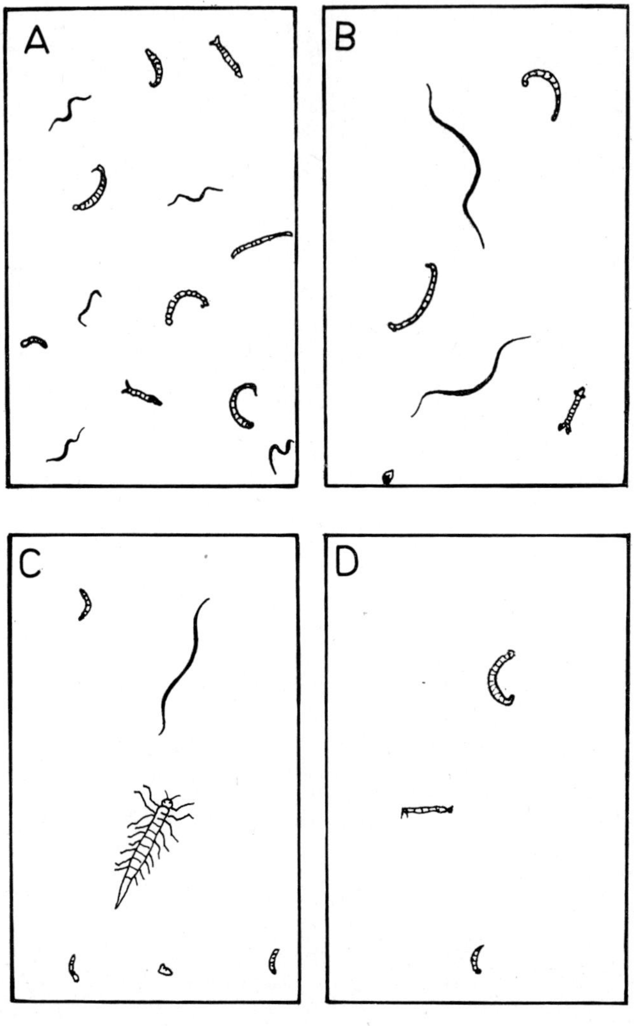

Bild 68. Bodenbesiedlung verschiedener Seen des Hochschwarzwaldes nach LUNDBECK. A Feldsee 10 m, B Titisee 25 m, C Titisee 4 m, D Windgfällweiher 3 m (vgl. Text)

gewogen, dann 1 Stunde und 20 Minuten bei 600° verascht (SLAKE 1955). Durch Subtraktion des Aschengewichtes vom Gesamttrockengewicht ergibt sich das Trockengewicht des organischen Materials. NEIL (1937—1938) ermittelte das Trockengewicht bei Tieren, die er 3 Stunden lang bei 120° getrocknet hatte. Es fehlt noch an Untersuchungen darüber, unter welchen Bedingungen Tiere am besten für die Trockengewichtsbestimmung vorbehandelt werden.

LELLAK hat (1961, 1961 a) berechnet, daß die Jahresproduktion an Chironomiden in einigen böhmischen Teichen 240 bis 1050 kg/ha beträgt und den Nahrungsbedarf der Fische zu $^1/_3$ bis $^1/_2$ deckt. Zur Bestimmung des Frischgewichtes müssen die Organismen vorher in 40%iger Formalinlösung konserviert werden, nicht in 4%iger Lösung oder in Alkohol, weil dadurch größere Substanzverluste auftreten (SHADIN). Auch bei Fixierung mit 40%iger Formalinlösung fällt die Gewichtsbestimmung, verglichen mit den Gewichten lebender Tiere, etwas zu niedrig aus (HELL 1960).

V. DIE QUANTITATIVE ERFASSUNG DER ÜBER DEM BENTHAL SCHLÜPFENDEN LARVEN

Es ist hier wiederholt darauf hingewiesen worden, daß besonders die Chironomidenlarven einen bedeutenden Anteil an der Besiedlung des Benthals stehender Gewässer haben. Die ausgewachsenen Larven verpuppen sich, und aus den Puppen gehen

die geflügelten Mücken hervor. Dies spielt sich oft in einem sehr begrenzten Zeitraum und nur unter bestimmten Wetterbedingungen ab. Im Titisee schlüpfen die Sergentien *(Sergentia coracina)* z. B. nur kurz nach Eisaufbruch im April während etwa $1^1/_2$ Monaten; in der übrigen Zeit des Jahres findet man keine Imago (WÜLKER 1961). Die Mücken von *Tendipes anthracinus* schlüpfen im dänischen Esrom-See innerhalb von 3 Tagen und nur nachts zwischen 19—1 Uhr (JONASSON 1961).
Die Anzahl der über einem Bodenareal während eines bestimmten Zeitraumes schlüpfenden Tiere ist mit Hilfe von Fangtrichtern ermittelt worden. Diese Trichter sind kegel- oder pyramidenförmig und werden unter Wasser dicht über dem Boden exponiert. Trichter, die über den Wasserspiegel hinausragen, sind dem Wind und dem Wellengang ausgesetzt und liefern keine einwandfreien Ergebnisse. BRUNDIN (1949) hat derartige Unterwasserschlüpffallen zuerst verwendet, später PALMEN (1953) und JONASSON (1954). Die Idee geht auf sowjetische Forscher zurück.
Das Gerüst für die Trichter wird zweckmäßig aus Messing angefertigt (Bild 69 a—e) und mit Bronzegaze ringsum bespannt. Die Öffnung der Trichter hat 0,25 m² Fläche, der Ring einen Radius von 28,2 cm. Ihre Höhe beträgt 42 cm, die Seitenverstrebungen müssen etwa 50,6 cm lang sein. Welche Maschenweite man für die Gaze nimmt, kommt auf die kleinsten Organismen an, die man damit fangen will, MUNDIE nimmt 0,25 mm. Eine Lasche aus Kupferblech schließt den Trichter oben ab (Bild 69 b). An das Kupferblech wird die Bronzegaze angelötet.

Bild 69. Konstruktion und Anwendung von Fangtrichtern (aus MUNDIE)

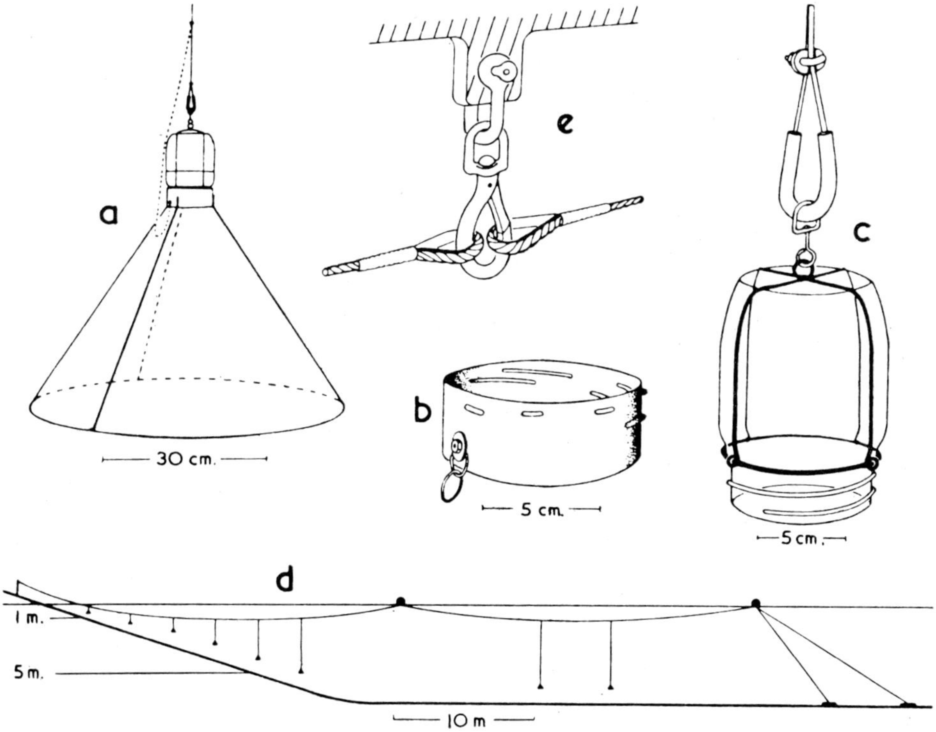

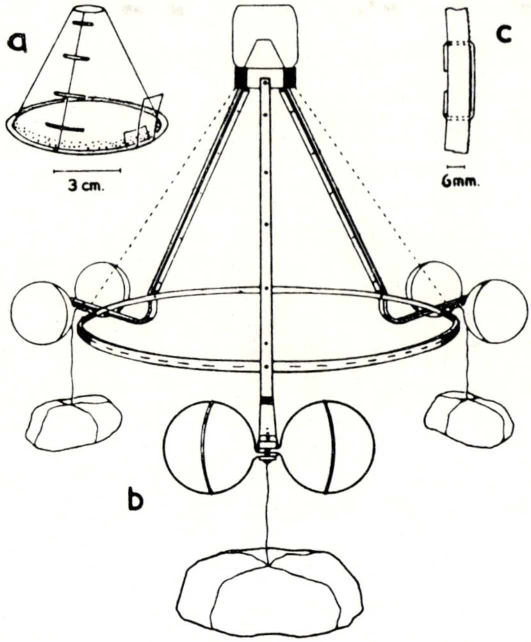

Bild 70. Konstruktion und Einsatz eines Fangtrichters im Litoral (aus MUNDIE)

Als Auffanggefäß für geschlüpfte Imagines nimmt man ein gewöhnliches Honig- oder Marmeladeglas und befestigt es mit der Öffnung nach unten an dem Trichter (Bild 69 c). Dazu werden in der Kupferlasche Bohrungen angebracht und 5—6 cm lange Stücke von 2 mm starkem Kupferdraht so hindurchgezogen, wie in Bild 69 b dargestellt. In dieses „Gewinde" kann das Glas eingeschraubt werden; man muß eine Zeitlang herumprobieren, bis es paßt. Wie der Trichter aufgehängt wird, geht aus Bild 69 a und c hervor.

Die Trichter können einzeln oder in Serien exponiert werden, wie es Bild 69 d zeigt. Mindestens zweimal wöchentlich müssen sie kontrolliert werden, damit die Puppen und Imagines nicht durch Pilzbefall beschädigt werden. Wie weit die Trichter über dem Grund exponiert werden sollen, ist noch umstritten; vgl. hierüber, wie auch über andere Einzelheiten, MUNDIE (1956).

Im seichten Wasser des Litorals benutzt man einen ganz ähnlichen Trichter, mit Nylongaze bespannt. Ein kleiner, aus Zelluloid hergestellter Trichter, der in das Fangglas hineinragt, verhindert, daß die Insekten durch Wellenschlag wieder aus dem Gefäß herausgespült werden (Bild 70 a). Der Trichter wird teilweise untergetaucht exponiert. Die Stabilität des Trichters wird einerseits durch Schwimmbojen und andererseits durch Steine, mit denen er am Boden verankert ist, erreicht (Bild 70 b).

Neuerdings hat SCHLEE (1965) ein „Fangkarussel" konstruiert, das einem Fangtrichter aufgesetzt wird und aus zwei rotierenden Kreisscheiben besteht. Die Scheiben drehen sich gerade so schnell, daß ein Auffanggefäß jeweils für die Dauer von 1 Stunde über der Trichteröffnung verweilt, ehe es von einem anderen abgelöst wird. Auf diese Weise kann auch die tagesperiodische Schlüpfrhythmik der Insekten ermittelt werden.

Über Fangtrichter in fließendem Wasser vgl. S. 130.

METHODEN DER UNTERSUCHUNG DER FLIESSGEWÄSSER

Wie schon in der Einführung hervorgehoben wurde, sind die Fließgewässer, im Gegensatz zu den Seen, offene Systeme, deren charakteristische Eigenschaften der Durchfluß und der ständige einseitige Stofftransport sind. Die Stoff- und Energiebilanz eines solchen Systems haben erstmals Odum (1957) und Teal (1957) genau analysiert.

An die Bewohner der Fließgewässer stellt die Wasserbewegung Anforderungen, die zu teilweise sehr spezialisierten Anpassungen geführt haben. Frei schwebende Organismen können sich nur in langsam fließenden Gewässern, z. B. im Unterlauf großer Ströme, längere Zeit halten. Von den frei schwimmenden Tieren können sich nur einige Fische, deren Körper hydrodynamisch besonders günstig gestaltet ist, in rasch fließenden Gewässern mit Muskelkraft gegen den Schub des Wassers behaupten; die Anzahl der Schwimmer nimmt mit abnehmender Stromgeschwindigkeit zu. Die meisten Organismen der schnell strömenden Fließgewässer gehören der Bodenfauna an und behaupten sich gegenüber der Wasserbewegung, indem sie sich an einem Substrat verankern. Höhere Pflanzen wurzeln im Boden, Moose auf Steinen; Algen bilden schwierig abzulösende Krusten und Überzüge auf Steinen und höheren Pflanzen.

Einige Tiere leben auf glatten Steinen, wo die Wirkung von Saugnäpfen oder saugnapfähnlichen Einrichtungen (*Liponeura*, *Epeorus*, Bild 71) voll zur Geltung kommen kann; aber nur diese leben wirklich in der stärksten Strömung. Die anderen suchen dagegen strömungsgeschützte Stellen auf: Sie leben in den Polstern von Moosen und anderen dichtwüchsigen Pflanzen oder zwischen Steinen am Grund im sogenannten „Totwasser", dessen geringe Wasserbewegung biologisch sehr bedeutsam ist. Schließlich entgehen viele Organismen der stärksten Strömung dadurch, daß sie unmittelbar in den größeren und kleineren Hohlräumen des Flußschotters und dicht

Bild 71. Die Larve der Eintagsfliege *Epeorus* (etwa 1,2fache Größe)

neben der Stromsohle, im sogenannten „hyporheischen Lebensraum" (ORGHIDAN) Zuflucht suchen. Die methodischen Schwierigkeiten der Untersuchung von Fließgewässern ergeben sich aus diesen verschiedenen Verhaltensweisen der Organismen und aus der Notwendigkeit, alle Strukturteile des Untergrundes zu berücksichtigen.

Die Strömung führt, entsprechend der flußabwärts im Durchschnitt abnehmenden Schubkraft des Wassers, zu einer Sortierung der Flußsedimente nach Korngrößen, und zwar nimmt die Korngröße im allgemeinen flußabwärts ab. Entsprechend dem unterschiedlichen Verhalten der Fließwasserorganismen gegenüber dem Substrat ändern sich flußabwärts auch die Tier- und Pflanzengesellschaften.

Diese biologischen Veränderungen im Fließgewässer werden außer durch die Strömung und die Struktur des Untergrundes auch durch die Wassertemperatur beeinflußt, und zwar kommt es besonders auf die Extremwerte an. Die Jahresamplitude der Temperatur nimmt von der Quelle flußabwärts zu; dies gilt grundsätzlich auch für den Tagesgang der Temperatur, doch ist er auch von lokalen Verhältnissen, wie Beschattung oder Zufluß von kühlerem Wasser, abhängig. Viele Organismen vertragen die hohen Sommertemperaturen der unteren Flußabschnitte nicht, während andere gegenüber der Temperatur toleranter sind. Diese Andeutungen mögen erkennen lassen, daß die Kenntnis der Temperaturverhältnisse in Fließgewässern eine Voraussetzung für das Verständnis ihrer Besiedlung ist; dabei liegt besonders viel an der Ermittlung der Temperaturamplitude während eines längeren Zeitraumes.

Den Einfluß von Wasserbewegung, Untergrund und Temperatur auf die Zusammensetzung der Lebensgemeinschaften im Fluß haben erstmals THIENEMANN (1912) und STEINMANN (1907) genau erkannt. Schon vor mehr als 60 Jahren teilten die Fischereibiologen die Fließgewässer je nach den charakteristischen Fischen von der Quelle abwärts in 3 Regionen ein: die oberste ist die Salmonidenregion mit Forelle und Äsche, dann folgt die Barbenregion mit der Barbe und schließlich die Bleiregion mit dem Brachsen als Charakterfisch. Daß diese Fische in so unterschiedlichen Flußregionen leben, hängt mit ihrer verschiedenen Temperaturtoleranz und vor allem mit ihren Fortpflanzungsgewohnheiten zusammen. Besonders in den letzten 10 Jahren hat die biologische Forschung über die Fische hinaus eine allgemeine Zonierung der Lebensgemeinschaften in Fließgewässern festgestellt. Daher nennt man heute den oberen, gebirgigen Abschnitt eines Flusses allgemeiner Rhitron (statt Salmonidenregion), den unteren Lauf in der Ebene Potamon (ILLIES 1961).

Allgemeines zur Methodik: Verfolgt man die Änderungen von Temperatur, Gefälle und Struktur des Untergrundes von der Quelle an flußabwärts, so stellt man fest, daß die Lebensbedingungen sich zunächst sehr rasch ändern, dann aber über immer ausgedehntere Flußabschnitte gleich bleiben. Entsprechend vollzieht sich auch der Faunenwechsel in immer größeren Flußstrecken. Für eine genaue Untersuchung des Fließgewässers bedeutet das aber, daß die Untersuchungsstellen im Oberlauf und besonders in der Nähe der Quelle dichter gelegt werden müssen als weiter flußabwärts. Da es gerade auch im Bach und Fluß sehr genau auf die Kenntnis der Lebensbedingungen ankommt, gehört zu jeder biologischen Untersuchung auch die Bestimmung der Temperatur, die Analyse des Untergrundes nach Gesteinsart und Korngröße, die Bestimmung der Strömungsgeschwindigkeit sowie die Ermittlung der chemischen Daten. Diese Untersuchungsmethoden sind auf S. 20 ff. beschrieben. Für die biologische Analyse muß man sich darüber klar sein, ob eine qualitative Untersuchung ausreicht oder ob eine quantitative erforderlich ist, was von der jeweiligen Fragestellung abhängt. Die quantitative Methodik ist immer noch sehr unbefriedigend. In jedem Fall muß das unterschiedliche Verhalten der Organismen gegenüber dem Untergrund berücksichtigt werden.

I. UNTERSUCHUNG DER PFLANZLICHEN BESIEDLUNG

Es kommen Algen: Diatomeen, Blau- und Grünalgen, Bakterien und Pilze, Moose und höhere Wasserpflanzen, die wiederum Substrat für niedere Pflanzen sein können, in Frage.

Das qualitative Sammeln der Phanerogamen und Moose ist sehr einfach: bei kleinen Gewässern kann man sie meist direkt von Steinen und aus dem Boden nehmen. In tieferen Gewässern muß mit einer Dredge und dem Pflanzenhaken gearbeitet werden (vgl. stehende Gewässer, S. 86 ff.).

Um die Algen, die auf den Pflanzenstengeln und Blättern sowie in den Pflanzenpolstern leben, zu gewinnen, genügt es für die qualitative Arbeit, die Pflanzenpolster auszudrücken und anschließend auszuwaschen.

Bakterien *(Sphaerotilus)* und Pilze *(Fusaria* und einige andere) kommen nur in verschmutzten Gewässern vor und lassen sich von Steinen und höheren Pflanzen leicht mit dem Messer abschaben. Schwieriger ist die Gewinnung von Algen auf Steinen. Fädige Formen, wie z. B. die Grünalgen *Ulothrix, Vaucheria, Stigeoclonium* u. a., können leicht von Steinen abgeschabt werden. Dagegen bilden viele Diatomeen, Blau- und Grünalgen, auch die leuchtend rote *Hildenbrandia,* ganz dünne Überzüge auf überströmten Steinen (epilithisch). Diese Formen kann man nur erhalten, indem man die Steine kräftig abbürstet oder mit einem Messer abschabt. Für genaue Untersuchungen muß man die verschiedenen Flächen der Steine getrennt behandeln, wobei auf ihre Lage zur Strömung zu achten ist. Die gewonnenen Proben werden in Glasröhrchen oder kleine Weithalsflaschen gefüllt und am besten gleich mit 4%iger Formalinlösung oder PFEIFFERs Gemisch fixiert (vgl. Anhang 1).

Quantitative Entnahme: Quantitatives Arbeiten ist methodisch schwierig, weil die Proben nunmehr auf eine Volumen- oder Flächeneinheit bezogen werden müssen. Bei Moosen und höheren Wasserpflanzen kann man das Bewuchsareal direkt ausmessen, doch ist bei der Bestimmung der Biomasse zu beachten, daß die flutenden Pflanzen, wie *Fontinalis, Callitriche, Ranunculus, Glyceria* u. a., eine geringe Bewuchsfläche, aber im Verhältnis dazu eine große Vegetationsmasse haben. Die Angaben werden in g Frischgewicht oder Trockengewicht, bezogen auf eine Flächeneinheit, z. B. 1 m^2, gemacht (vgl. S. 93).

Sphaerotilus sowie den Pilz *Fusaria* kann man leicht von einer willkürlich gewählten Fläche eines Steines abschaben, z. B. von 10 cm^2. Die so gewonnenen Mengen werden wieder in g Frischgewicht und g Trockengewicht angegeben, wobei zu bedenken ist, daß die Bestimmung des Frischgewichts wegen des anhaftenden Wassers ungenau ist. Fadenalgen können wie Bakterien, Pilze und Moose behandelt werden.

Methode von DOUGLAS: Für epilithische Algenbiocönosen hat BARBARA DOUGLAS

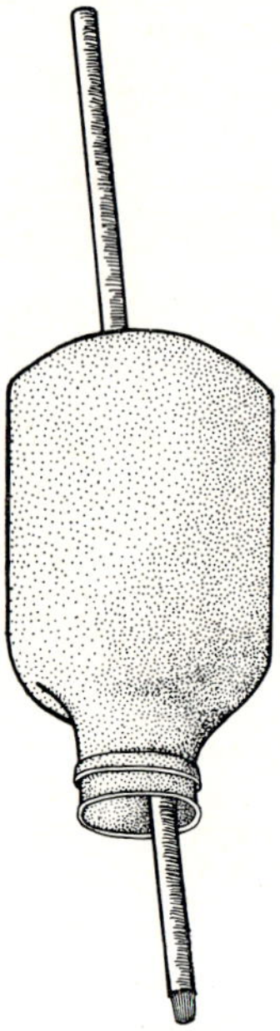

Bild 72. Methode von DOUGLAS zur Gewinnung epilithischer Algen (aus DOUGLAS 1958, umgezeichnet)

(1958) die folgende Methode beschrieben (Bild 72). Sie nimmt einen Stahlstab, der an einem Ende etwa 5 mm tief ausgehöhlt ist und kittet in diese Höhlung Nylonborsten ein. Der Kitt besteht aus 2 Teilen Harz, die in 1 Teil heißem Rhizinusöl gelöst werden. Drahtborsten sind ungeeignet, weil sie zuviel vom Stein abschaben. Die Nylonborsten sollen 0,5 mm dick und 3—6 mm lang sein; längere Borsten biegen um, kürzere gelangen nicht in alle Unebenheiten des Steines hinein. Die Fläche, die quantitativ abgebürstet wird, wird durch die Halsöffnung einer Polyäthylenflasche von 50 ml markiert, deren Boden herausgeschnitten wurde. Wie in Bild 73 dargestellt, wird die Fläche der Halsöffnung (etwa 2,5 cm^2) auf dem Stein freigebürstet, die Algen werden mit einer feinen Pipette aufgenommen und in eine Sammelflasche gegeben, und zum Schluß werden die Polyäthylenflasche sowie die Bürste sorgfältig gewaschen und das Waschwasser ebenfalls in die Sammelflasche gegeben. Derartige Proben nimmt man von mehreren gleichartigen Substraten, addiert die Probenflächen und erhält so eine repräsentative Probe, bezogen auf das gesamte untersuchte Areal. Nach diesen Angaben von DOUGLAS ist das einfache Gerät leicht herzustellen.

Methode von MARGALEFF: Eine andere, sehr interessante Methode hat MARGALEFF (1949, 1949 a) angegeben. Er entnimmt dem Fließgewässer kleine Steine oder schlägt von Felsen kleine Stücke ab, fixiert sie in 4⁰/₀iger Formalinlösung und färbt mit Hämatoxylin nach DELAFIELD. Dann Auswaschen in destilliertem Wasser und anschließend durch die Alkoholreihe; zum Schluß in ein Gemisch Alkohol abs. und Äther. Für diesen Prozeß ist etwa ein halber Tag Zeit erforderlich. Die Steine werden jetzt aus der Lösung genommen, dürfen aber nicht getrocknet werden, sondern müssen mit einer Lösung von Kollodium in Alkohol/Äther betropft werden. Trocknen lassen, dann den Kollodiumfilm in Stücken ablösen und auf Objektträger geben. Bei gut entwässertem Material kann sofort in Kanadabalsam eingeschlossen werden. Diese Methode hat gegenüber der von DOUGLAS den Vorzug, daß die natürliche Lage der Algen erhalten bleibt.

Es sei hier auch auf die Untersuchungsmethoden von KANN und GOLUBIČ verwiesen, die auf S. 81 ff. besprochen worden sind.

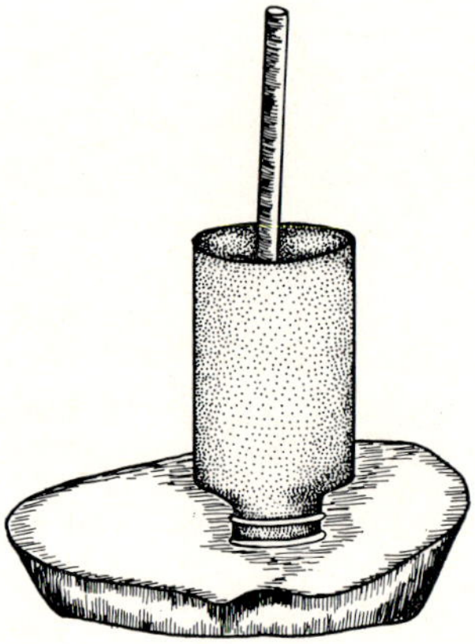

Bild 73. Methode von DOUGLAS zur Gewinnung epilithischer Algen (aus DOUGLAS 1958, umgezeichnet)

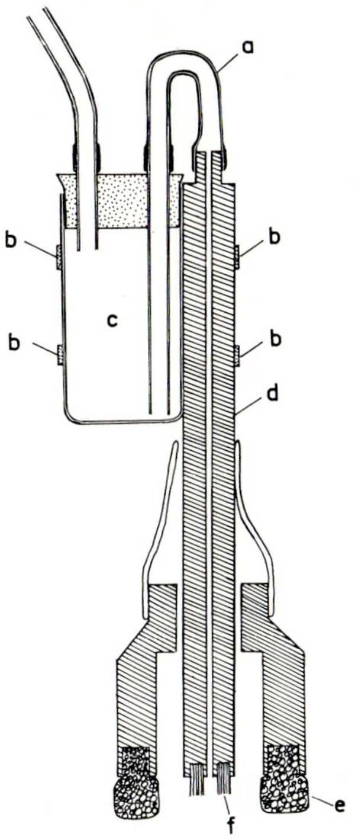

Bild 74. Methode von DOUGLAS zur Gewinnung epilithischer Algen unter Wasser. Die Algen werden mit den Nylonborsten f, die am durchbohrten Stahlstab d befestigt sind, abgekratzt und durch das Glasrohr a in das Sammelgefäß c gesaugt. Dieses ist mit Gummibändern b am Stahlstift befestigt. Die Gummilasche e verhindert, daß die Algen unter Wasser fortgespült werden (aus DOUGLAS 1958, umgezeichnet).

Methode nach B. DOUGLAS *für Algen auf festem Fels unter Wasser:* Modifikation der oben genannten Methode der gleichen Autorin, nur müssen die abgebürsteten Algen vor dem Fortgespültwerden geschützt werden. Dies wird erreicht durch eine feste Lasche, die mit einem dichten Gummiring auf dem Fels aufsitzt und so die abzubürstende Fläche schützt. Der Stahlstab ist innen der Länge nach durchbohrt, so daß die abgelösten Algen laufend in ein Sammelgefäß abgesaugt werden können (Bild 74).

Methode von B. DOUGLAS *für das Sammeln von Epiphyten an aquatischen Moosen (und Blütenpflanzen):* Schwierig gestaltet sich auch die Gewinnung der epiphytischen Algen an Wassermoosen und Phanerogamen. Man kann sie erhalten durch Ausdrücken dieser Moospolster und Auffangen des ausfließenden Wassers in einem Sammelgefäß. Dabei bleiben immer noch zahlreiche Organismen auf dem Substrat sitzen, die bei streng quantitativen Analysen berücksichtigt werden müssen. Hier hat DOUGLAS folgende Methode angegeben: Die eingesammelten Pflanzen werden in einer flachen Petrischale mit Wasser übergossen und Sand sowie andere Partikel entfernt; das Waschwasser kommt ins Sammelgefäß. Anschließend wird das Volumen der Moose in einem kleinen Meßzylinder durch Bestimmung der Wasserverdrängung ermittelt; auch dieses Wasser kommt ins Sammelgefäß. Die Moose werden dann zerkleinert und in einen Glastrichter mit langem Stutzen gegeben (Bild 75). Im Stutzen des Trichters rotiert ein Glasstab, wobei ein Zwischenraum von 0,5 mm zwischen ihm und der inneren Wand des Trichterstutzens freibleibt. Die zerklei-

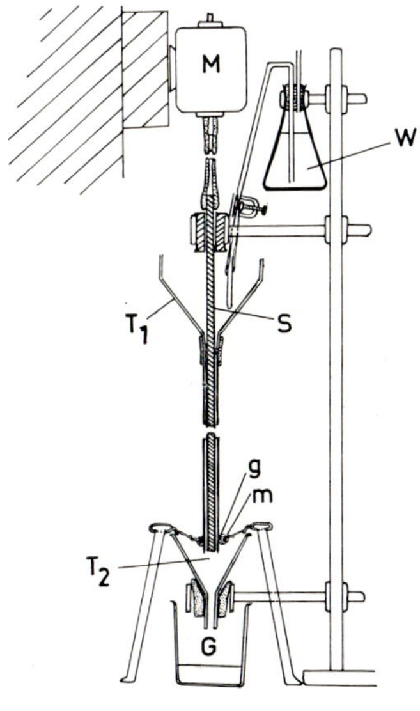

Bild 75. Gerät zum Zerkleinern von Moosen zur Gewinnung der Aufwuchsalgen. Der Elektromotor M dreht den Stift S, der die im Trichter T_1 liegenden Moose (nicht eingezeichnet) durch ein enges Rohr in den Trichter T_2 treibt, wobei sie zerrieben werden. Aus dem Gefäß W wird tropfenweise Wasser in T_1 gegeben, wodurch die zerkleinerten Moose in T_2 und das endgültige Sammelgefäß G gespült werden. g und m sind Gummi- und Drahtbefestigungen (aus DOUGLAS 1958, umgezeichnet).

nerten Moose aus dem Trichter werden auf diese Weise zerrieben. Tropfenweise in den oberen Trichter zugegebenes Wasser spült das Zerreibsel in einen zweiten unteren Trichter, der es in das Sammelgefäß leitet. Der Glasstab kann mit einem Elektromotor gedreht werden. Der obere Teil des Glasstabes, der unmittelbar am Ansatz des Trichterstutzens läuft, muß nach Art einer Schneckenschraube schräg eingekerbt sein, so daß die Moose nach unten getrieben werden.
Das Auszählen der Zellen kann auf die gleiche Weise wie beim Plankton geschehen (vgl. S. 66).

II. UNTERSUCHUNG DER TIERISCHEN BESIEDLUNG

Die tierischen Bewohner der Fließgewässer verhalten sich gegenüber dem Substrat sehr verschieden. Sie leben selten auf der Oberseite von überströmten Steinen (Bild 71, 76 und 77), meist suchen sie strömungsgeschützte Nischen, Moospolster, die Unterseite der Steine oder das hyporheische Lückensystem auf. Die Schwierigkeit bei der Untersuchung von Fließgewässern liegt zum großen Teil darin, die Tiere in allen ihren „Refugien“ und nicht etwa nur eine Auslese zu erfassen.
Kleinere Fließgewässer werden immer von unten flußaufwärts untersucht. Auf diese Weise ist vorgesorgt, daß Organismen, die bei der Probenentnahme abgeschwemmt werden, nicht an einer anderen Untersuchungsstelle registriert werden, wo sie nicht hingehören.

1. Die Besiedlung der Pflanzenpolster

Pflanzenpolster bieten Strömungsschutz und wirken wie Filter im Strom. In ihnen leben daher viele nicht ausgesprochen strömungsliebende Organismen, die sich von dem aufgefangenen Detritus ernähren. Will man sich über den Organismengehalt ein Bild machen, so ist es am besten, einige Pflanzenpolster in der THIENEMANNschen

Bild 76. Die reophile Schnecke *Ancylus fluviatilis* von oben (untere Reihe) und von der Seite (obere Reihe). Die Strömung kommt von links.

Bild 77. Die Puppen der Trichopteren *Agapetus* sitzen in ihrem Gehäuse fest auf dem überströmten Stein.

Bild 78. Zusammengesetztes Handnetz nach THIENEMANN; das rechte Sieb wird in das linke Netz gesetzt.

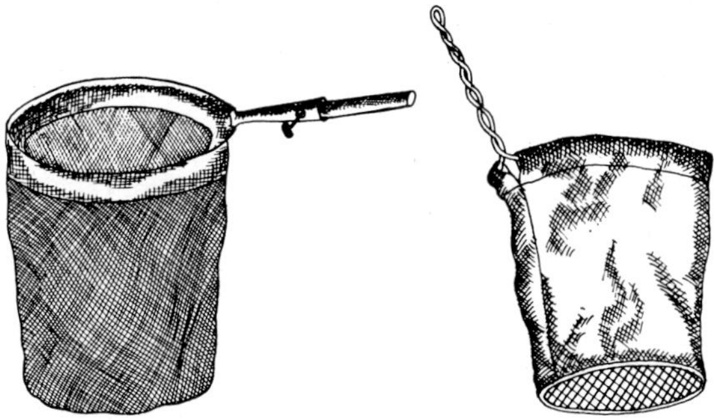

Netzkombination gründlich auszuwaschen. Die Kombination besteht aus 2 Netzen: einem größeren Handnetz aus Nylongaze und Leinen (Bild 78), in das ein etwas kleineres, grobes Metallsieb eingesetzt wird. In diesem Sieb werden die Pflanzen ausgewaschen. Die kleineren Organismen und der Detritus gelangen dabei in das Gazenetz, während die Pflanzen zusammen mit den größten Organismen im Sieb zurückbleiben; diese Organismen können anschließend leicht aus den Pflanzenbüscheln herausgelesen werden.

Die von Detritus und Organismen befreiten Pflanzen werden gewogen, jedoch ohne anhaftendes Wasser. Dazu werden sie vorher in Filtrierpapier abgetrocknet.

Die Organismen werden in einer flachen Schale aus dem Detritus ausgelesen, die kleinsten unter dem Binokular gezählt. Da der Detritus die Ernährungsgrundlage für die ganze Lebensgemeinschaft ist, muß seine Menge möglichst genau ermittelt werden. Zunächst wird das Naßvolumen (ohne überstehendes Wasser im graduierten Zylinder) bestimmt. Darauf wird der Detritus für 24 Stunden bei etwa 80° C getrocknet und anschließend sein Gewicht bestimmt. Zuletzt wird die Trockensubstanz verascht und der Rückstand gewogen: dies sind die mineralischen Bestandteile, die natürlich einen großen Anteil ausmachen, da auch Sand und Gesteinstrümmer von den Pflanzen festgehalten werden. Die Differenz zwischen Trocken- und Aschengewicht gibt die Menge der organischen, d. h. für die Organismen verwertbaren, Bestandteile an.

Als Bezugseinheit für die quantitative Auswertung kann auch das Pflanzenvolumen angegeben werden. Dieses Volumen kann durch möglichst lückenloses Einfüllen der Pflanzen in einen graduierten Zylinder ermittelt werden, aber es ist klar, daß dabei gerade die Lückenräume, in denen die Organismen leben, unbeachtet bleiben. Zweckmäßig stellt man sich für jede in Frage kommende Pflanzenart eine „Eichkurve“ der Beziehung zwischen Gewicht und Volumen auf, indem man zunächst für jedes Frischgewicht das zugehörige Volumen bestimmt und aus den Meßwerten eine Kurve konstruiert, die auch alle Zwischenwerte enthält, so daß man später nur Gewichtsbestimmungen durchzuführen hat.

Es ist nicht möglich, die wirkliche Substratoberfläche der Pflanzen zu ermitteln, obwohl ein derartiger Versuch gemacht worden ist. Der Bezug auf Pflanzengewicht und -volumen oder, als dritte Möglichkeit, auf Besiedlungsfläche im Gewässer, ist nur eine Annäherungslösung.

2. Die Besiedlung der Steine

Die Tiere sitzen entweder fest auf den Steinen, wie die Larven und Puppen der Mücken *Liponeura* und *Simulium* sowie einige gehäusebauende Köcherfliegenlarven und -puppen (Bild 77), oder sie halten sich an der Unterseite der Steine auf und laufen rasch fort, sobald man den Stein aus dem Wasser hebt und umdreht. Die Tiere suchen wieder die Unterseite des Steines zu erreichen und fallen dabei leicht ins Wasser zurück. Hierher gehören besonders einige abgeplattete Eintagsfliegenlarven der Gattungen *Epeorus, Ecdyonurus, Rhitrogena* und *Heptagenia* (Bild 71).

Die Steine, die in kleinen Gebirgsbächen und seichten Flüssen unmittelbar mit der Hand aufgenommen werden, müssen sofort in einem kleinen Handnetz abgespült werden, damit die beweglichen Tiere nicht ins Wasser zurückfallen. Dann erst werden die festsitzenden mit der Pinzette vorsichtig abgelöst.

Kommt es nicht darauf an, die Tiere lebend zu untersuchen oder längere Zeit lebend zu halten, dann sollte sofort die ganze Sammelprobe fixiert und konserviert werden. Sollen die Tiere dagegen lebend transportiert werden, dann werden sie in temperaturisolierten DEWAR-Gefäßen mit nur sehr wenig Wasser und reichlich Moos verpackt und so rasch wie möglich ins Labor gebracht, wo sie in flache, gut durchlüftete und gekühlte Schalen überführt werden.

Will man die Besiedlung der Steine quantitativ angeben, so bezieht man die Besiedlung wieder auf die Steinoberfläche, wie bereits bei der Besprechung der Brandungsufer in Seen angegeben, und wählt den Weg, den SCHRÄDER (1932) vorgeschlagen hat. Die größte Breite und Länge der größten Fläche des Steines werden miteinander multipliziert und als besiedelte Steinoberfläche gewertet; die größte Projektion des Steines ist also seine Besiedlungsfläche. Dabei ist jedoch zu bedenken, daß die Lage des Steines zur Strömung für seine Besiedlung ausschlaggebend ist. Im Durchschnitt gilt aber wohl, daß aus hydrodynamischen Gründen die kleinste Projektion eines Steines der Strömung direkt entgegen steht und besiedlungsfeindlich ist; die Methode von SCHRÄDER liefert somit annähernd richtige Werte. In jedem Fall sollte man die Lage der einzelnen Organismen auf dem Stein und zur Strömung beachten und notieren: daraus, und nicht aus statistischen Berechnungen, ergeben sich die interessantesten Probleme. So ist ja schon die Ober- und Unterseite der Steine ganz verschieden besiedelt, was bei der statistischen Berechnung nicht mehr zum Ausdruck kommt.

Die Besiedlung der Steinfläche wird zuletzt in Besiedlung je m^2 umgerechnet; ein Beispiel möge dies erläutern. Ein Stein hat die Größe $20 \times 15 \times 7$ cm; seine größte Projektion ist dann $20 \times 15 = 300$ cm^2; auf dem ganzen Stein lebten 257 Organismen, die Besiedlungsdichte pro m^2 ist demnach 8567; derartige Angaben können miteinander verglichen werden. Für produktionsbiologische Untersuchungen ist es natürlich richtiger, das Gewicht der Organismen pro Besiedlungseinheit anzugeben. Bei der oben angegebenen Berechnung begnügt man sich natürlich nicht mit der Untersuchung nur eines Steines, sondern berücksichtigt, je nach Größe, 10—20 Steine, so daß die Unterschiede in der Besiedlung ungefähr ausgeglichen werden.

Stellt man fest, wieviel Steine auf einer Einheitsfläche des Gewässerbodens liegen und bestimmt nach der beschriebenen Methode deren Besiedlung, so kann man die Besiedlung der Steine in Bodenfläche angeben (ALM 1919).

DITTMAR (1955) bezieht dagegen nicht direkt auf die Bodenfläche, sondern berücksichtigt das Volumen des besiedelten Substrates und kommt für die verschiedenen Substratqualitäten zu Besiedlungseinheiten. Zur Ermittlung der Steinbesiedlungseinheit wird das Volumen aller auf 1 m^2 liegenden Steine ermittelt, ein Wert, der

ziemlich konstant sein soll. Von einem Teil der Steine werden die Organismen abgesammelt, ihre Anzahl wird dann auf das gesamte Steinvolumen umgerechnet und als Besiedlung pro m² angegeben. Sind also von einem Steinvolumen von 3,2 l 1070 Organismen abgesammelt worden, ist aber in 1 m² Bodenfläche insgesamt ein Steinvolumen von 12,5 l vorhanden, so ergibt sich eine Steinbesiedlungseinheit (STBE) von 4180 Organismen/m².
Es sei hier daran erinnert, daß auch EHRENBERG (1957) in der Brandungszone der Seen mit Steinvolumina gearbeitet hat. REDEKE (1923), GEJSKES (1935) und BELING (1949) berechneten dagegen die wirkliche Oberfläche der Steine mit Zirkel und Meßband und gaben für jede Tierart die Besiedlungsdichte je Oberflächeneinheit an.
In größeren Fließgewässern ist die Aufnahme von Steinen schwierig; wenn sie nicht sehr tief sind, gelingt es mit dem Pfahlkratzer, sonst bleibt nur die Dredge, wobei die Steine dann aber zusammen mit anderen Sedimenten entnommen und nicht mehr für sich untersucht werden können.

3. Die Besiedlung des feineren Sediments

Die Organismen, die auf Kies-, Sand- und Schlammböden leben, sind qualitativ wie quantitativ schwierig zu erfassen. Die meisten Methoden, die für kleinere Fließgewässer ausgearbeitet worden sind, arbeiten in der Weise, daß der Bodengrund aufgewirbelt wird und die spezifisch leichteren Organismen mit der Strömung in ein bereitgestelltes Netz gespült werden, ehe sie wieder zu Boden sinken. Andere Methoden, die „shovel-sampler“, sammeln das Sediment selbst, das anschließend geschlämmt werden muß. Zur Untersuchung des Sediments größerer Fließgewässer müssen der Bodengreifer und die Dredge eingesetzt werden, die aber keine quantitativ befriedigenden Ergebnisse liefern. Für die Untersuchung des hyporheischen Lebensraums, also der Lebensgemeinschaft zwischen den Sedimentteilchen, sind eigene Methoden ausgearbeitet worden.

Flotationsverfahren

Für einfache, qualitative Untersuchungen stellt man unterhalb der Untersuchungsstelle ein Netz aus grober Planktongaze und mit viereckiger Öffnung mit möglichst gutem Bodenschluß in den Strom. Bei der Wahl der Maschenweite ist ein Kompromiß zu schließen: ist sie sehr gering, so verstopft das Netz bald, und die Strömung treibt die Organismen wieder heraus; ist sie größer, so gehen die kleinsten Organismen, wie Wassermilben, Muschelkrebse, Copepoden u. a. hindurch, und der Fang ist qualitativ und quantitativ nicht mehr repräsentativ. Man wird auf die kleinsten Organismen verzichten und nicht unter eine Maschenweite von 0,5 mm gehen.
Sollen die Steine getrennt auf ihre Besiedlung hin untersucht werden, so behandelt man sie, wie es oben beschrieben wurde. Dann erst wird unmittelbar vor dem Netz der Untergrund aufgewühlt, so daß die aufgewirbelten Organismen von der Wasserströmung ins Netz gespült werden. Über die Fehlerquellen der Flotationsverfahren vgl. S. 123 ff. Nach dieser Methode hat ILLIES (1952) z. B. die Besiedlung der Mölle untersucht.

Ist das Sediment besonders schlammig, so kann man es in einem engmaschigen Sieb (vgl. Profundal, S. 104) von den feineren Schlammpartikeln befreien und die Organismen aus dem Siebrest auslesen.
Die angeführten, einfachen Methoden arbeiten natürlich nicht streng quantitativ; dazu sind einige Sicherheitsmaßnahmen notwendig, die im folgenden beschrieben werden. Man muß sich aber darüber im klaren sein, daß es voll befriedigende quantitative Methoden in der biologischen Fließwasserforschung überhaupt noch nicht gibt. Hierzu schreibt PLESKOT: „Über die Unzulänglichkeit der ‚quantitativen Methoden' für das Aufsammeln auf steinigem Boden wird ja überall Klage geführt, und es ist dafür noch keine Abhilfe gefunden. Es wäre nicht nur müßig zu hoffen, daß es einem gelingen könnte, aller Organismen des besammelten Areals habhaft zu werden, sondern es kann auch kein Zweifel darüber bestehen, daß man weder von Fang zu Fang noch von Art zu Art immer wieder denselben Prozentsatz der tatsächlich vorhandenen Tiere erbeutet." Diese Unzulänglichkeit der Methoden ist ein notwendiges Übel, über das man sich nicht hinwegtäuschen darf. MACAN (1958) hat die Methoden zusammengestellt, und ALBRECHT (1959) hat sie kritisch miteinander verglichen. Zunächst sollen einige „quantitative" Methoden beschrieben werden, die nach dem Flotationsverfahren arbeiten.

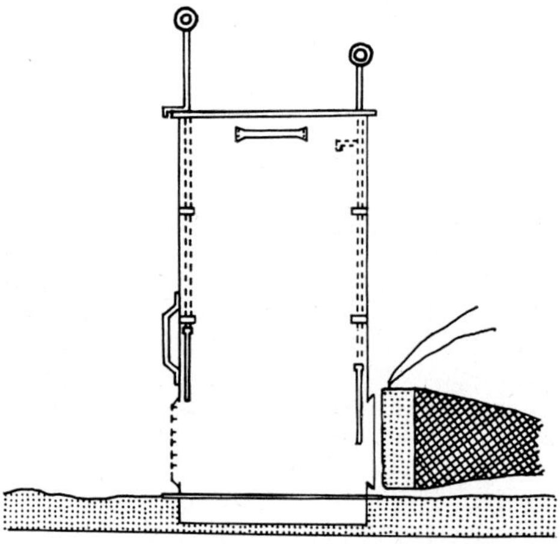

Bild 79. Fang-Zylinder von NEIL (aus MACAN, umgezeichnet)

In flachen Fließgewässern arbeitet der Sampling cylinder nach NEIL (1937) sehr gut (Bild 79). Es handelt sich um einen oben und unten offenen Zylinder aus Eisenblech (weniger gut, aber doch brauchbar ist ein viereckiger Kasten), dessen unterer Rand verstärkt und abgeschärft ist, damit sich der Zylinder gut in den Untergrund eindrücken läßt. An dem Kasten sollten 2 Handgriffe angebracht sein, damit man das Gerät durch Drehbewegungen leichter in den Grund einbohren kann. Durch die Bodenfläche des Zylinders ist das zu untersuchende Areal abgegrenzt. Wenige cm über dem Boden hat der Zylinder zwei Öffnungen von 15×15 cm Größe, von denen die vordere Öffnung, durch die also das Wasser einströmt, mit einem groben Maschengitter, die hintere mit einem feinen Netz versehen ist. Beide Öffnungen können von oben her mit einem Schieber verschlossen werden.
Die Arbeitsweise ist folgende: nachdem das Gerät im Untergrund sitzt, werden bei geschlossenen Schiebern zunächst die Steine von den anhaftenden Tieren befreit und die Pflanzen ausgewaschen; Steine und Pflanzen werden anschließend aus dem Zylinder entfernt. Dann wird das Substrat etwa 5 cm tief aufgegraben, durchgewühlt und kräftig aufgewirbelt. Etwa nach einer halben Minute, nachdem die gröbsten Teile wieder zu Boden gesunken sind, werden die Schieber geöffnet, so daß das

Bild 80. Der square-foot stream bottom sampler (aus MACAN, umgezeichnet)

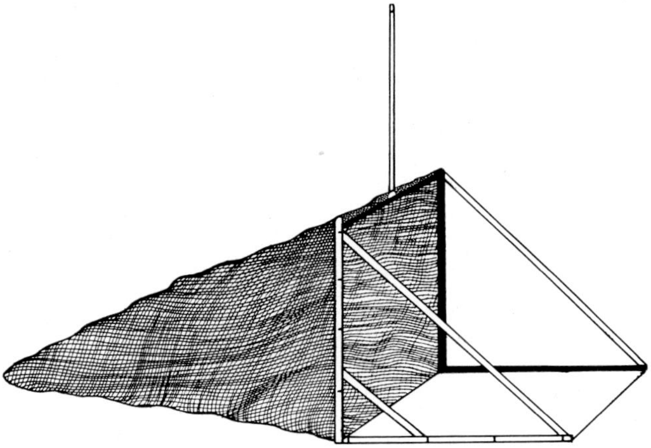

durch den Zylinder strömende Wasser die Organismen ins hintere Netz treibt. Das Aufwühlen des Substrates wird noch zweimal wiederholt, dann sollen die Organismen fast quantitativ im Netz sein.
Nach dieser Methode haben zuerst in primitiver Ausführung NEEDHAM (1872), später GEJSKES (1935) und JONASSON (1948) gearbeitet. NEIL verbesserte dann das Gerät in der angegebenen Weise und führte die vorderen und hinteren Schieber ein. WILDING (1940) verwendet einen etwas anderen Kasten.
In Bächen mit geringer Wassertiefe bewährt sich auch der in den U.S.A. viel verwendete square-foot stream bottom sampler. Ein vertikaler und horizontaler Metallrahmen sind fest miteinander verbunden (Bild 80). An dem vertikalen Rahmen ist ein Gazenetz befestigt sowie eine Stange, mit der der Sampler in die Strömung gehalten werden kann. Bei der Arbeit wird das Gerät gegen die Strömung gehalten und der Untergrund aufgewühlt. Die aufgewirbelten Organismen werden von der Strömung ins Netz getrieben.
Die Bundesanstalt für Wasserbiologie und Abwasserforschung in Wien arbeitet nach dem gleichen Prinzip, verwendet aber einen quadratischen Kasten, der oben und vorne offen und an den Seiten mit Segeltuch bespannt ist (Bild 81). Am hinteren Rahmen ist ein Netz befestigt, das mit festem Tuch geschützt ist. Zwischen dem Kasten und dem Netz ist ein Schieber angebracht. Arbeitsweise wie bei den beschriebenen Methoden.
Fehlerquellen der Flotationsverfahren: Diese Verfahren setzen voraus, daß alle Organismen sich beim Aufwirbeln des Untergrundes vom Substrat loslösen und daß alle die gleiche Chance haben, ins Netz gespült zu werden. Das ist jedoch nicht der Fall.

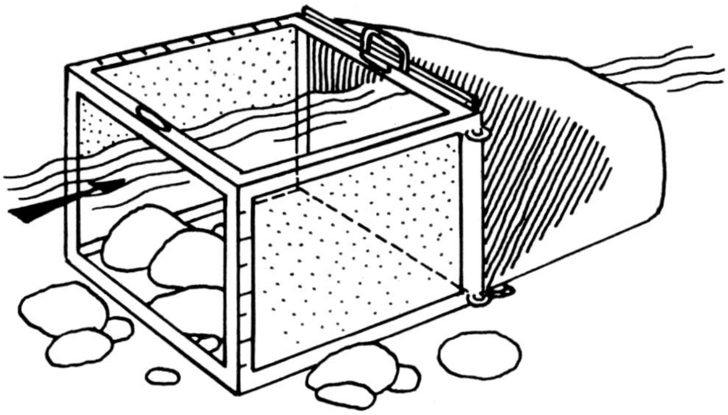

Bild 81. Fanggerät für Fließgewässer der Bundesanstalt Wien-Kaisermühlen (nach SLANINA, umgezeichnet)

Besonders von den kleineren Organismen halten sich viele an schwereren Substratteilchen fest und sinken innerhalb einer halben Minute mit diesen ab. Das gleiche gilt auch für die großen Tiere, die überhaupt schneller zu Boden sinken. Es ist daher gegenüber dem Zylinder von Neil besser, die Wasserströmung ständig wirken zu lassen; dabei muß man einen größeren Anteil von Detritus in Kauf nehmen. — Viele Bachorganismen, besonders die jungen Insektenlarven, leben tiefer als 5 cm im Sediment und werden mit dem Flotationsverfahren nicht mehr erfaßt, wenn man das Substrat nicht bis in eine größere Tiefe aufwirbelt. — Über die Wahl des richtigen Netzes vgl. S. 104; in allen Fällen wird man den erwähnten Kompromiß schließen müssen.

Dredgen- und Schaufelmethoden (shovel-sampler)

Diese Geräte werden gegen die Strömung bewegt und nehmen dabei bis in eine Tiefe von etwa 5 cm das Substrat und die Organismen einer bestimmten Fläche auf. Die Fläche berechnet sich aus der Breite der vorderen Schaufelkante und dem zurückgelegten Weg.

Die Dredge von Usinger und Needham besteht aus einem Eisenrahmen, der 45 cm lang, 12,5 cm hoch und 7,5 cm breit ist (Bild 82). An seiner Vorderseite sind eng nebeneinander gestellte Stangen befestigt, die unten zugespitzt und etwas nach vorn umgebogen sind. Dadurch graben sie sich beim Zug der Dredge in den Untergrund ein und wühlen das Substrat auf, halten aber die größeren Steine zurück. Die Dredge wird mit einer Leine gegen den Strom gezogen, wobei die aufgewirbelten Organismen mit dem feineren Sediment nach hinten in ein Netz gespült werden, das

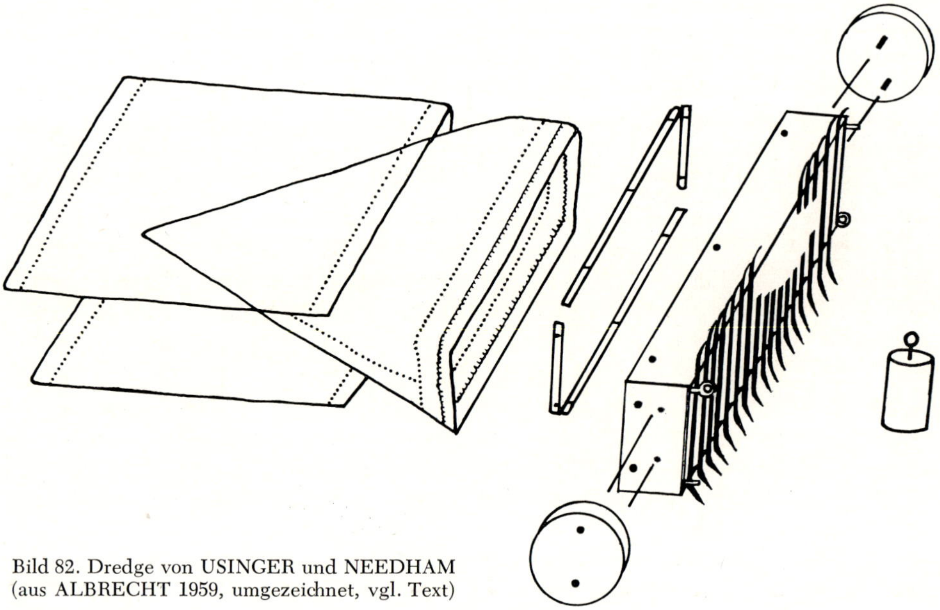

Bild 82. Dredge von USINGER und NEEDHAM (aus ALBRECHT 1959, umgezeichnet, vgl. Text)

Bild 83. Der shovel-sampler von ALLEN und MACAN (aus MACAN, umgezeichnet)

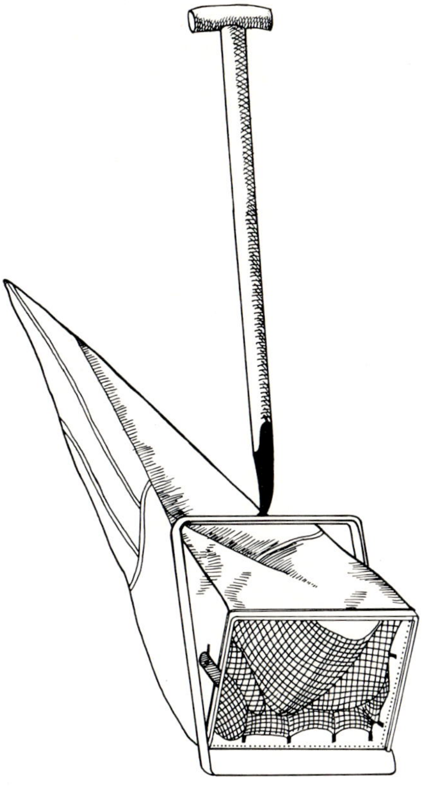

an der Rückseite des Rahmens befestigt ist. Weitere Einzelheiten sind aus dem Bild zu ersehen.

Die Dredge hat den Vorzug, daß sie auch in tieferen Flüssen vom Boot oder einer Brücke aus eingesetzt werden kann. Man versenkt sie auf die Flußsohle und zieht sie eine kurze Strecke stromauf. Aus der Länge der vorderen Kante, 45 cm, und der gezogenen Strecke ergibt sich die abgesammelte Substratfläche.

Der shovel sampler von ALLEN und MACAN wird dagegen wie eine Schaufel an einem Stiel nach vorn durch den Untergrund gedrückt und sammelt dabei Sediment in zwei Netze, die in den Metallrahmen der Schaufel eingesetzt sind (Bild 83). Ein grobmaschiges Netz hält die groben Substratteile zurück und ein feinmaschiges nimmt das feine Sediment und die Organismen auf; dieses Netz ist aus Drahtgewebe hergestellt. Der Metallrahmen ist an seiner Vorderkante angeschärft und das Ganze durch Seitenverstrebungen noch verfestigt. Ein Aufsatz aus Metallgaze, der ebenso hoch ist wie die Schaufel breit, verhindert, daß die Organismen von der Strömung über die Schaufel hinweggetrieben werden. Das Gerät ist 22,5 cm breit und nimmt eine 5 cm dicke Sedimentschicht auf. Der Sampler kann natürlich breiter gebaut werden, ist dann aber schwieriger zu handhaben. Einen ähnlichen Sampler hat ALLEN (1940) konstruiert.

DITTMAR (1955) hat nach dem gleichen Prinzip die Bachgrundschaufel gebaut und mit diesem Gerät den Aabach im Sauerland genauer untersucht. Nach seiner Beschreibung (Bild 84) besteht die Schaufel „aus einem mit feiner Gaze (Bronzegaze mit einer Maschenweite von 0,1 mm) bespannten, schaufelartigen Kasten von 30 cm Länge und 30 cm Breite, dessen Vorderkante abgeschrägt und durch ein starkes Blech verfestigt wurde. Die obere Öffnung ist halb mit der gleichen Gaze bespannt, die Hinterwand enthält eine Öffnung und eine Anbringevorrichtung für den Auffangbehälter. Letzterer besteht aus einer Aluminium- oder Weißblechdose mit Deckel. Aus dieser wurde der Boden entfernt und die Bodenseite auf den Verschlußansatz aufschraubbar gemacht, in den Deckel ein großes Loch geschnitten (fast bis zum Rand) und dann in diese die oben angegebene Gaze eingelötet. Hat man mehrere Deckel mit verschiedenen Maschenweiten, so kann man eine Größenauswahl der zu fangenden Organismen bequem treffen. Vor der Öffnung in der Hinterwand der

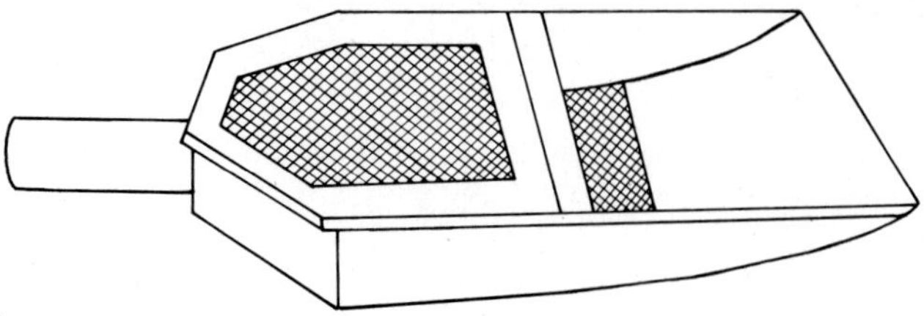

Bild 84. Bachgrundschaufel von DITTMAR

Schaufel wird in zweckmäßiger Weise ein grobes Sieb angebracht, damit Steine, Laub usw. nicht in den Auffangbehälter gelangen können."

„Die Arbeitsweise ist folgende: Das Gerät wird mit beiden Händen erfaßt und mit der scharfen Vorderkante in das zu untersuchende Substrat hineingedrückt und unter Mitnahme aller Steine, Moose und dergleichen nach vorn geschoben, bis die Hinterkante wieder über der Ansatzstelle liegt. Mit einem raschen Ruck nach vorwärts-oben wird das Gerät dann aus dem Wasser gehoben, in ruhigem Wasser leicht geschüttelt, bis alle feinen Partikelchen fortgespült sind. Steine werden anschließend abgebürstet und aus dem Gerät entfernt, Schlammpartikelchen sollen fein zerrieben und gespült, Pflanzen vorsichtig zerzupft und ausgewaschen werden. Endlich werden alle Organismen an einer stärker strömenden Stelle durch Aufklatschen auf das Wasser und schnelles Vorwärtsbewegen der Schaufel nach hinten und in den Auffangbehälter gebracht. Zuletzt kann man das Gerät kippen und hochhalten, um so auch die letzten Tiere in die kleine Dose zu spülen."

PERCIVAL und WHITEHEAD (1929) hatten ein ähnliches Gerät entwickelt.

Nachteile und Fehlerquellen: Die beschriebenen shovel-sampler sind in steinigen Fließgewässern kaum zu verwenden, weil jeder etwas größere Stein ihre Bewegung hemmt; das gilt auch für die Bachgrundschaufel von DITTMAR, die ich selbst wiederholt geprüft habe. Die Geräte sind dagegen gut in Fließgewässern mit kiesigem, sandigem oder schlammigem Untergrund zu verwenden. Ein weiterer Nachteil ist, daß sie nur in Bächen mit geringer Wassertiefe einzusetzen sind. Aus der Verwendung von Netzen ergibt sich die schon erörterte Frage nach der günstigsten Maschenweite. Organismen, die tiefer als 5 cm im Sediment leben, also fast die gesamte hyporheische Lebensgemeinschaft, werden nicht mit erfaßt.

Verwendung von Bodengreifern und Dredgen in größeren Flüssen

Um auch aus tieferen Gewässern einigermaßen quantitative Sedimentproben zu erhalten, bedient man sich der Dredgen und Bodengreifer. Die Dredge von USINGER und NEEDHAM wurde schon besprochen, gut ist auch die einfache Dredge von STEINMANN (Bild 51, S. 86).

In größeren Strömen kann man mit dem PETERSEN-Greifer arbeiten, wie es BEHNING in der Wolga getan hat. Der Greifer ist 40 kg schwer und nur mit Hilfe einer Seilwinde von einem größeren Boot aus zu bedienen. Er sticht auf einer Fläche von 0,1 m^2 den Boden 6—10 cm tief aus.

KNÖPP verwendete den EKMAN-BIRGE-GREIFER (vgl. S. 96), befestigte ihn aber statt am Seil an einer Stange aus Messing, die sich bis 5 m verlängern ließ. Auf diese Weise gelingt es, den Greifer auch bei Strömungen bis 1,5 m/sec bis in eine Tiefe von 4,5 m noch senkrecht in den Grund einzubringen. In seichteren Fließgewässern ist das Arbeiten mit dem an Stangen befestigtem Greifer auch bei noch schnellerer

Wasserbewegung möglich, doch dürfte die Festigkeit des Untergrundes seiner Anwendung eine Grenze setzen.

In der unteren Elbe ist der Greifer von VAN VEEN (Bild 59) mit gutem Erfolg eingesetzt worden (z. B. KOTHÉ 1961 und mündliche Mitteilung von Herrn Prof. CASPERS, Hamburg); er sollte auch auf seine Verwendung in Bächen hin geprüft werden.

4. Die hyporheische Fauna

Die Untersuchung der hyporheischen Fauna, also derjenigen Organismen, die in den Lückenräumen zwischen den mineralischen Sedimentkörnern unter der Stromsohle und unmittelbar am Ufer der Fließgewässer in der Mischungszone zwischen Grund- und Flußwasser leben, geschieht nach der Methode von KARAMAN-CHAPPUIS durch Graben am Ufer oder in Flußinseln, durch den Einsatz von perforierten Schlagrohren oder mit Hilfe von exponierten Sandröhren.

Methode von KARAMAN *und* CHAPPIUS: An trockenliegenden Stellen im Fluß (Bild 85 a) oder am Flußufer (Bild 85 b) wird im Sediment eine kleine Grube ausgehoben. Das ausgeworfene Sediment wird in einer Schüssel wiederholt ausgeschlämmt und der Detritus in einem Handnetz mit Gaze 16 gesammelt. In der Grube läuft Wasser zusammen, das aus den angeschnittenen Kanälen und Poren der Grubenwände sickert. Dieses Wasser kann mit feinen Glaspipetten direkt aufgenommen und chemisch untersucht werden. Ist die Grube annähernd mit Wasser gefüllt, so wird sie mit einem Schöpfgefäß von 0,5—1 Liter Inhalt so ausgeschöpft, daß auch der Detritus mit erfaßt wird. Dazu führt man das Gefäß mit der Öffnung

Bild 85 a (links). Hyporheische Grabung in einer Schotterinsel im Bach; vorn Schöpfgefäß und Sieb
Bild 85 b (rechts). Hyporheische Grabung am Bachufer; am oberen Bildrand fließt der Bach.

senkrecht nach unten bis zum Grund der Grube und dreht es dann langsam um; der Sog reißt zusammen mit dem Wasser auch den Detritus ins Gefäß. Die Grube wird bis zum letzten Rest ausgeschöpft. Der Inhalt des Schöpfers wird ebenfalls durch das Handnetz mit Gaze Nr. 16 geschüttet. Am besten wird dem Netz ein grobes Drahtsieb vorgesetzt, damit nicht grober Kies und Steine mit ins Netz gelangen und die Organismen beschädigt werden.

Die Grube wird insgesamt 2—3mal ausgeschöpft. Keineswegs ist es ausreichend, das Grubenwasser mit dem Handnetz auszufischen; dabei werden die Organismen und der Detritus am Boden der Grube nicht vollständig erfaßt, und die Probe liefert eine schlechte Ausbeute.

Untereinander vergleichbare, annähernd quantitative Fänge erhält man, wenn man gleichgroße Gruben anlegt und gleiche Wassermengen schöpft. Mit Gruben von 25×40 cm ($= 0{,}1\ m^2$) Größe und 15 Liter Schöpfwasser sind bei Untersuchungen im Schwarzwald brauchbare Ergebnisse erzielt worden (SCHWOERBEL 1961, 1961 a).

Die detritusreichen Proben werden in flache Schalen mit wenig Wasser gefüllt. Die größeren Organismen werden direkt mit der Pipette ausgefangen, doch müssen die Schalen mehrere Tage hindurch unter Kontrolle gehalten werden. Die kleineren Organismen werden unter dem Binokular aus einer Teilprobe ausgezählt und das Ergebnis auf die Gesamtprobe umgerechnet (vgl. S. 60).

Arbeiten mit perforierten Schlagrohren: Man verwendet Eisen-, besser Messing- oder Stahlrohre von 50 cm Länge und etwa 5 cm innerem Durchmesser. Am unteren Ende sind sie zugespitzt und oberhalb des zugespitzten Teiles auf eine Länge von 10 cm mit Löchern von 5 mm Durchmesser versehen. Die Rohre werden in den Untergrund eingeschlagen und nach einer Expositionszeit von 5—10 Minuten am oberen Ende mit einer Wasserpumpe abgesaugt. Es genügt, jeder Bohrung etwa 20 Liter Wasser zu entnehmen. Das Wasser wird zusammen mit dem Detritus wieder durch das Handnetz gefiltert und die Probe wie oben beschrieben behandelt.

Die Methode hat den Vorzug, daß auch in überströmten Bachabschnitten, in denen ja keine Grabungen angelegt werden können, die hyporheische Fauna untersucht werden kann. Die Proben sind quantitativ jedoch nicht so reich wie diejenigen aus den Grabungen, was vermutlich nicht daran liegt, daß die Besiedlung geringer wäre, sondern wahrscheinlich an der Filterwirkung des Sediments selbst, die beim Ansaugen von Wasser im Sediment zur Wirkung kommt. Bei Verwendung gleicher Rohre und unter Berücksichtigung gleicher Wassermengen sind die Fänge daher nur bedingt untereinander vergleichbar. In jedem Fall ist eine Korngrößenanalyse des Sediments erforderlich; das gilt natürlich auch für Grabungen.

Exposition künstlicher Sandröhren: Die beschriebenen Verfahren dienen der allgemeinen Orientierung über die Besiedlung des hyporheischen Interstitials sowie der Gewinnung von Untersuchungsmaterial. Zur Untersuchung der hyporheischen Biocönosen eignen sich besonders gut mit sterilem Sand gefüllte Röhren (Bild 86), die in beliebiger Lage in das hyporheische Sediment eingegraben werden. Werden diese Röhren zudem mit Sanden verschiedener Korngrößen gefüllt und unterschiedlich lange exponiert, so ergeben sich wichtige Aufschlüsse über die Bedeutung verschiedener Milieufaktoren für die hyporheische Biocönose.

Gut geeignet sind die Titrisolampullen der Fa. MERCK, Darmstadt, von etwa 160 cm^3 Inhalt. Die beiden Enden werden abgeschnitten und die Röhren mit Schraubdeckeln

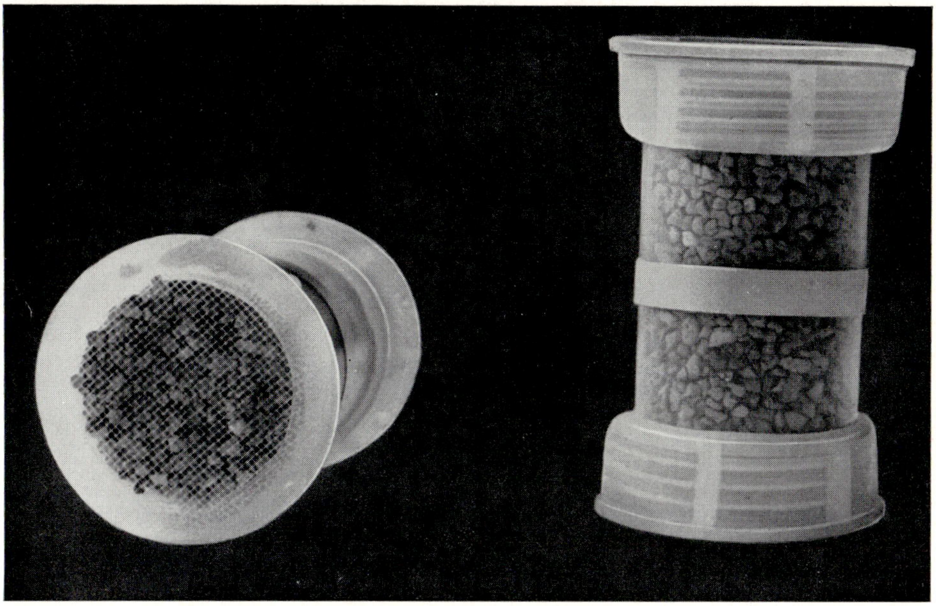

Bild 86. Sandröhren, die in das hyporheische Sediment eingegraben werden (vgl. Text).

von Polyäthylen-Weithalsflaschen verschlossen. Diese Deckel werden ausgeschnitten und mit Nylongaze von 1 mm Maschenweite bespannt; als Klebstoff eignet sich UHU-Plus am besten. Durch die 1 mm weiten Öffnungen der Gaze können die Interstitialbewohner beliebig passieren; natürlich muß für alle Sandfraktionen die gleiche Maschenweite verwendet werden (feinere Sande rieseln nicht heraus, wenn man sie anfeuchtet!). Werden verschiedene Korngrößen exponiert, so markiert man die Röhren am besten mit bunten Klebestreifen, so daß auch in trübem Wasser die richtige Korngröße sofort sicher erkannt und eingeholt werden kann (Bild 86).
Die jeweils eingeholten Röhren werden ausgeleert und vorsichtig ausgeschlämmt. Der Detritus wird in Nylongaze Nr. 25 aufgefangen, in eine unterseits linierte Petrischale gegeben und unter der Stereolupe quantitativ auf Organismen ausgezählt.

III. UNTERSUCHUNG DES PLANKTONS IN FLIESSGEWÄSSERN

Größere Flüsse und Ströme enthalten auch Plankton, das zum Teil aus stehenden Gewässern im Einzugsgebiet des Flusses kommt, teilweise sich aber im Fluß selbst entwickelt. Im Mittelrhein ist der Gehalt an Phytoplankton so groß, daß der Sauerstoffgehalt des Wassers davon deutlich beeinflußt wird (Knöpp 1960).
Zum Fang dieses Planktons bedient man sich der in der Seenforschung üblichen Geräte (Planktonnetze, Wasserschöpfer und Pumpmethoden). Auf die Horizontalwasserschöpfer, die besonders zur Entnahme von Wasserproben aus Fließgewässern konstruiert worden sind, ist bereits hingewiesen worden (s. S. 54).

IV. DIE ERMITTLUNG DER ORGANISMISCHEN DRIFT

Die Organismen der Fließgewässer sind, soweit sie nicht zum Plankton gehören, durch ihren Körperbau und ihre Lebensweise gegen den Abtrieb durch die Strömung geschützt. Es kann natürlich trotzdem vorkommen, daß ein Organismus von der Strömung erfaßt und fortgerissen wird. Erhöhte Gefahr für dieses „Unglück“ besteht bei einer starken Zunahme der Wasserbewegung, also bei Hochwasser und dann, wenn die Tiere ihre stromgeschützten Schlupfwinkel verlassen. Viele Fließwasserorganismen halten sich tagsüber unter Steinen und in Hohlräumen verborgen, wo die Strömung kaum stark genug ist, um sie wegzureißen. Verlassen sie diese Schlupfwinkel des Nachts, so erhöht sich für sie die Gefahr, fortgespült zu werden. Man hat tatsächlich Tag-Nacht-Schwankungen in der Anzahl der abgedrifteten Tiere festgestellt, die so erklärt werden könnten.

Zur Bestimmung der Drift wird ein Planktonnetz, am besten mit viereckiger Öffnung, in den Strom gestellt und befestigt. Es darf weder den Boden berühren noch über die Wasseroberfläche hinausragen. Die Expositionsdauer des Netzes hängt von den jeweiligen Strömungs- und Wasserstandsverhältnissen ab; 0,5—3 Stunden sind Richtzeiten, dann müssen die Netze ausgewechselt werden. Auf diese Weise wird die Drift über 24 Stunden untersucht und dies etwa monatlich durchgeführt. So erhält man ein Bild von den täglichen und jahreszeitlichen Unterschieden der Drift. Bei der Wahl des Netzes ist darauf zu achten, daß nicht zu geringe Maschenweiten verwendet werden. Je geringer die Maschenweite ist, um so kürzer sollte die Expositionszeit sein. Die eingeholten Netze werden ausgewaschen, die Organismen bestimmt, ausgezählt und die Menge an anorganischen (mineralischen) Bestandteilen sowie an organischem Detritus ermittelt. Angabe der Ergebnisse pro Stunde Expositionszeit oder größeren Zeitabschnitten, fortlaufend über 24 Stunden. Die Netze müssen rechtzeitig eingeholt werden, damit sie nicht verstopfen und zu geringe Werte liefern.

V. DER FANG VON FLIESSWASSERINSEKTEN

Die als Larven und Puppen im Gewässer lebenden Insekten halten sich als geflügelte Tiere meist in der Nähe der Bach- und Flußufer auf. Es sind besonders die Steinfliegen (Plecopteren), Eintagsfliegen (Ephemeropteren), Köcherfliegen (Trichopteren) und einige Familien der Zweiflügler (Dipteren). Sie werden mit Fangnetzen von den Pflanzen am Ufer abgestreift und von Steinen, Brückenpfeilern u. ä. abgesammelt. Viele können auch beim Flug erbeutet werden, wobei auf besondere Schwarmperioden zu achten ist. Für die einzelnen Arten sind die Schlüpf- und Flugzeiten verschieden, Tabellen hierüber finden sich in den einschlägigen Werken (vgl. Bestimmungsliteratur). Je nach Höhenlage und geographischer Breite verschiebt sich die Flugperiode auch bei der gleichen Art; daran ist bei der faunistischen Auswertung zu denken.

Die gefangenen Tiere werden nicht getrocknet, sondern in Alkohol aufbewahrt (vgl. Konservierungsmethoden, Anhang I). Sollen sie weiter beobachtet werden, transportiert man sie in weiten Gläsern, die mit kaum angefeuchtetem Fließpapier ausgelegt sind, oder in kleinen Drahtkäfigen ins Labor.

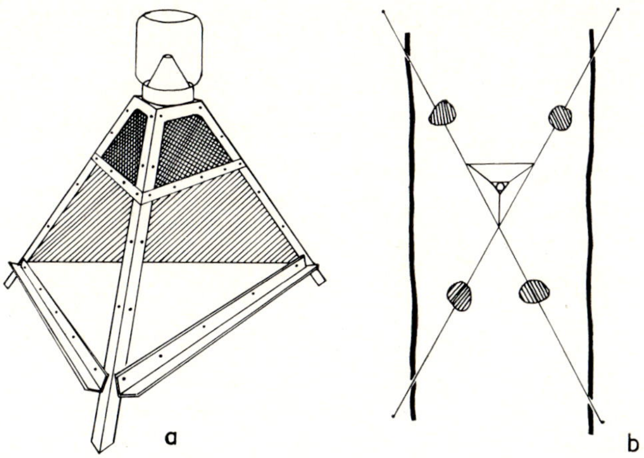

Bild 87. Trichter zum Fang von geschlüpften Insekten im Fließwasser; a der Trichter selbst, b seine Lage und Befestigung im Bach

Bei der quantitativen Untersuchung kommt es darauf an zu erfahren, wieviel Insekten über einem bestimmten Areal des Baches in einer bestimmten Zeit schlüpfen. Dazu hat MUNDIE (1956) besondere Fangtrichter konstruiert. Ein solcher Fangtrichter ist eine dreiseitige Pyramide von 60 cm Kantenlänge. 2 Seiten sind mit etwa 3 mm starkem Plexiglas, die dritte mit Kupferdrahtgewebe (22 Maschen/cm²) abgedeckt. Der Trichter steht auf drei Beinen, die ihn 8 cm über den Grund heben sollen, also etwa 12 cm lang sein müssen. Die Verstrebungen sind aus Winkeleisen, damit das ganze schwer ist und genügend Festigkeit hat. Die Plexiglasbespannung ist an der Spitze durch Nylongaze (22 Maschen/cm²) ersetzt, um das Ansetzen von Kondenswasser zu verhindern (Bild 87 a). Ein Weithalsglas an der Spitze des Trichters nimmt die geschlüpften Insekten auf, ein kleiner, hineinragender Trichter soll verhindern, daß sie wieder hinausgelangen; man kann sich einen solchen kleinen Trichter leicht selbst herstellen.

Der Fangtrichter wird so in den Boden gerammt, daß die beiden mit Plexiglas bespannten Seiten gegen die Strömung gerichtet sind (Bild 87 b); die mit Gaze bespannte Seite weist stromabwärts. Zwischen Untergrund und unterem Trichterrand bleibt etwa 8 cm freier Raum. Die Ecken des Trichters werden mit rostfreiem Draht zunächst an großen Steinen im Bach befestigt und schließlich noch am Ufer verankert (Bild 87 b). Auf diese Weise bleibt der Trichter auch bei Hochwasser an Ort und Stelle. Neuerdings hat MUNDIE (1964) eine verbesserte Methodik beschrieben.

Die während der Expositionszeit geschlüpften Insekten sammeln sich auf der Gaze oder im oberen Gefäß. Es wird für jede Art die Anzahl der pro Flächeneinheit und Zeit geschlüpften Tiere angegeben.

Ein einfacher, mit Nylongaze bespannter Kasten, der in den Bachboden gerammt wird, ist von IDE (1940), SPRULES (1947) sowie GLEDHILL (1960) verwendet worden, um die Schlüpfrate von Bachinsekten zu ermitteln. Der allseits geschlossene Kasten hat eine Tür, durch die die geschlüpften Tiere entnommen werden. Das Gerät hat den großen Nachteil, daß die geschlüpften Tiere nicht, wie bei der Pyramidenfalle von MUNDIE, festgehalten werden, sondern nach einiger Zeit ins Wasser fallen und fortgespült werden; die Kastenfalle muß daher relativ oft kontrolliert werden.

Eine weitere einfache Falle ist von SOMMERMANN, SALLER und ESSELBAUGH (1955) zum Studium der Populationsdynamik von *Simulium* (Kriebelmücken) verwendet worden. Eine Zusammenfassung der Methoden hat MUNDIE (1956) gegeben.

VI. HALBEXPERIMENTELLE METHODEN ZUR ERMITTLUNG DER BESIEDLUNG IN FLIESSGEWÄSSERN

Eine wichtige Ergänzung in der Beurteilung der quantitativen Besiedlung von Fließgewässern bilden diejenigen Methoden, bei denen ein bestimmtes Substrat im Gewässer exponiert und dessen Besiedlung nach einer bestimmten Zeit quantitativ erfaßt wird. Besonders die Algenbesiedlung, deren Studium in Fließgewässern ja besonders schwierig ist, kann durch Exposition derartiger Platten oder Folien leichter untersucht werden. Bei der Interpretation der Ergebnisse ist die Lage des exponierten Substrates, seine mineralische Zusammensetzung und seine Rauhigkeit zu berücksichtigen; alle diese Faktoren können einen Einfluß auf die Besiedlung haben. Für die Untersuchung der Ansiedlung von Tieren ist die Exposition von Steinen nützlich, die natürlich frei von Organismen sein müssen, sowie von Pflanzenbüscheln, für die das gleiche gilt. Bei unterschiedlich langer Expositionszeit kann man die fortschreitende Besiedlung derartiger Substrate untersuchen.

Die entsprechenden Methoden für stehende Gewässer sind auf den Seiten 89—93 ausführlich erörtert worden. SLÁDEČKOVÁ hat in ihrem Sammelreferat auch die Fließgewässer berücksichtigt.

Exposition von Platten und Folien zur Ermittlung der Algenbesiedlung: BACKHAUS (1965) hat sich sehr eingehend mit der Algenbesiedlung künstlich exponierter Substrate in Fließgewässern des Schwarzwaldes und der obersten Donau beschäftigt und interessante Ergebnisse erzielt *. Als bestes Substrat erwiesen sich aufgerauhte Glasplatten und Plastikfolien, doch werden besser nur Plastikfolien benutzt, die beliebig zugeschnitten und unter das Mikroskop gebracht werden können. Die Folien werden am besten auf Ziegelsteinen montiert, die genügend schwer sind und auch bei stärkerer Strömung am Boden liegen bleiben; bei starkem Hochwasser sind jedoch auch sie oft genug abgeschwemmt worden. Bild 88 zeigt, wie die Folien auf den Steinen befestigt werden.

Die Expositionsdauer hängt von der jeweiligen Fragestellung ab. Will man die Besiedlungsfolge feststellen, so wird man mehrere Folien exponieren und alle 2 Tage eine davon untersuchen. Geht es mehr um die Besiedlung im ganzen, also um das Endstadium, so ist nach BACKHAUS eine Exposition von 30 Tagen ausreichend. Die Steine werden eingeholt, die Folien abgelöst und der Bewuchs ausgewertet.

Die über 30 Tage exponierten Folien sind meist mehrschichtig bewachsen. Dies führt zu Schwierigkeiten bei der quantitativen Auswertung, da es unmöglich ist, in den mehrere Millimeter dicken Schichten die Zellen zu erkennen, abzugrenzen oder gar auszuzählen. Zur Bestimmung und Häufigkeitsschätzung der Arten müssen daher nach und nach einzelne Lagen der Bewuchsschicht, vorwiegend Diatomeen, Metaphyton ** und Detritus mit einem Borstenpinsel abgekratzt oder mit einem scharfen

---

* Herrn Dr. BACKHAUS danke ich für seine Erlaubnis, die methodischen Ergebnisse hier vorwegnehmen zu dürfen.

** Metaphyton sind nach BEHRE 1956, 1958, die Gruppe der freilebenden Algen (Einzeller und Zellkolonien), „die zwischen den Algen des Bewuchses, zwischen Blättern der Unterwasserpflanzen und in den frei schwebenden Watten der Fadenalgen sich umhertreiben, ohne hier festgewachsen zu sein, aber auch ohne im besonderen Maße als Plankter ins freie Wasser zu gehen".

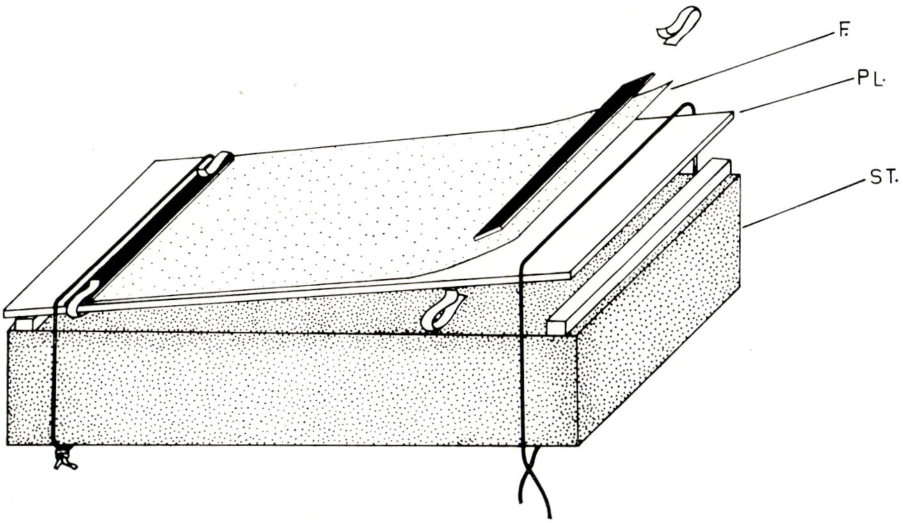

Bild 88. Befestigung der Plastikfolien auf Ziegelsteinen (nach BACKHAUS). F = Folie, Pl = Trägerplatte (z. B. Eternit) und St = Ziegelstein

Skalpell abgeschabt und gesondert untersucht werden. Zuletzt bleiben bei diesem Verfahren die echten Aufwuchsformen übrig, die dann für sich ausgewertet werden können. Zur Häufigkeitsschätzung bedient man sich der Skala in 7 Stufen (vgl. S. 160). Die Plattenmethode ist weniger geeignet, wenn man die Einwirkung der Strömung auf die Besiedlungsdichte und -geschwindigkeit von Substraten untersuchen will; dazu ist die Platte zu wenig differenziert. Man verwendet entweder Plastikbänder und wickelt sie um einen in den Gewässergrund eingerammten Pfahl, wobei man die Bänder auch noch in verschiedenen Tiefen exponieren kann, oder man umwickelt z. B. größere Steine ganz mit Plastikfolien, die dann später vorsichtig wieder abgenommen und untersucht werden können, wie es BACKHAUS getan hat. In allen Fällen ist die genaue Kenntnis der Strömungsverhältnisse an jeder einzelnen Partie der Folie oder der Bänder für die spätere Auswertung wichtig.

Ermittlung der tierischen Besiedlung: Als natürliche Substrate kommen Steine und Pflanzenbüschel in Betracht, die vor der Exposition peinlichst genau von allen Organismen befreit worden sind. Nach verschieden langer Exposition im Gewässer werden diese Substrate auf ihre tierische Besiedlung hin untersucht. Als künstliche Substrate werden am besten Ziegelsteine oder andere Steinplatten verwendet. Zu beachten ist dabei die möglicherweise besiedlungsfeindliche Wirkung eines gewässerfremden Substrates.

Diese Untersuchungen vermögen Einblick in die Besiedlungsgeschwindigkeit von Substraten unter verschiedenen Bedingungen (Gewässertyp, Strömung, Art des Substrats, Jahreszeit) zu geben. Arbeiten dieser Art sind in der Fließwasserlimnologie dringend erwünscht.

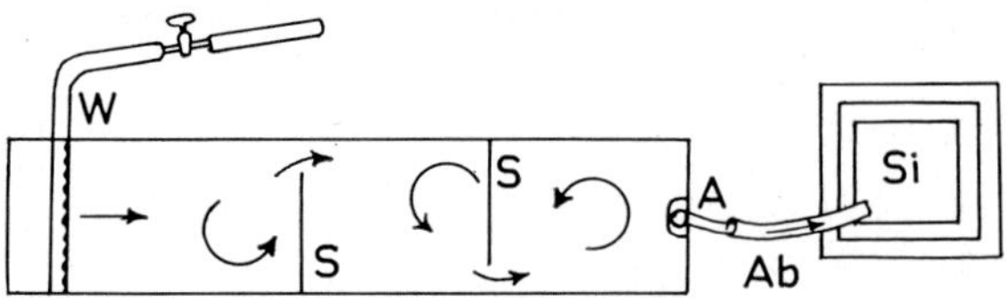

Bild 89. Sortier-Apparat von MOON (aus ALBRECHT 1959, umgezeichnet)

VII. DIE WEITERE VERARBEITUNG DER PROBEN

Die weitere Verarbeitung der bei Fließwasseruntersuchungen gewonnenen Proben erfolgt in der gleichen Weise wie bei den Litoral- und Bodenproben der stehenden Gewässer. Das Sieben der Sedimentproben sowie das Auslesen und Ausschlämmen der Organismen ist im Kapitel Profundal ausführlich unter Angabe verschiedener Verfahren behandelt worden.

Es sei hier jedoch noch auf den Sortier-Apparat (sorting trough) von MOON (1935) hingewiesen, der, wie das Schlämmverfahren von LÖFFLER (vgl. S. 105 ff.), das Sediment nach verschiedenen Fraktionen sortiert. Das Gerät ist leicht selbst zu bauen (Bild 89). Es ist ein etwa 130 cm langer, 20 cm breiter und 6,4 cm tiefer Kasten, der durch zwei nicht ganz geschlossene Scheidewände in drei Kammern eingeteilt ist. In die erste Kammer wird das Sediment mit den Organismen hineingegeben und durch ein Bleirohr, das mit einer Reihe von Löchern versehen ist, Wasser zugeführt. Der Wasserstrom zwängt sich durch die von den Scheidewänden freigelassenen Schlitze und fließt von einer Kammer zur anderen, wobei er das Sediment kräftig aufwirbelt und je nach Schwere verschieden weit mitführt. Die leichtesten Teilchen und der größte Teil der Organismen gelangen aus dem Behälter hinaus auf Siebe verschiedener Maschenweiten. Ist die Probe nur klein, so sind die Scheidewände nicht erforderlich und das leichte Material kann direkt auf die Siebe gespült werden.

Auszählen unter dem Binokular: Enthält eine Probe viele sehr kleine Organismen und viel Detritus, wie es z. B. bei den hyporheischen Untersuchungen der Fall ist, so ist es ratsam, nur einen Teil der Probe unter dem Binokular auszuzählen. Dazu wird die Gesamtprobe etwas verdünnt, umgerührt, und 2 cm^3 davon werden mit einer Pipette in eine Petrischale von 7—8 cm Durchmesser gefüllt, deren Boden mit parallelen Tuschestrichen von etwa 5 mm Abstand versehen ist. Unter dem Binokular kann der Raum zwischen den Strichen und somit nach und nach die ganze Schale gleichmäßig durchgemustert werden. Dabei werden die Tiere gezählt. Am besten ist es, einige Proben vorher durchzusehen und die vorhandenen Gruppen bzw. Arten zu bestimmen. Danach werden Zähllisten angelegt, in die während des genauen Zählens für jede Gruppe oder Art entsprechend Striche eingetragen werden. Bei organismenreichen Proben genügt es, 5% auszuzählen, bei ärmeren Proben müssen mehr, im äußersten Fall die gesamte Probe ausgezählt werden. Die in den ausgezählten cm^3 ermittelten Zahlen werden auf die Gesamtprobe umgerechnet (vgl. SCHWOERBEL 1961).

Die Angabe der Produktion geschieht entweder in g Frisch- oder Trockensubstanz pro Flächeneinheit und, wenn erforderlich und möglich, auch Substrateinheit, z. B. Steine.

Die Häufigkeit einzelner Arten kann man auch nach der 7stufigen Häufigkeitsskala abschätzen, doch liegt darin die große Gefahr des subjektiven Falsch-Schätzens nach vorausgegangener Adaptation des Untersuchers.

VIII. DARSTELLUNG DER ERGEBNISSE

In der Fließwasserlimnologie haben sich einige Methoden der Auswertung und Darstellung von biologischen Ergebnissen eingebürgert, auf die hier kurz eingegangen werden soll.

Beurteilung der Gewässerverunreinigung nach biologischen Befunden: Dieses äußerst wichtige Gebiet der Hydrobiologie wird auf S. 156 ausführlich behandelt.

Biologische Zonierung der Fließgewässer

Wie auf S. 114 dargestellt wurde, ändern sich im Verlauf eines Fließgewässers die Lebensbedingungen, wie z. B. Temperatur, Strömung und Untergrund, und damit auch die Zusammensetzung der Lebensgemeinschaft. Für die Darstellung dieser Änderung der Lebensgemeinschaften entlang eines Flußlaufes hat ILLIES (1953) eine sehr instruktive graphische Darstellung ausgearbeitet.
Auf der Abszisse eines Koordinatensystems werden die Untersuchungsstellen von der Quelle flußabwärts eingetragen. Zu jeder Untersuchungsstelle wird die ermittelte

Bild 90. Artenkurven der Wassermilben in der Brigach (aus SCHWOERBEL 1964, vgl. Text). Der Gipfel der schraffierten Fläche bezeichnet die Artenzahl in einem kleinen Tümpel, der in den Bachlauf eingeschaltet ist; diese Arten fehlen oberhalb und unterhalb.

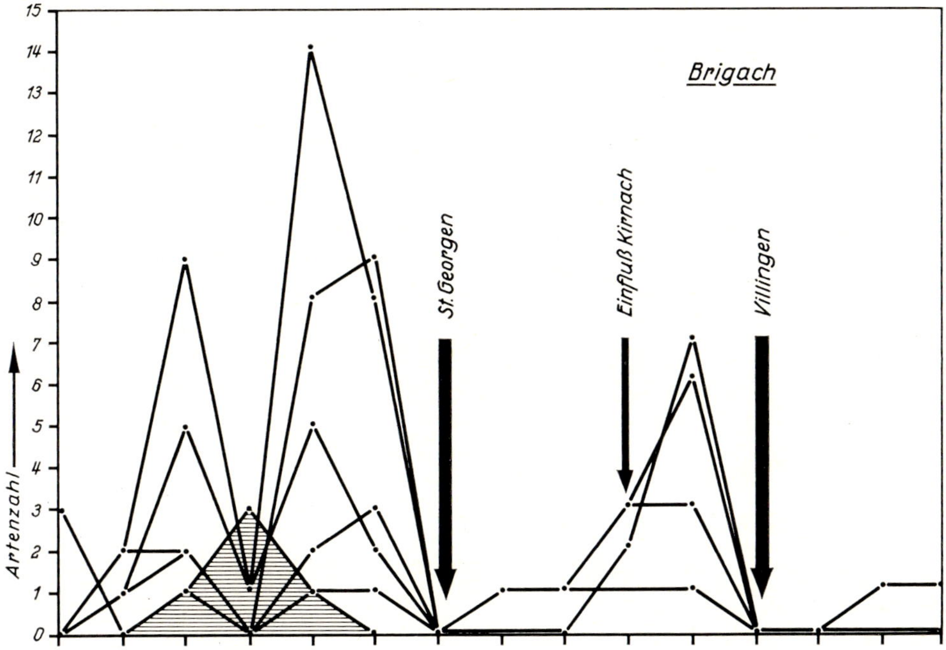

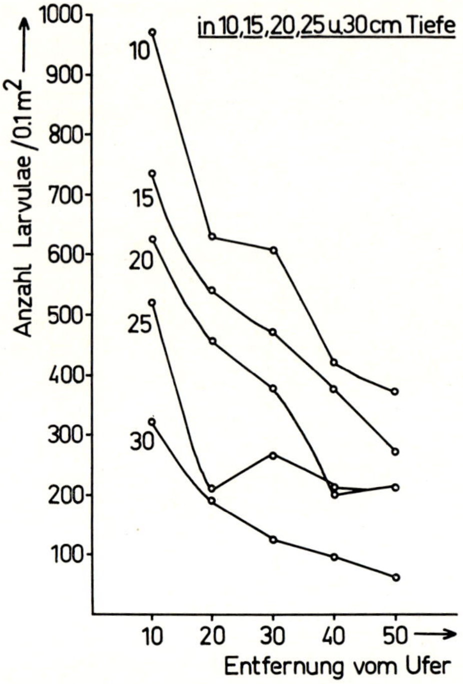

Bild 91. Verteilung von Larvulae und Chironomiden im Hyporheal; Parameter: Tiefe unter der Stromsohle (aus SCHWOERBEL 1964)

Artenzahl einer oder mehrerer Organismengruppen auf der Ordinate abgetragen und für die jeweils darunter und darüber liegenden Probenstellen wird eingetragen, wieviele von diesen Arten auch dort vorkommen. So ergibt sich eine Kurvenschar, die ebensoviele Kurven enthält, wie Probenstellen vorliegen. Das Maximum jeder Kurve liegt bei der zugehöriegn Probenstelle und aus dem Verlauf und der Steilheit der Kurven läßt sich erkennen, welche Probenstellen ähnliche und welche eine sehr unterschiedliche Besiedlung aufweisen. In einer derartigen Darstellung erkennt man gut die Einwirkungen von Verunreinigungen sowie den Faunenwechsel in Abschnitten mit abweichendem hydrographischem Charakter, z. B. kleinen vom Fluß durchströmten Seen (Bild 90). SCHMITZ hat diese Kurvenbilder rechnerisch behandelt; eine Übersicht über die Literatur geben ILLIES und BOTOSANEANU 1963.

Darstellung der hyporheischen Verteilung von Organismen. Entsprechend dem biologischen Austausch mit dem Fluß ändert sich mit zunehmender Tiefe sowie Entfernung vom Gewässer die Tiergesellschaft im Hyporheal. In Längsschnitten sowie Tiefenprofilen kann man die quantitativen Verschiebungen für die einzelnen Organismengruppen oder die einzelnen Arten einer Gruppe darstellen (SCHWOERBEL 1961); auch die Darstellung der absoluten Individuenzahlen /m² (Ordinate) in verschiedenen Entfernungen vom Fluß (Abszisse) mit der jeweiligen Tiefenschicht als Parameter ergibt aufschlußreiche Verteilungsbilder (Bild 91).

METHODEN DER BIOLOGISCHEN UNTERSUCHUNG UNTERIRDISCHER GEWÄSSER

Nach einer Definition von THIENEMANN (1925) verstehen wir unter Grundwasser alles in der äußersten Erdrinde zirkulierende, unter der Oberfläche befindliche Wasser. Es erfüllt Hohlräume, die Spalten und Klüfte der Gesteine, große Höhlungen in den Felsen, aber auch kleine und feinste Porenräume der lockeren Kies- und Sandablagerungen in Flußtälern und am Ufer der Seen und Meere.

Dieses Grundwasser ist von Tieren besiedelt, die entsprechend den Eigenarten des Lebensraumes interessante Besonderheiten aufweisen. Echte unterirdische Lebensräume sind stets lichtlos, und viele Bewohner dieser Biotope haben reduzierte oder gar keine Augen. Außerdem fehlt ihrer Aktivität der bei oberirdischen Tieren so charakteristische Tag-Nacht-Rhythmus. Ihr Tastsinn ist hoch entwickelt und durch Ausbildung vieler Tastsinneshaare und extrem langer Antennen spezialisiert. Die Abgeschlossenheit subterraner Biotope von den klimatischen Schwankungen der Erdoberfläche erklärt die gleichbleibend niedrige Temperatur des unterirdischen Wassers (sofern es nicht aus größeren Tiefen kommt). Den echten subterranen Organismen fehlt daher auch ein so ausgeprägter Entwicklungsrhythmus, wie ihn die meisten oberirdisch lebenden Tiere aufweisen.

In Höhlen leben die Wassertiere in kleinen Seen, Bächen, Tümpeln von Sinterwasser sowie im Wasserfilm an Stalaktiten und Stalagmiten und an Höhlenwänden. Im Grundwasserstrom der Lockergesteine, im sogenannten interstitiellen Grundwasser, ist der Lebensraum oft extrem begrenzt. Die typischen „Kleinsthöhlenbewohner" sind ausnahmslos sehr klein und oft sehr langgestreckt. Ihre Beine und Antennen sind reduziert und die Bewegungsweise ist schlängelnd und stemmend oder kriechend.

Unterirdisches Wasser ist in Höhlen der Untersuchung zugänglich oder in Lockergesteinen, wo es jedoch durch besondere Maßnahmen erschlossen werden muß. Natürliche Grundwasseraustritte sind die Quellen. Als ein Lebensraum des Grundwassers kann auch das sogenannte Hyporheal angesehen werden, das wegen seiner Bedeutung für die Fließgewässer dort bereits ausführlich besprochen worden ist. Auch am Ufer von Seen (Hygropsammon) und an den Meeresküsten (Mesopsammon) ist dieses interstitielle Porenwasser auf die gleiche Weise untersucht worden wie im Hyporheal. Wir befassen uns hier nur mit den Höhlengewässern und mit dem eigentlichen Grundwasser.

Die Organismen, die ausschließlich in Höhlen leben, werden troglobiont genannt; troglobionte Wassertiere sind z. B. der Grottenolm *Proteus anguineus*, eine Anzahl Fische und höhere Krebse (Decapoden). Arten, die in Hohlräumen von Schottern, Kiesen und Sanden (Lockergesteinen) leben, sind stygobiont. Leben sie in Ablagerungen von Flußtälern (nappe phréatique, DAUBRÉE), so werden sie phreatobiont genannt. Phreatische Organismen, die unmittelbar zwischen den Flußablagerungen unter der Stromsohle und direkt am Bachufer, im Mischbereich zwischen Fluß- und Grundwasser leben, sind hyporheobiont, die anderen phreatobiont s. str. Diejenigen Organismen, die nicht ausschließlich in den genannten Lebensräumen vorkommen, sind *-phil,* wenn sie dort häufig und regelmäßig vorkommen, und *-xen,* wenn man annehmen kann, daß sie in die untersuchten Lebensräume nur zufällig eingedrungen sind.

Die Untersuchung der Wasseransammlungen in Höhlen erfordert keine spezielle Methodik. Dagegen setzt das „Begehen" von Höhlen oft eine besondere Ausrüstung voraus, wie Gummianzug, Karbidlampe, Steigeisen, Strickleiter und Schlauchboot. Auf die allgemeine Methodik der Erforschung der Höhlen kann hier natürlich nicht eingegangen werden. Für kleine Tümpel und seichte Höhlenseen genügen das Handnetz (Bild 48) und ein Stocknetz mit Seidengaze Nr. 20, da auch viele Organismen der Höhlengewässer, wie Crustaceen und Halacariden, sehr klein sind.

Immer ist es ratsam, mit der Taschenlampe zuerst die Ufer der Tümpel abzuleuchten. Größere Tiere können auf diese Weise erkannt und mit der Pinzette, Pipette oder vorsichtig mit dem Netz erbeutet werden. Die Möglichkeit, Tiere auf diese Weise zu erbeuten, sollte man immer ausnutzen, da sie sehr empfindlich sind und beim Aufnehmen und Schlämmen von sandigen Sedimenten leicht zerrieben oder beschädigt werden können. In stehenden Höhlengewässern kommen besonders folgende Tiergruppen vor: Planarien, Copepoden, vor allem Harpacticiden, Amphipoden und Isopoden, einige Decapoden und Fische. Weiter arbeitet man mit der Dredge (vgl. S. 86) sowie mit dem Planktonnetz, um planktische Copepoden, Rotatorien usw. zu erbeuten.

Höhlenwassertiere lassen sich auch mit Hilfe von Ködern fangen; Spandl (1926) hat eine brauchbare Methode, die Köderbüchse, beschrieben: Der Apparat besteht aus einer Metallbüchse aus Messing oder Aluminium, die mit einem gut schließbaren Deckel versehen ist. Der Mantel, der Boden und der Deckel sind von zahlreichen, 3—5 mm großen Löchern durchbrochen. Auf dem Mantel befinden sich zwei aufgelötete Draht- oder Blechösen. Die Büchse wird mit einem Köder, am besten rohem Fleisch oder einer großen toten Schnecke, beschickt und dann mit Hilfe von zwei Drähten an Steinen unter Wasser verankert. Damit werden in fließendem Wasser Turbellarien und Hirudineen angelockt und erbeutet. Im stehenden Wasser legt man die Büchse auf ein Planktonnetz, welches beim Hochziehen der Büchse das abfließende Wasser und damit die Tiere zurückhält. Auch Tuchlappen, die einfach mit Wasser angefeuchtet und an den Rand des Gewässers gelegt wurden, enthielten nach einiger Zeit stets zahlreiche Tiere (Spandl 1926).

Racovitza und Chappuis (1927) benutzten statt einer Köderbüchse ein Ködernetz. Es ist ein einfaches Planktonnetz, über dessen Öffnung kreuzweise zwei Schnüre gespannt sind; da wo sie sich treffen, wird ein Stückchen Leber oder Milz angebunden und das Netz an einer Schnur, mit einem Stein beschwert, in die Tiefe versenkt. Alle 3—12 Stunden wird das Netz gehoben und die gefangenen Tiere eingesammelt. Außerdem verwendeten die beiden Autoren mit Erfolg eine kleine, mit einem Köder beschickte Reuse.

An Bächen in Höhlen arbeitet man ebenso wie an oberirdischen Fließgewässern (vgl. Stammer 1932), d. h. Steine werden umgedreht und abgesucht, Sediment-

proben ausgesiebt, ja sogar hyporheische Untersuchungen können interessante Ergebnisse erbringen.
Auch kleinste Wasseransammlungen, wie überrieselte Höhlenwände, Tropfsteine und deren Tropfpfannen am Boden, enthalten Organismen, die unmittelbar mit der Pinzette oder Pipette abgesammelt werden müssen.
Es ist selbstverständlich, daß neben der biologischen Untersuchung auch die Bestimmung der Temperatur, von pH und Härte sowie eine Untersuchung des Untergrundes durchgeführt werden sollte.
Lit.: SPANDL 1926; CHAPPUIS 1927; LERUTH 1939; JEANNEL 1926; HAMANN 1896.

Untersuchung des Grundwassers in Lockergesteinen (phreatische Fauna).

Das Grundwasser, das die Porenräume der Lockergesteine anfüllt, muß künstlich erschlossen werden; das geschieht bekanntlich durch Brunnen und Zisternen, die heute leider immer seltener werden. Noch vor wenigen Jahrzehnten konnte LAIS die Grundwasserfauna des Oberrheingebietes sammeln, indem er in den Dörfern das Wasser der Pumpbrunnen durch feine Planktonnetze filtrierte (vgl. KIEFER 1957). Aus jedem Brunnen sollte man etwa 300 l filtrieren. Dabei ist es nützlich, das Netz in einen mit Wasser gefüllten Eimer eintauchen zu lassen, damit der Wasserdruck nicht unmittelbar wirkt und die gefangenen Tiere zerstört (HUSMANN 1956). Heute gibt es diese Pumpbrunnen kaum noch. CHAPPUIS entdeckte in der Wasserleitung des Speologischen Instituts in Cluj (Rumänien) auf die gleiche Weise eine große Zahl bis dahin unbekannter Grundwassertiere. Auch die Zisternen, abgedeckte Brunnenschächte, die in Gebirgsgegenden zur Wasserversorgung einzelner Häuser dienen, werden immer seltener. Die Untersuchung solcher Zisternen geschieht mit dem Stock- oder Handnetz. Der herausgeholte Detritus wird vorsichtig ausgewaschen und in eine Schale gegeben, aus der die Organismen möglichst lebend herausgelesen werden.
Literatur: CHAPPUIS 1922, HAINE 1946, LÖFFLER 1960, NOLL und STAMMER 1953, VEJDOVSKI 1882, JAKOBI 1954.
Man kann auch in der Nähe von offenen Gewässern Ufergrabungen anlegen und dadurch Grundwasser gewinnen, wie es CHAPPUIS (1942) an Fließgewässern, PENNAK u. a. an Seen getan haben. Hier gelangt man in Grenzbiotope zwischen Oberfläche und Grundwasser mit einer eigenartigen Mischfauna. Solche Grenzbiotope sind das Psammon an Meeres- und Seeufern (vgl. Litoral S. 79) sowie der bereits ausführlich besprochene hyporheische Lebensraum, der besonders von ORGHIDAN (1959), RUFFO (1961) und SCHWOERBEL (1961) sowie von ANGELIER (1953) untersucht wurde. Die Methodik der Grabungen wurde bereits besprochen (S. 127). Um bei kleinkörnigem, lockerem Ufergeröll das lästige Nachbrechen der Seitenflächen der Grube zu verhindern, hat HUSMANN (1956)

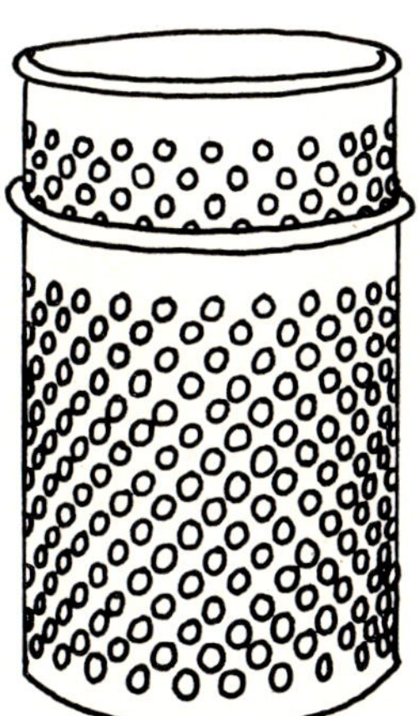

Bild 92. Blechzylinder von HUSMANN für Ufergrabungen

einen siebartig durchlöcherten, teleskopartig ausziehbaren Blechzylinder verwendet, der beim Ausschachten ständig auf den Boden der entstehenden Grundwassergrabung hinabgedrückt wurde (Bild 92).

Interessante biologische Ergebnisse lassen sich erzielen, wenn man die Grabungen verschieden tief und verschieden weit vom Ufer entfernt durchführt, und die erbeuteten Organismen in ihrer Abhängigkeit von Tiefe und Entfernung betrachtet (Bild 91, S. 136). Näheres dazu vgl. SCHWOERBEL 1961, 1961 a, Literatur mit methodischen Hinweisen: Ufergrundwasser von Fließgewässern MOTAS 1962, 1962 a, 1963; MOTAS, TANASACHI und ORGHIDAN 1957; SERBAN 1963; RUTTNER-KOLISKO 1961. — Ufergrundwasser von Seen SASSUCHIN 1931; WISZNIEWSKI 1934, 1935; PENNAK 1940, 1950; RUTTNER-KOLISKO 1953, 1954, 1956. — Marines Ufergrundwasser REMANE und SCHULZ 1934.

In Quellen treten Grundwasserströme zutage, wobei auch Organismen ausgespült werden. Um diese zu sammeln, bedient man sich eines einfachen Fangtrichters nach NOLL (1939) (Bild 93). Einem 2—5 l großen, dickwandigen ERLENMEYER-Kolben wird ein doppelter, aus Bronzedrahtgaze verfertigter Trichter aufgesetzt, mit der Maschenweite der gebräuchlichen Planktonnetze. Der innere Trichter ragt in einem 2-Liter-Kolben etwa 5 cm weit hinein, der äußere ist am Hals des Kolbens mit einer Gummidichtung befestigt. Am besten wird das Gerät über Nacht am Quellausfluß eingegraben und am Morgen kontrolliert. Detritus und Organismen werden in den Kolben gespült, sammeln sich am Boden, und das filtrierte Wasser verläßt durch den Außentrichter den Apparat. Der Kolbeninhalt wird nicht sofort konserviert, sondern die Tiere werden lebend herausgefangen.

HUSMANN (1956) hat das Gerät verbessert: bei seinem „Filterglas" wird der Wasserstrahl zunächst mittels eines Trichters aufgefangen und dann durch einen Gummischlauch in das Mundstück des Einlaufrohrs geleitet (Bild 94). Dieses Rohr durchdringt sowohl die Mitte der kreisförmig perforierten Deckelplatte als auch die der massiven Bodenplatte eines Hohlzylinders aus Phosphorbronzegaze. Der Gazezylinder ist mit einer Gummidichtung in einen im Durchmesser um 1,5 cm größeren Glaszylinder fest eingefügt. Das eingedrückte Wasser kann das Glasgefäß nur nach Passieren des Gazemantels durch die Öffnung der Deckelplatte hindurch verlassen. Organismen und Detritusteilchen werden dabei restlos zurückgehalten (Bild 94). Zum Auffangen des Wassers in Quellabflüssen kann man dem Gerät statt des Trichters ein kleines Auffangblech, wie in Bild 94 b gezeigt, ansetzen.

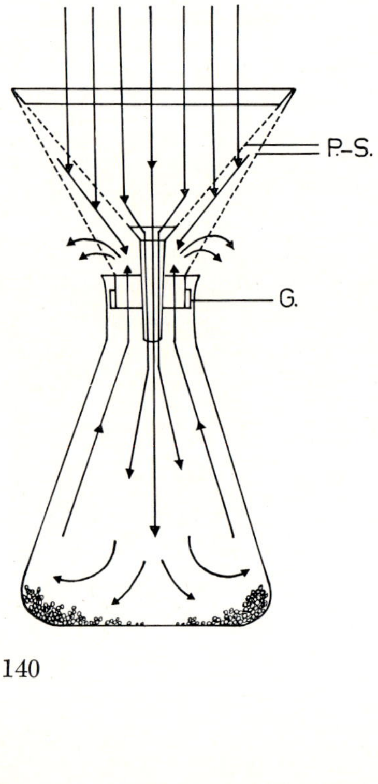

Bild 93. Fangtrichter für Grundwasserorganismen, die aus Quellen ausgespült werden. P-S = Bronzedrahtgaze, G = Gummidichtung, Pfeile = Wasserströmung (nach NOLL und STAMMER, umgezeichnet)

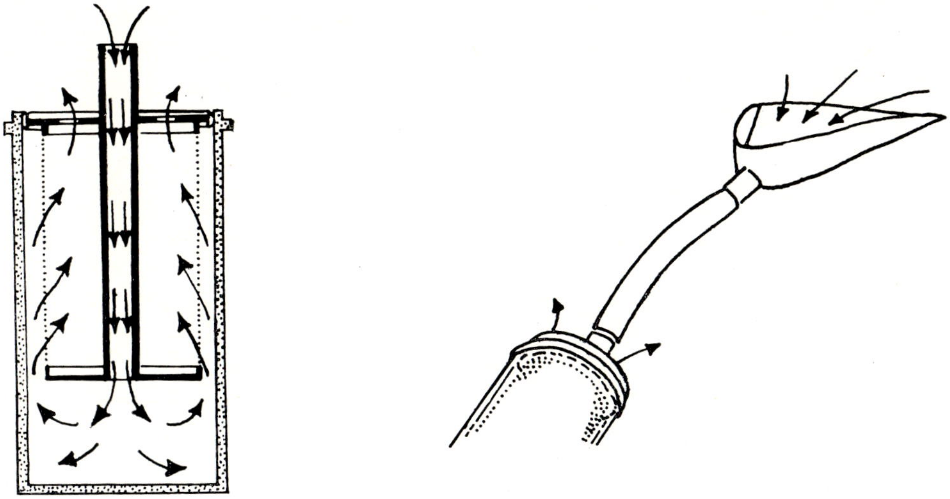

Bild 94. Filterglas von HUSMANN für Grundwassertiere in Quellen; a Filterglas, Einlaufrohr mit Auffangtrichter (aus HUSMANN 1956, umgezeichnet)

Mit den angegebenen Methoden lassen sich die Organismen aus allen Lebensräumen des unterirdischen Wassers erbeuten. Das Aussammeln der detritusreichen Proben geschieht, wie auf S. 128 für das Hyporheal dargestellt, in Petrischalen unter einer binokularen Lupe. Die Organismen werden lebend herausgefangen und dann wie üblich fixiert (vgl. Anhang I). Als modernste Darstellungen über die Grundwasserfauna mögen hier die Bücher von Delamare-Deboutteville 1961 und Vandel 1964 genannt werden.

METHODEN DER PRODUKTIONS-BESTIMMUNG IN GEWÄSSERN

Der Produktion in Gewässern sind zahlreiche kritische Überlegungen und Untersuchungen gewidmet worden. In neuerer Zeit haben sich besonders ELSTER (1954) und DAVIS (1963) sowie unter stoffwechseldynamischer Sicht vorwiegend OHLE (1956), RODHE (1961) und ELSTER (1963) dazu geäußert.

Die klassische Definition des Begriffs Produktion hat THIENEMANN (1931) gegeben: „Produktion eines Biotops an organischer Substanz innerhalb einer gegebenen Zeit ist die Gesamtmenge der während dieser Zeit innerhalb des Biotops gebildeten Organismen und ihrer Exkrete."

Diese Definition ist heute nicht mehr gültig; streng genommen kann es sich bei der Produktion eines Gewässers nur um diejenige organische Substanz handeln, die von photo- und chemoautothrophen Pflanzen aus den im Wasser vorhandenen anorganischen Nährstoffen und der von außen eingestrahlten Energie gebildet wird. Diese „Primärproduktion" wird in erster Linie in der trophogenen Schicht von den chlorophyllführenden Plankton- und Litoralpflanzen geleistet. Das Ausmaß der chemosynthetischen Primärproduktion in der tropholytischen Zone ist noch weitgehend unbekannt.

Diese Primärproduktion ist die Basis des gesamten biogenen Stoffkreislaufes im Gewässer; alles weitere ist Konsumation und Abbau (Destruktion). Von der Primärproduktion leben die tierischen Konsumenten; zunächst die Pflanzenfresser selbst (Primärkonsumenten), dann die Räuber (Sekundärkonsumenten) und zuletzt, über mehr oder weniger zahlreiche Zwischenglieder, die Fische. Dabei ist streng zu beachten, daß es sich bei den tierischen Konsumenten nur um einen Umbau der bereits vorhandenen organischen Substanz handelt, nicht um eine echte Produktion. Bei diesem Umbau werden tierisches Eiweiß und andere Bausteine hergestellt sowie die Betriebsenergie für die Funktion des lebenden Systems bereitgestellt. Energetisch ausgedrückt, ist die Konsumation also stets mit einem Energieverlust, die Produktion mit einem Energiegewinn verbunden.

Wenn man also von Produktion an Zooplankton oder Fischen z. B. spricht, ist „Produktion" nur in diesem übertragenen Sinn gemeint. Diese „Produktion" wird auf den übereinanderliegenden Ebenen des „Fressens und Gefressen-werdens" immer geringer, so daß in der bildlichen Darstellung eine Trophiepyramide entsteht, deren Basis die Primärproduktion und deren Spitze der Fischertrag ist (Bild 95).

Diese Trophiepyramide ist jedoch nur ein Teil des biogenen Stoffkreislaufs. Durch die sofort nach dem Tod beginnende chemische und bakterielle Zersetzung der Organismen schließt sich der Kreislauf: die Nährstoffe gelangen, unterschiedlich rasch, wieder ins Wasser zurück und stehen erneut zum Aufbau organischer Substanz zur

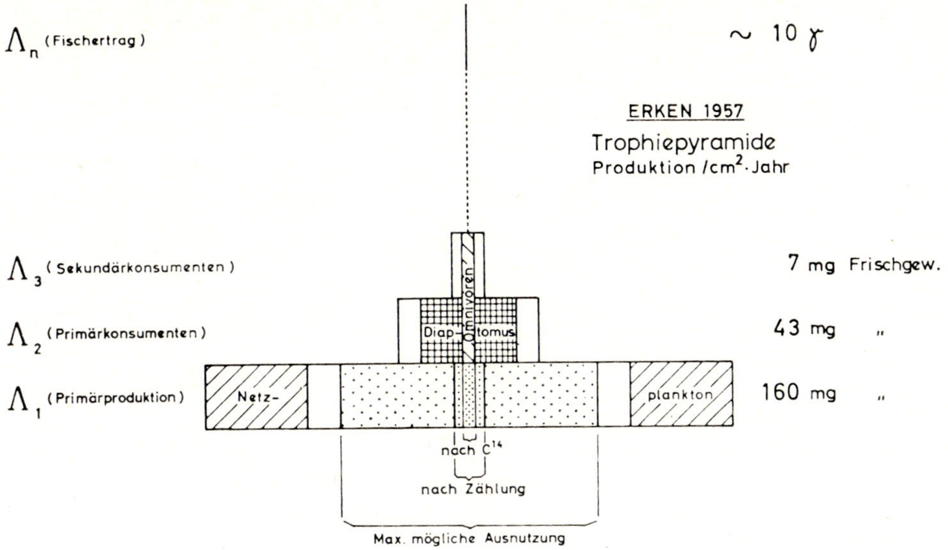

Bild 95. Trophiepyramide der übereinanderliegenden Ebenen des Aufbaues (Produktion) und Umbaues (Konsumation) der organischen Substanz (aus NAUWERCK 1963)

Verfügung (vgl. KRAUSE 1964). Zahlreiche neuere Untersuchungen haben gezeigt, daß hierbei die Kreisläufe ganz kurz geschlossen sein können.
Zur Ermittlung der Produktion ist zunächst die Bestimmung der Biomasse, also der Masse der augenblicklich vorhandenen organischen Substanz, wichtig („standing crop“). Produktion wäre dann die Erneuerung dieser Biomasse in der Zeiteinheit (= Umsatz). Einzelposten des Umsatzes sind Vermehrung und Verlust; es gilt dann der Ansatz

$$\text{Biomasse}_2 = \text{Biomasse}_1 + \text{Vermehrung} - \text{Verlust}.$$

Bestimmt werden die Biomasse und Vermehrung oder Verlust. Die Produktionsforschung ist in der Limnologie so vielfältige Wege gegangen, daß in der vorliegenden Darstellung nur einige grundsätzliche Hinweise gegeben werden können, die sich zudem ausschließlich auf die Primärproduktion und die Primärkonsumation beziehen.

I. DIE BESTIMMUNG DER BIOMASSE

Wie aus der Trophiepyramide zu entnehmen ist, ist die Ermittlung der Biomasse des Phytoplanktons, bezogen auf die Flächen- oder Volumeneinheit des Sees, eine voll ausreichende Grundlage zur Beurteilung der Primärproduktion.
Die Bestimmung der Biomasse ist jedoch nur dann physiologisch und ökologisch verwertbar, wenn sie den Anteil der einzelnen Arten an der Biomasse berücksichtigt. Dazu werden, wie im Kapitel Phytoplankton beschrieben, Schöpfproben aus dem Gewässer entnommen, mit LUGOLscher Lösung fixiert und unter dem Umgekehrten Mikroskop auf Algen ausgezählt; daraus ergibt sich die Arten- und Individuenzahl der Primärproduzenten pro Volumeneinheit oder unter 1 m² Seeoberfläche.

Zur Berechnung der tatsächlichen Biomasse ist jedoch weiterhin das Volumen der einzelnen Primärproduzenten zu berücksichtigen, dessen Ermittlung auf S. 17 beschrieben worden ist. Es sei aber darauf hingewiesen, daß die Volumina der einzelnen Arten von See zu See innerhalb weiter Grenzen schwanken können. Auf eine Wiedergabe der von NAUWERCK (1964) ermittelten Werte ist daher verzichtet worden.

Im folgenden werden drei weitere Methoden genannt, die einen Mittelwert der jeweiligen Biomasse liefern, ohne auf den Anteil der einzelnen Arten einzugehen. Dabei werden zum Teil auch das Zooplankton, die Bakterien und der organische Detritus erfaßt.

1. Chlorophyllmethode

Je nach Phytoplanktongehalt werden 0,5 bis 5 Liter Wasser bei Unterdruck durch ein „Cellafilter grob" filtriert. Der Rückstand auf dem Filter, der außer dem Phytoplankton auch Bakterien und Detritus enthält, wird zur Zerstörung der Chlorophyllasen 45 Sekunden in Wasserdampf gehalten, dann leicht getrocknet und hierauf für 20 Stunden in Aceton 90% gebracht und ins Dunkle gestellt. SESTAK (1958) zerreibt die Zellen vor der Extraktion mit Quarzsand. Zur Bestimmung des Chlorophylls wird die Extinktion des Acetonextrakts im Spektralphotometer bei den Wellenlängen 665 mμ, 645 mμ und 630 mμ (Farbfilter!) bestimmt. Diese Wellenlängen entsprechen dem Absorptionsmaximum für Chlorophyll a, b und c. KALLE (1955) kolorimetriert dagegen auf das Fluoreszenzlicht des Chlorophylls und kommt mit geringeren Wassermengen aus (0,1 bis 0,5 Liter), weil auch schwache Chlorophyll-Lösungen stark fluoreszieren.

Zur Berechnung der einzelnen Chlorophyllanteile einer Probe werden die Extinktionswerte der einzelnen Fraktionen (D_{665}, D_{645} und D_{630}), multipliziert mit den angegebenen Faktoren (nach PARSONS und STRICKLAND 1963; nach RICHARDS und THOMPSON 1952 in Klammern), nach dem folgenden Schema voneinander subtrahiert:

Chlorophyll a = 11,6 D_{665} (15,6) — 0,14 D_{630} (0,8) — 1,31 D_{645} (2,0)
Chlorophyll b = 20,7 D_{645} (25,4) — 4,34 D_{665} (4,4) — 4,42 D_{630} (10,3)
Chlorophyll c = 55 D_{630} (109) — 16,3 D_{645} (28,7) — 4,46 D_{665} (12,5)

Diese Faktoren gelten für 1-cm-Kuvetten.

Die endgültige Berechnung des Chlorophyllgehaltes einer untersuchten Probe ergibt sich aus der Formel

$$\text{mg Chlorophyll (a, b oder c)/m}^3 = \frac{C_{\text{(a, b oder c-)}} \cdot v}{l \cdot V},$$

wobei v die Menge des Acetonextrakts in ml, V das filtrierte Wasservolumen und l die Länge der Kuvette, die zur Ermittlung der Extinktion verwendet wurde, bedeuten.

Die Methode liefert natürlich nur Aufschlüsse über das Phytoplankton. Die bisher gefundenen Werte liegen zwischen 10 und 120 mg Chlorophyll/l (GESSNER 1959).

Literatur: RICHARDS und THOMPSON 1952; GESSNER 1959; PARSONS und STRICKLAND 1963.

2. Methode der Trockengewichtsbestimmung

Birge und Juday (1922) haben zum Vergleich der Produktivität einzelner Seen erstmals Trockengewichtsbestimmungen des Planktons durchgeführt. Zur Gewinnung des Zoo- und Phytoplanktons müssen sehr große Wassermengen (mehr als 1 m^3) durch ein Planktonnetz filtriert und anschließend zentrifugiert werden. Sowohl die Netz- als auch die Zentrifugenrückstände werden gesammelt, getrocknet und gewogen. Die Trockensubstanz wird dann auf eine Flächen- oder Volumeneinheit bezogen. In Seen aus Wisconsin schwankte die ermittelte organische Trockensubstanz, die natürlich auch organischen Detritus und Bakterien enthält, je nach Jahreszeit zwischen 0,23 und 12 mg je Liter, unter 1 ha (ohne Uferregion) zwischen 258 und 522 kg.

3. Stickstoffmethode

Der Gesamtstickstoff einer Wasserprobe mit natürlichem Planktongehalt wird vor und nach dem Filtrieren durch ein Blauband- oder Membranfilter bestimmt. Die Differenz zwischen beiden Bestimmungen ergibt den N-Gehalt der Suspension, wiederum einschließlich der unbelebten Partikel und des Zoo- sowie Bakterienplanktons. Da das Eiweiß im Durchschnitt einen N-Gehalt von 16% hat, ergibt der ermittelte N-Wert, mit 6,25 multipliziert, die zugehörige Menge an Roheiweiß. Das Gewicht der gesamten organischen Trockensubstanz ergibt sich annähernd durch Multiplikation des N-Wertes mit 20.

II. DIE ERMITTLUNG DER PRIMÄRPRODUKTION

Die Primärproduktion der photoautotrophen Pflanzen wird durch Ermittlung ihrer Assimilationsleistung bestimmt. Dazu stehen grundsätzlich drei Methoden zur Verfügung: die Sauerstoff-Methode, die C^{14}-Methode und die Chlorophyll-Methode, die zum Teil bereits besprochen wurde.

1. Die Sauerstoff-Methode (Gran-Methode)

Entsprechend der auf S. 17 mitgeteilten Gleichung wird bei der Kohlenstoffassimilation proportional der Menge an aufgenommenem CO_2 Sauerstoff von den Pflanzen ausgeschieden. Aus der Menge an O_2 kann also die Menge an assimiliertem Kohlenstoff errechnet werden.

Ausführung: See- oder Flußwasser wird mit einem Wasserschöpfer aus Plexiglas aus einer bestimmten Tiefe entnommen und in zwei Flaschen von 100—200 ml Inhalt luftblasenfrei eingefüllt. Die eine Flasche bleibt hell, die andere wird mit einem schwarzen Anstrich versehen oder in eine lichtdichte Dose eingeschlossen (Dunkelflasche). Beide Flaschen werden dann in das Gewässer zurückversenkt, und zwar in diejenige Tiefe, aus der die Wasserprobe entnommen wurde. Die erwähnten Arbeiten müssen möglichst rasch durchgeführt werden. — Während der Exposition der Flaschen wird der Sauerstoffgehalt des verwendeten Wassers nach Winkler bestimmt (Ausführung S. 31). — Nach der Expositionszeit, die je nach dem Planktongehalt verschieden lang ist (6 bis 24 Stunden) werden die Flaschen dem Gewässer entnommen und der O_2-Gehalt bestimmt. Aus dem vorher ermittelten Anfangswert und dem O_2-Gehalt in der Hellflasche ergibt sich die Menge an Assimilations-O_2, aus der die photosynthetische Leistung der Pflanzen berechnet werden kann. Die Dunkelflasche dient zur Kontrolle und gibt den O_2-Verbrauch bei der Atmung sowie die O_2-Zehrung durch die Bakterien an. Die aus mehreren Versuchen oder Versuchsserien errechnete Menge an assimiliertem Kohlenstoff wird zweckmäßigerweise in g C pro m^3 oder pro Wasservolumen unter 1 m^2 Gewässeroberfläche angegeben, da ja auch die eingestrahlte Energie der Fläche proportional ist.

Fehlerquellen: 1. Es besteht die Gefahr, daß die Algen in der verschlossenen Flasche während der Exposition sedimentieren und daß dadurch die Assimilationsleistung beeinträchtigt wird. Je kleiner die verwendeten Flaschen sind, desto geringer ist die Sedimentation. Backhaus (1965) hat in Gebirgsbächen mit Reagenzgläsern gearbeitet, die so aufgehängt waren, daß sie von dem Wasserstrom in ständiger Bewegung gehalten wurden (vgl. Bild 97). Dadurch ist ein Sedimentieren oder die Bildung von O_2-übersättigten Wasserhüllen um die Algen unmöglich.

2. Auch bei geringem Planktongehalt könnte man kleine Flaschen nehmen und dafür länger exponieren. Während der Expositionszeit vermehren sich jedoch die Bakterien an den inneren Glaswänden sehr stark, so daß eine steigende O_2-Zehrung einsetzt. Hinzu kommt noch eine lichtabhängige Hemmung des Bakterienwachstums durch die Algen, so daß bei langer Expositionszeit die Dunkelflaschen keine vergleichbaren Kontrollwerte mehr liefern.

3. Es ist mit Einflüssen zu rechnen, die vom Glas der verwendeten Flaschen ausgehen; daher immer die gleichen Flaschen nehmen.

4. Selbstverständlich muß man vermeiden, daß in den Versuchsflaschen Gasblasen auftreten; daher sofortige Rückversenkung der gefüllten Flaschen in die Entnahmetiefe oder bei experimentellen Untersuchungen für entsprechende Temperaturgleichheit und -konstanz sorgen.

2. Die C^{14}-Methode von Steeman Nielsen (1952) *

Das Prinzip der Methode ist folgendes: Die Assimilationsleistung einer natürlichen Phytoplanktonpopulation wird durch die Menge des fixierten Kohlenstoffs gemessen. In der Versuchsanordnung wird die gebotene Gesamtmenge an Kohlenstoff mit einer Spur von radioaktivem C^{14} markiert. Nach der Versuchsdauer kann aus der Aufnahme von C^{14} auf die gesamte C-Aufnahme während dieser Zeit geschlossen werden. Auch geringste Mengen an C^{14} können im Geiger-Müller-Zähler gemessen werden. Wegen der größeren Massenträgheit wird C^{14} jedoch um etwa 6% weniger assimiliert als C^{12} (Steeman Nielsen 1955). Strickland (1960) hat die Methode einer generellen Kritik unterzogen, doch sind viele methodische Einzelfragen noch ungeklärt.

* Die Methode enthält soviele technische Schwierigkeiten und Modifizierungen, daß in dieser Darstellung nur der Arbeitsgang und die wichtigsten Fehlerquellen besprochen werden können. Ein im März 1965 im Istituto di Idrobiologia in Pallanza am Lago Maggiore veranstaltetes Symposion war hauptsächlich der Primärproduktion und der C^{14}-Methodik gewidmet. (GOLDMANN und VOLLENWEIDER: Methods for measuring primary productivity in aquatic environments; im Druck.)

Arbeitsgänge:

1. Ansetzen des Versuchs.
2. Abfüllen einer Wasserprobe zur Ermittlung des Planktongehaltes.
3. Bestimmung des Gesamtkohlenstoffs im Versuchswasser.
4. Behandlung der Versuchsflaschen nach der Exposition.
5. Bestimmung der Impulszahl des fixierten C^{14} im GEIGER-Zähler.
6. Berechnung der Menge an fixiertem Kohlenstoff.

Über die Vorbereitungen des Versuchs: Herstellung der C^{14}-Lösung, Abfüllen in Ampullen und Standardisierung der Ampullen vgl. S. 152 ff.

Ausführung der Bestimmungen: Die Arbeiten werden in der oben angegebenen Reihenfolge ausgeführt.

1. Das Ansetzen des Versuchs geht in folgenden Schritten vor sich: Entnahme der Wasserprobe, Einfüllen in die Versuchsflaschen, Zugabe von C^{14} und Exposition der Flaschen im Gewässer.

Zur Entnahme der Wasserprobe wird ein Wasserschöpfer aus Plexiglas, nicht Metall, verwendet. Zwei Flaschen von etwa 100 ml Inhalt werden sofort luftblasenfrei gefüllt. Jeder Flasche wird jeweils 1 ml einer Standardlösung von radioaktivem Natriumbikarbonat $NaHC^{14}O_3$ von genau bekannter Radioaktivität (vgl. S. 152) zugefügt. Die Stärke der C^{14}-Dosis richtet sich nach dem Planktongehalt des Wassers. Von den beiden Flaschen wird jeweils eine verdunkelt. Beide Flaschen werden in diejenige Tiefe zurückversenkt, aus der die Wasserprobe entnommen wurde. Bei der Exposition sollen die Flaschen eine horizontale, nicht senkrechte Lage haben. Dadurch ist die belichtete Fläche größer, die Lichtausnutzung ist besser, und der Flaschenstopfen erzeugt keinen Schatten. Zur Vermeidung eines Lichtschocks bei den Algen müssen die Flaschen so rasch wie möglich wieder in den See versenkt werden.

Über die Expositionsdauer besteht keine Einigkeit. RODHE (1958) und NAUWERCK (1963) exponierten im schwedischen See Erken für 24 Stunden, ELSTER und Mitarbeiter (1963) in süddeutschen Seen für 6 Stunden; diese Zeitspanne dürfte günstiger sein.

2. Abfüllen einer Wasserprobe zur Ermittlung des Planktongehaltes: Etwa 100 ml der Schöpfprobe werden in eine Flasche mit dichtem Schraubverschluß abgefüllt, LUGOLsche Lösung mit Acetatzusatz zugegeben und die Probe zur späteren Zählung des Planktons zurückgestellt. Methodik vgl. S. 66 ff.

3. Bestimmung des Gesamtkohlenstoffes im Versuchswasser: Diese Bestimmung verläuft in 3 Schritten: Ermittlung des pH-Werts, des Säurebindungsvermögens (SBV) und Entnahme des C-Wertes aus der Tabelle von HARVEY und RODHE.

Die pH-Bestimmung erfolgt entweder kolorimetrisch oder elektrochemisch, muß aber auf 0,1 Einheiten genau sein. Zur Ermittlung des SBV werden 100 ml Probenwasser mit 1/10-n HCl und Methylorange, als Indikator, titriert; vgl. S. 38. Aus der Tabelle Seite 148 von HARVEY und RODHE ist der Gesamtkohlenstoff auf Grund der SBV-Werte für 100 ml Wasser zu ermitteln.

Der ermittelte Wert für das SBV (100 ml Wasser) wird mit dem dem pH des Wassers entsprechenden Faktor f_c (Gesamtkohlenstoff in C) oder f_{CO_2} (Gesamtkohlenstoff in freier CO_2) multipliziert.

Berechnung des Gesamt-Kohlenstoffs im Wasser aus pH und SBV (Zahlen nach HARVEY und RODHE)

pH	f_C	f_C in freier CO_2	pH	f_C	f_C in freier CO_2
6,0	42,14	30,29	7,6	12,73	0,759
6,1	35,95	23,96	7,7	12,58	0,600
6,2	31,02	19,05	7,8	12,43	0,475
6,2	27,11	15,12	7,9	12,34	0,374
6,2	24,00	12,01	8,0	12,25	0,300
6,5	21,53	9,80	8,1	12,17	0,237
6,6	19,57	7,69	8,2	12,11	0,187
6,7	18,01	6,03	8,3	12,05	0,149
6,8	16,76	4,78	8,4	12,02	0,119
6,9	15,79	3,79	8,5	11,94	0,0928
7,9	15,01	3,03	8,6	11,88	0,0729
7,1	14,39	2,40	8,7	11,82	0,0576
7,2	13,90	1,91	8,8	11,74	0,0453
7,3	13,50	1,51	8,9	11,66	—
7,4	13,19	1,20	9,0	11,56	—
7,5	12,94	0,953			

4. Behandlung der Versuchsflaschen nach der Exposition: Nach der Expositionszeit werden die Flaschen dem See entnommen und der Inhalt filtriert und getrocknet.
Die Hellflaschen werden sofort, wenn sie aus dem See entnommen werden, verdunkelt. So rasch wie möglich wird der Inhalt der Flaschen oder, bei großer Planktondichte, nur ein Teil davon (25 ml) durch ein Membranfilter Nr. 2 mit einem Porendurchmesser von 400 mμ bei Unterdruck filtriert (Saugfiltration). Nachwaschen des Rückstandes mit destilliertem Wasser oder 0,005-n HCl, um adsorbiertes anorganisches Karbonat herauszulösen.
Das Filter mit dem so gereinigten Filterrückstand wird im Exsikkator für mindestens 24 Stunden getrocknet. Die getrockneten Filter können lange aufbewahrt (Halbwertszeit des Kohlenstoffs rund 5570 Jahre!) und bei geeigneter Verpackung verschickt werden.

5. Ermittlung der Impulszahl des Filtrats im GEIGER-MÜLLER-*Zähler:* Es ist darauf zu achten, daß die Schicht auf dem Filter nicht zu dick ist, weil dann mit einer Eigenabsorption der Impulse innerhalb der Algenschicht zu rechnen ist und die Werte zu niedrig ausfallen. Bei kräftiger Phytoplanktonentwicklung sollte daher nur ein Teil der Probe filtriert werden, dessen Volumen jedoch genau bekannt sein muß.
C^{14} ist ein β-Strahler und zerfällt in N^{14}; unter dem GEIGER-MÜLLER-Zähler wird also die β-Aktivität des getrockneten Algenfiltrats gemessen. Aus der Impulszahl pro Zeiteinheit läßt sich die Menge an assimiliertem C^{14} und damit die des assimilierten Gesamtkohlenstoffs errechnen.
Als Zähler wird ein fensterloser Methandurchflußzähler eingesetzt. In modernen Geräten werden die Proben auf einem „Karussell" automatisch in die Zählvorrichtung eingeschoben und die Impulszahl pro Zeit registriert.

6. Berechnung der aufgenommenen Kohlenstoffmenge: Entsprechend den Versuchsbedingungen gilt die folgende Verhältnisgleichung

$$\frac{\text{fix. Imp.}}{\text{ges. Imp.}} = \frac{\text{fix. C}}{\text{ges. C}}$$

daraus folgt

$$\text{fix. C} = \frac{\text{fix. Imp.} \times \text{ges. C}}{\text{ges. Imp.}},$$

Die Berechnung des assimilierten C in mg pro Stunde und m^3 Wasservolumen ergibt sich dann aus folgender Rechnung:

$$\text{mg fix. C/h} \cdot \text{m}^3 = \frac{\Delta \text{ Imp. h} - \text{d} \times \text{C ges.} \times \text{Flaschenvol.} \times 1000}{\text{ges. Imp.} \times \text{filtr. Vol.} \times \text{Zeit in Stunden}}$$

C gesamt ergibt sich aus der Tabelle von HARVEY und RODHE, die gesamte Impulszahl aus dem Standardwert der Ampulle (vgl. S. 152); Δ Imp. h—d ist die Impulsdifferenz zwischen Hell- und Dunkelfläche.

Einige Fehlerquellen: Die Methode geht von der Voraussetzung aus, daß kein C durch die Atmung, die ja gleichzeitig mit der Photosynthese abläuft, und durch Exkretion verlorengeht. Dies ist keineswegs der Fall, und der Respirationsverlust ist bei länger andauernden Experimenten beträchtlich. Da in diesem Fall das bei der Atmung ausgeschiedene C der Photosynthese entstammt, mißt man mit der C^{14}-Methode nur die Nettoproduktion, also den absoluten Substanzgewinn; darin dürfte der Vorteil einer 24stündigen Expositionszeit liegen. Interessanterweise findet man auch in den Dunkelflaschen eine Fixierung von C, die allgemein 1—2% der Hellwerte ausmachen soll (GESSNER 1959), jedoch in verunreinigten Gewässern mit starkem Bakteriengehalt höher ist. Auch in der Tiefenzone von Seen hat man einen hohen C-Assimilationswert in Hell- und Dunkelflaschen gefunden, der sicher auf eine C-Fixierung durch chemo-autotrophe Algen und Bakterien zurückzuführen ist. Untersuchungen in dieser Richtung sind dringend erforderlich.

Methode von GOLDMANN: Eine andere Methode der Aktivitätsbestimmung des fixierten Algenmaterials hat GOLDMANN angewendet. Er verascht das Material in einem geschlossenen System und schickt das Gas durch die Zählkammer des counters. Dieses Verfahren mißt die absolute C^{14}-Konzentration und arbeitet weitgehend verlustfrei. Eine Eichung, wie sie bei der Filter-Zählmethode erforderlich ist, ist hier nicht nötig. Im Vergleich mit Filter-Zählwerten erhielt GOLDMANN wesentlich höhere Aktivitätswerte; besonders hoch waren sie bei Kieselalgen, deren Zellwände offenbar eine sehr starke Eigenabsorption für die vom Kohlenstoffisotop ausgesendete Strahlung haben; bei anderen Algen ist die Eigenabsorption geringer. Ein entscheidender Vorzug der Gasphasenmethode ist, daß diese Eigenabsorptionen ganz wegfallen; ein weiterer, daß sie im ganzen wesentlich empfindlicher arbeitet.

Anwendung der Methode und Darstellung der Ergebnisse: Da die Assimilationsleistung der Algenpopulation außer von ihrer Dichte auch von anderen Faktoren, wie der Lichtintensität und Temperatur, abhängt, wird man Versuche in situ in verschiedenen Seetiefen durchführen. Man exponiert also Vertikalserien mit mehreren untereinander lagernden Flaschenpaaren, die sich jedoch nicht gegenseitig beschatten dürfen. Selbstverständlich müssen für eine genaue Auswertung der Versuche in jeder untersuchten Tiefenstufe die Helligkeit während der Expositionsdauer und am besten auch die Farbanteile gemessen werden. Diese Messungen werden

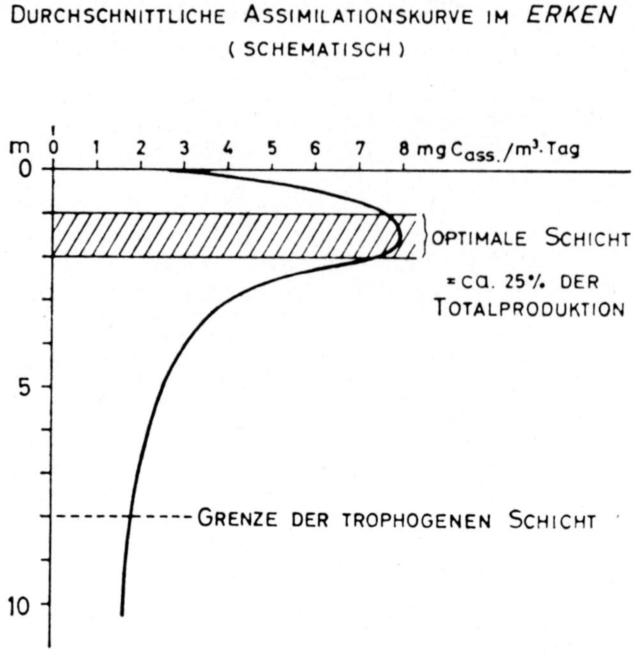

Bild 96. Verlauf einer besonders oft realisierten Assimilationskurve des Phytoplanktons im See, die mit der C^{14}-Methode erarbeitet wurde (See Erken; aus NAUWERCK 1963)

heute am genauesten mit einem Photometer mit halbkugeliger Perzeptionsfläche durchgeführt. Ebenso ist eine genaue Aufnahme der Lichtintensität an der Gewässeroberfläche erforderlich.

Die Vertikalserien in situ zeigen meist ein charakteristisches Maximum der Produktionsleistung erst unter der Gewässeroberfläche, nicht etwa an der Oberfläche selbst (Bild 96), weil hier die zu starke Lichtintensität die Photosynthese hemmt und das eingestrahlte UV-Licht eine chlorophyllzerstörende Wirkung hat. In den einzelnen Seen und Seetypen haben die Kurven einer Vertikalserie jedoch einen ganz unterschiedlichen Verlauf (FINDENEGG 1964). Mit zunehmender Temperatur steigt auch die für die Photosynthese optimale Lichtintensität (TALLING 1957).

Anwendung der C^{14}-Methode in Gebirgsbächen: Die C^{14}-Methode dürfte auch in langsam fließenden Gewässern mit Phytoplankton gute Ergebnisse liefern. In kleinen Bächen, in denen die Primärproduktion von den im Boden wurzelnden Wasserpflanzen und Aufwuchsalgen geleistet wird, hat BACKHAUS (1965) die Methode etwas anders ausgeführt.

Es werden Plastikfolien für eine bestimmte Zeitdauer im Gewässer exponiert (genaues darüber vgl. S. 132), während der sich ein Belag von Aufwuchsalgen auf den Folien festsetzt. Die Folien werden entnommen und mit Hilfe einer Rohrstanze zwei Scheibchen herausgeschnitten, die gerade so groß sind, daß sie in das Schälchen eines Geigerzählers hineinpassen. Je ein Scheibchen kommt in die Hell- und in die Dunkelflasche. Als Hell- und Dunkelflaschen sind Reagenzgläser von 15 cm Länge und 3 cm Durchmesser geeignet. Die Dunkelflasche wird mit schwarzem Lack überzogen und, zum Schutz gegen Kratzer, mit Isolierband umwickelt.

Die Reagenzgläser werden mit Bachwasser, dessen C-Gehalt aus pH und SBV berechnet wurde (vgl. Tabelle S. 148), und 1 ml Cl^{14}-Lösung gefüllt. Dabei soll in beiden Gläsern eine kleine Luftblase zurückbleiben. Durch einen innen am Stopfen befestigten dünnen Plastikstift von etwa Streichholzgröße kann verhindert werden, daß das Folienplättchen an der Unterseite des Verschlusses festklebt.

Die Hell- und Dunkelgläser werden so im Bach befestigt, daß sie von der Strömung in Schaukelbewegungen versetzt werden (Bild 97). Die Luftblase sorgt dabei für Wasserbewegung in den Gläsern selbst. BACKHAUS hat 4 Stunden exponiert, dann die Plättchen herausgenommen und vorsichtig mit destilliertem Wasser abgespült. Die Plättchen werden dann mit der Schichtseite nach oben in ein Zählschälchen gelegt und wie bei der Standard-Methode im Exsikkator getrocknet.

Bei sehr genauem Arbeiten muß auch das Wasser der Hell- und Dunkelflaschen filtriert und getrennt gemessen werden, weil sich während der Expositionszeit Algen von der Folie losgelöst haben können.

Wenn der Aufwuchs sehr dicht ist, kann die Eigenabsorption in der Algenschicht das Ergebnis beeinflussen. BACKHAUS entfernte daher vor dem Trocknen einen Teil der Schicht, trocknete ihn in einem anderen Schälchen und zählte getrennt aus. Bei geringem Folienbewuchs können zwei oder mehr Plättchen in die Versuchsgläser gegeben werden.

Die Berechnung verläuft in gleicher Weise wie oben angegeben:
es ist

$$C_{fix} = \frac{\Delta\,\text{Imp. h} - \text{d} \times C_{ges}}{\text{Imp}_{ges}}\;;$$

auf eine Besiedlungsdichte von 100 cm² und eine Expositionsdauer von 1 Stunde bezogen ergibt sich daraus:

$$C_{fix}/100\,\text{cm}^2/\text{h} = \frac{\Delta\,\text{Imp. h} - \text{d} \times C_{ges} \times 100}{\text{Imp}_{ges} \times F \times h}\,.$$

Darin bedeutet C_{fix} die während der Versuchsdauer von den Algen aufgenommene

Bild 97. Versuchsanordnung zur Messung der C-Assimilation von Aufwuchsalgen in Fließgewässern (nach BACKHAUS). a Rohrstanze und bewachsene Plastikfolie, b Zählschälchen und passendes Foliensdheibchen für den Probenwechsler des GEIGER-MÜLLER-Zählers, c Gummistopfen mit Plastikstift, d Stativ mit Versuchsgefäßen in der Strömung; F Folienplättchen, L Luftblase

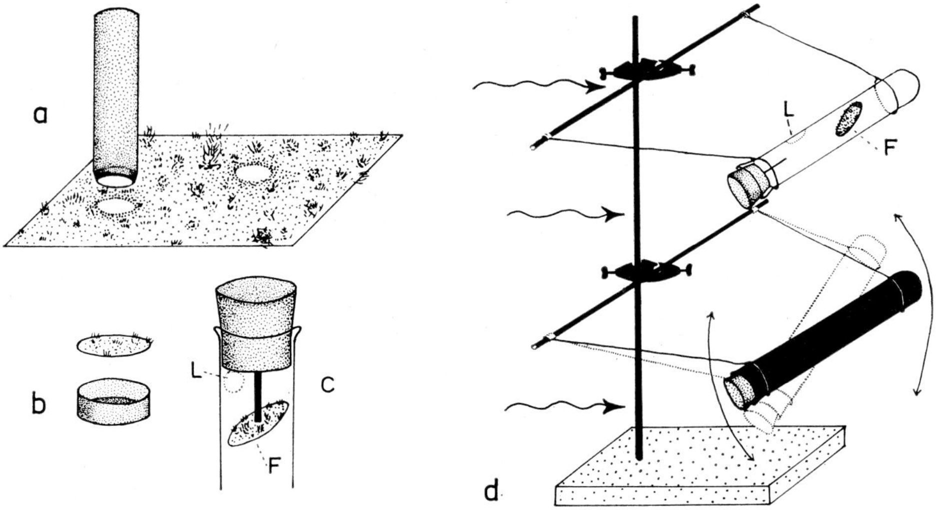

Menge C in mg; C_{ges} die gesamte C-Menge in mg im Versuchsgefäß zu Beginn des Versuches; Imp_{ges} die anfängliche Gesamtimpulszahl im Versuchsgefäß (= Ampullenwert) und Δ Imp h—d die Differenz der Impulswerte zwischen Hell- und Dunkelflasche. F = Fläche des Plättchens.

Herstellung der C^{14}-Standardlösung aus $BaC^{14}O_3$:

In einer evakuierten Apparatur (Bild 98) wird das gelieferte $BaC^{14}O_3$ langsam mit verdünnter HCl versetzt und das sich entwickelnde $C^{14}O_2$ an vorgelegter NaOH während einer Stunde absorbiert. Die Vorgänge verlaufen nach folgenden Reaktionen:

$$BaC^{14}O_3 + 2\,HCl \rightarrow BaCl_2 + H_2O + C^{14}O_2\,,$$

$$C^{14}O_2 + NaOH \rightarrow NaHC^{14}O_3\,.$$

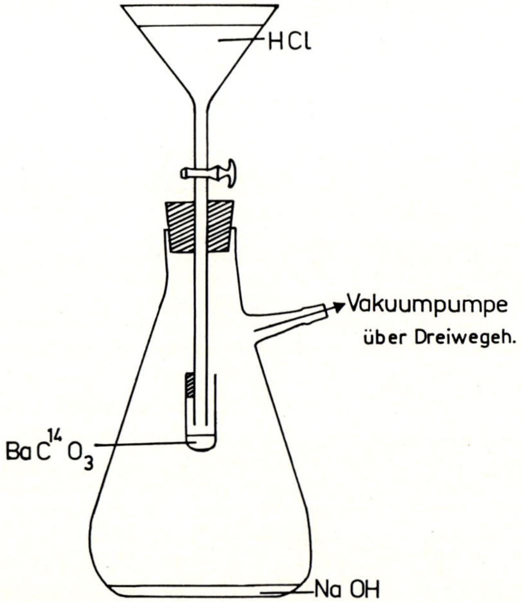

Bild 98. Anordnung zur Herstellung der C^{14}-Standardlösung (vgl. Text)

Die $NaHC^{14}O_3$-haltige Natronlauge wird so lange verdünnt, bis sie die theoretisch gewünschte Aktivität besitzt. Der pH-Wert der verdünnten Lösungen wird auf 9,5 eingestellt (Verschiebung des Karbonatgleichgewichts zu HCO_3^-) und die Lösung in sterile Ampullen aufgefüllt. Die Ampullen, von denen man sich jeweils einen Vorrat abfüllt (z. B. 1000 Stück), werden verschlossen, im Autoklav sterilisiert und kühl und dunkel aufbewahrt. Wegen der langen Halbwertszeit des Kohlenstoffs ist ein Aktivitätsverlust nicht zu befürchten.

Zur Vernichtung der Rückstände wird das radioaktive Karbonat als $BaC^{14}O_3$ ausgefällt und der Abfall an die hierfür vorgesehenen Behörden oder Institute (z. B. Radiologische Institute) weitergeleitet. Das Arbeiten mit radioaktiven Substanzen bedarf einer besonderen Genehmigung und erfordert gesetzlich bestimmte Schutzmaßnahmen.

Standardisierung der Ampullen zur Bestimmung der Gesamt-Impulszahl:

Eine Einwaage von 53,7 mg vorgetrocknetem Na_2CO_3 wird in etwas destilliertem Wasser gelöst und in einen 100-ml-Meßkolben überführt. Die Lösung wird mit 1 ml konz. NH_3 alkalisch gemacht und der Inhalt einer Ampulle (ein ml) zugegeben. Als

Fällungsmittel wird 2 ml 10%ige $BaCl_2$-Lösung zugesetzt; das ausgefällte, nicht radioaktive Bariumkarbonat dient nur als Trägersubstanz für das radioaktive Karbonat. Das Meßkölbchen wird mit destilliertem Wasser auf 100 ml aufgefüllt. Die so hergestellte Lösung enthält in 100 ml 100 mg $BaCO_3 + BaC^{14}O_3$ als Niederschlag.
Von der gut aufgeschüttelten Lösung werden nacheinander 0,25 ml, 0,50 ml, 0,75 ml, 1,0 ml, 2,0 ml, 3,0 ml, 4,0 ml und 5,0 ml durch Saugfiltration auf Membranfilter abfiltriert; der Niederschlag soll möglichst gleichmäßig auf dem Filter verteilt sein.
Die Proben werden im Exsikkator getrocknet und im GEIGER-MÜLLER-Zähler ausgezählt. Die für die verschiedenen Flüssigkeitsmengen erhaltenen Impulszahlen werden in ein Diagramm eingezeichnet, auf dessen Abszisse mg $BaCO_3$ und Ordinate die Impulszahlen aufgetragen werden. Die so ermittelte Kurve verläuft nur im Bereich von 0,25 mg bis 1 mg $BaCO_3$ linear. Bei größeren Mengen des Bariumkarbonat-Niederschlags auf dem Filter macht sich die Eigenabsorption der β-Strahlung im Niederschlag bemerkbar. Aus dem linearen Ansatz kann jedoch durch gradlinige Extrapolation auf die Gesamt-Impulszahl für 100 mg $BaCO_3 + BaC^{14}O_3$ = 1 ml Standardlösung geschlossen werden.
Von jeder Ampullenserie, also etwa 1000 Stück, werden in der oben beschriebenen Weise 3 Ampullen geprüft.
Um bei der Herstellung der Standard-Lösung den Fehler möglichst klein zu halten, ist es vorteilhafter, mit einer größeren Einwaage zu arbeiten. Nimmt man eine Einwaage von 268,5 mg vorgetrocknetem Na_2CO_3 und füllt mit 250 ml destilliertem Wasser auf, so enthalten 50 ml dieser Lösung 53,7 mg Na_2CO_3.

III. EINIGE HINWEISE ZUR ERMITTLUNG DER PRIMÄRKONSUMATION

Alle Organismen, die nicht selbst zur Photo- oder Chemosynthese befähigt sind, ernähren sich unmittelbar oder über Zwischenglieder von den Assimilaten der grünen Pflanzen: Sie stellen die Gruppe der Konsumenten dar. Dazu gehören auch die Bakterien, die im Verlauf rascher Destruktion noch in der trophogenen Zone Nährstoffe aufnehmen und an das Zooplankton weitergeben können. Diese kurzgeschlossenen Kreisläufe spielen im See eine entscheidende Rolle.
Die Beziehungen zwischen Primärproduzenten und Konsumenten sowie die der einzelnen Konsumenten untereinander sind so vielgestaltig, daß sie bisher nur in einzelnen Linien verfolgt werden konnten. So hat man sich aus praktischen Gründen besonders mit der Ernährung von Fischen beschäftigt und sogenannte „Nahrungsketten" festgestellt. Nur für wenige Zooplanktonarten ist der genaue Nahrungsbedarf pro Zeit untersucht worden, z. B. für *Daphnia pulex* (RICHMANN 1958) und *Leptodora kindtii* (SEBESTYÉN 1959).
Die Konsumation der Primärproduktion beginnt mit den Filtrierern (Primärkonsumenten) und wird von den Räubern, die sich von den Filtrierern ernähren (Sekundärkonsumenten), weitergeführt. Filtrierer und Greifer sind jedoch nicht auf diese beiden Konsumentengruppen beschränkt, sondern es kommen auch alle Zwischenstufen vor; einige Arten können sowohl filtrieren wie greifen.
Neuerdings ist eine elegante Methode ausgearbeitet worden, mit der die Filtrierrate der filtrierenden Primärkonsumenten experimentell zu bestimmen ist. Diese Methode ist eng mit der beschriebenen C^{14}-Methode verknüpft. Es gilt dabei, durch Assimi-

lation von C^{14} radioaktiv gemachte, d. h. „markierte" Algen in einer genau bekannten Konzentration an Zooplankton zu verfüttern und aus der pro Zeiteinheit aufgenommenen Algenmenge (Freßrate), die sich aus der Radioaktivität der Tiere ergibt, auf die algenfrei filtrierte Wassermenge (Filtrierrate) zu schließen.

Ausführung der Bestimmung der Filtrierrate:

Seewasser mit natürlicher Planktonpopulation (Schöpfproben) wird durch Müllergaze Nr. 25 filtriert und alles Zooplankton sowie das Phyto-Netzplankton daraus entfernt. Wie bei der C^{14}-Methode wird $Na_2C^{14}O_3$-Lösung zugesetzt und die Wasserprobe, in der nur noch das Nannoplankton enthalten ist, unter optimalen Lichtbedingungen und bei einer dem Entnahmewert entsprechenden Temperatur in Flaschen 24 bis 48 Stunden exponiert. Nach dieser Zeit haben die Algen ausreichend C^{14} aufgenommen und können für die Bestimmung der Filtrierrate verwendet werden.
Etwa 50 ml der radioaktiven Probe werden filtriert, getrocknet und unter dem GEIGER-Zähler ausgezählt (Anfangs-Nullwert); eine weitere Probe wird mit LUGOLscher Lösung fixiert.
Die zu untersuchenden Tiere müssen frisch dem See entnommen sein (Netzfang). Sie werden einzeln dem Fang entnommen, in Probewasser und destilliertem Wasser gewaschen und sodann in genau geeichte Versuchsflaschen von 10—125 ml Inhalt mit Algensuspension gebracht. Die für einen Versuch benötigte Anzahl von Tieren richtet sich nach ihrer Größe; für *Diaptomus* wurden 10—20, für *Bosmina* 30—40 Exemplare angegeben. Eine Versuchsflasche bleibt ohne Tiere und zeigt nach Beendigung des Versuchs die Veränderungen im Probewasser, unabhängig vom Einfluß der Tiere, an (End-Nullprobe).
Die Expositionszeit, während der die Tiere radioaktive Algen aufnehmen können, darf nicht länger als 0,5 bis 4 Stunden sein; denn der Versuch muß abgebrochen sein, ehe die Tiere einen Teil der aufgenommenen Algen wieder ausscheiden.
Zur Ermittlung der aufgenommenen Nahrung werden die Tiere aus den Versuchsflaschen herausgenommen, mit destilliertem Wasser gewaschen, auf Gazefiltern im Exsikkator getrocknet, und anschließend wird ihre Radioaktivität im GEIGER-Zähler gemessen. Gleichermaßen wird auch die End-Nullprobe auf ihre Radioaktivität hin untersucht.
Der Mittelwert von Anfangs- und End-Nullprobe ergibt die durchschnittliche Radioaktivität des Futtermaterials während des Versuchs; sie wird in Impulszahl pro ml angegeben. Die Filtrierrate je Tier ergibt sich dann aus dem mittleren Null-Wert des Futters und der Radioaktivität der Tiere:

$$\mathrm{Ft} = \frac{\text{Impulse pro Tier}}{\text{Impulse pro ml}} .$$

NAUWERCK fand für *Eudiaptomus graciloides* eine Filtrierrate von 0,3—2,8 ml pro Tier/Tag und für *Daphnia longispina hyalina* 0,2—4,5 ml/Tier/Tag. Dieser Wert stimmt gut mit dem von RICHMAN bei *Daphnia pulex* ermittelten von 0,2 bis über 5 ml und dem von RIGLER ermittelten Wert von 2,5 ml/Tier/Tag für *Daphnia magna* überein. MARSCHALL und ORR (1955) verwendeten für ähnliche Untersuchungen an *Calanus* P^{32}-markierte Algen.

Die Filtrierrate ist von verschiedenen Außenfaktoren abhängig, z. B. von der Temperatur und dem Futterangebot. Sie erreicht jedoch auch unter günstigsten Bedingungen einen maximalen Effekt, der nicht mehr gesteigert werden kann. Dann hängt die aufgenommene Nahrungsmenge allein von der Futterkonzentration ab. NAUWERCK hat aufgrund seiner Experimente und Untersuchungen im See Erken festgestellt, daß die von ihm untersuchten Zooplankter nur etwa 5% des Nannoplanktons im See aufnehmen können; zur Deckung des Energiebedarfs wäre eine 10- bis 100fache Filtrierrate erforderlich.

IV. POPULATIONSDYNAMIK DES ZOOPLANKTONS

Für die Beurteilung der Sekundärkonsumation ist die Kenntnis der Änderung des Bestandes einer Zooplanktonart sehr aufschlußreich. Nach ELSTER (1954) ergibt sich ein Bestand B_2 aus dem vorhergehenden Bestand B_1 plus Zuwachs minus Verlusten:

$$B_2 = B_1 + Z - V.$$

Durch zeitlich eng aufeinander folgende Bestimmungen des jeweiligen Bestandes (vgl. Methodik Zooplankton) bestimmt man B_1 und B_2. Der Zuwachs Z wird aus der Menge der im Fang erfaßten Eier und der Entwicklungsdauer der Eier bei den im See gegebenen Temperaturen experimentell ermittelt (= „Erneuerungskoeffizient"). Aus $B_1 + Z$ ergibt sich der zu erwartende Bestand B_2', der stets höher ist als der tatsächliche Bestand B_2. $B_2' - B_2$ ergibt die Verlustziffer.

Es ist selbstverständlich, daß die populationsdynamischen Untersuchungen für die einzelnen Zooplanktonarten getrennt durchgeführt werden müssen und sich mindestens über ein Jahr erstrecken sollten. Da hier keine Einzelheiten besprochen werden können, wird zur genaueren Orientierung auf ELSTER (1954), EICHHORN (1957), ECKSTEIN (1964), NAUWERCK (1963) sowie EDMONDSON (1960 und 1962) hingewiesen.

METHODEN DER BIOLOGISCHEN BEURTEILUNG DER WASSERGÜTE

Die rasche und sichere Beurteilung des Verunreinigungsgrades unserer durch Abwässer belasteten Gewässer ist eine höchst aktuelle praktische Forderung. Seit den grundlegenden Arbeiten von LAUTERBORN (1901, 1903) sowie KOLKWITZ und MARSSON (1902, 1908, 1909) ist die biologische Bewertung neben die chemische getreten, und damit ist ein wichtiger Fortschritt in der Beurteilung der Situation verunreinigter Gewässer erreicht worden.
Die biologische Beurteilung verunreinigter Gewässer geht von der Frage aus, in welcher Weise sich die biologische Situation in einem Gewässer ändert, in das Abwässer mit Giftstoffen oder mit fäulnisfähigen organischen Substanzen eingeleitet werden. Die organischen Stoffe werden zunächst durch Destruenten abgebaut (mineralisiert), die Zwischen- und Endprodukte dieses Abbaus stehen den Konsumenten und Urproduzenten wieder zur Verfügung. Die zugeführten Stoffe werden also über die Organismen in das Stoffwechselsystem des Gewässers einbezogen. Diesen Vorgang, an dem auch Adsorptionsvorgänge an das Sediment beteiligt sind, nennt man im Hinblick auf die herrschende Anfangssituation Selbstreinigung. KNÖPP (1964) unterscheidet mit vollem Recht zwischen einer oxydativen oder heterotrophischen und einer photosynthetischen oder autotrophischen Phase der Selbstreinigung.
Der Vorgang der Selbstreinigung ist also, angefangen bei den Bakterien als Destruenten bis zu den chlorophyllführenden Urproduzenten, an Organismen gebunden. Die eigentliche Bedeutung der biologischen Bewertung eines abwasserbelasteten Gewässers liegt daher sowohl in der Beurteilung der aktuellen Abwasserlast wie seiner biologischen Selbstreinigungskapazität, die mit keiner chemischen Methodik richtig bewertet werden kann. Die aktuelle Abwasserlast ist chemisch nur in momentanen Einzelwerten zu erfassen; die biologische Analyse liefert dagegen Einblicke in langfristige Auswirkungen auf das Gewässer.

I. ÖKOLOGISCHE METHODEN

In jedem Lebensraum führt eine Veränderung der Umweltbedingungen zu einer mehr oder weniger tiefgreifenden Umgestaltung der Organismengesellschaften. Das gilt sowohl für Lebensräume auf dem Land wie im Wasser. In jedem Gewässer, dem Abwasser zugeführt wird, ist eine derartige Situation gegeben; mit welchen Folgen, das hängt von den Eigenschaften des Abwassers und der Höhe der verabreichten Dosis ab. Ist die Anfangsbelastung sehr stark, so wird der gesamte Sauerstoff für die Mineralisierung der organischen Stoffe verbraucht. Alle Organismen, die zum Leben Sauerstoff benötigen, sind dann in höchstem Maße gefährdet. Die

Bild 99. Änderung der physikalischen und chemischen Bedingungen sowie der Besiedlung im Verlauf eines Fließgewässers unterhalb einer Einleitung von organischem Abwasser (aus HYNES, umgezeichnet und verändert).

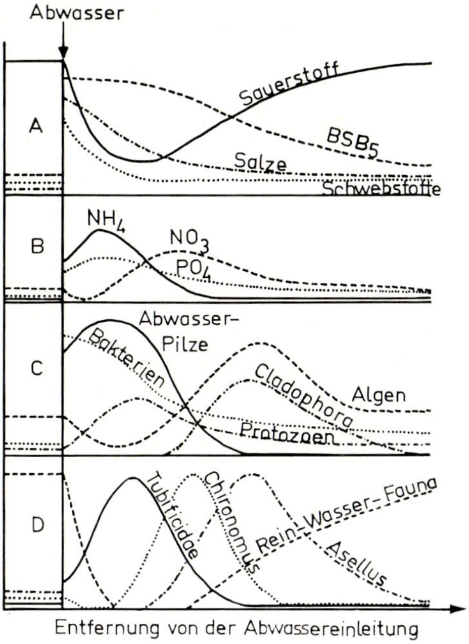

Lebensgemeinschaft verändert sich zugunsten derjenigen Organismen, die ohne oder nur mit ganz wenig Sauerstoff auskommen. Zugelassen sind außerdem nur Organismen, die von organischen Nährstoffen leben können. Im Verlauf der Selbstreinigung wird der Sauerstoffbedarf für die Mineralisation geringer und das O_2-Angebot für die Lebewesen wieder günstiger. Damit verschiebt sich die extreme Ausgangssituation wieder zugunsten der sauerstoffbedürftigeren Organismen, von denen anfangs nur die heterotrophen, später auch die autotrophen Fuß fassen können. Im günstigsten Fall stellt sich die Situation, wie sie vor der Abwassereinleitung vorlag, wieder ein (Bild 99). Der Trophiegrad des Gewässers ist jedoch gestiegen, da das Potential an anorganischen Nährstoffen angehoben worden ist. Dies wirkt sich ganz besonders auf das geschlossene System eines stehenden Gewässers aus (z. B. Zürichsee, Bodensee).

Die biologisch-ökologische Beurteilung der Wassergüte geht von dem Ansatz aus, daß man, ohne die chemischen Abwasserverhältnisse im einzelnen zu kennen, aus der biologischen Situation auf die jeweilige Belastungssituation schließen kann. Die Voraussetzung, die getroffen wird, ist die, daß die biologische Situation für jeden Verunreinigungsgrad typisch ist. Die biologische Analyse erfolgt in zwei Richtungen: entweder werden einige für den Verunreinigungsgrad typische Organismen, sogenannte Indikatororganismen, herausgestellt und deren Auftreten verfolgt, wie es die nach dem Saprobiensystem arbeitenden Verfahren tun, oder die Verarmung eines „natürlichen" Artenspektrums wird als Bewertungsgrundlage herangezogen, wie es KOTHÉ mit seinem „Artenfehlbetrag" ganz folgerichtig getan hat. Andere Verfahren, die das Verhältnis von Reduzenten, Konsumenten und Produzenten zueinander feststellen, beziehen sich ausschließlich auf den Selbstreinigungsvorgang.

1. Verfahren, die nach Saprobiensystemen arbeiten

System von KOLKWITZ *und* MARSSON:

Die ältesten Versuche einer biologischen Wasserbeurteilung lieferten COHN (1853) und sein Schüler MEZ (1898). LAUTERBORN (1901) schuf den Begriff der sapropeli-

schen Lebewelt, womit er die Organismen des Faulschlammes meinte, und definierte die Saprobie folgerichtig als die Zone der Fäulnisprozesse. KOLKWITZ und MARSSON (1902, 1908, 1909; KOLKWITZ 1950) stellten das erste umfangreiche Saprobiensystem mit einer großen Zahl von Indikatororganismen für die einzelnen Verunreinigungszonen auf. Wie richtig dieses System war, zeigt die Tatsache, daß es, trotz aller Kritik und Diskussionen, bis heute in der Praxis der Abwasserbiologie mit Erfolg verwendet worden ist. Erst LIEBMANN (1947, 1962) hat es nach neuen wissenschaftlichen Ergebnissen revidiert und auch auf stehende Gewässer, für die es ursprünglich nicht gedacht war, übertragen (vgl. unten). Daraufhin ist eine sehr lebhafte Diskussion um die Grundlagen des Systems in Gang gekommen (vgl. dazu CASPERS und SCHULZ 1960, 1962; CASPERS 1966; KNÖPP 1962; ELSTER 1962).
Das System von KOLKWITZ und MARSSON umfaßt 4 Saprobitätsstufen:

sehr stark verunreinigt:	polysaprobe Zone (p)
stark verunreinigt:	alpha-mesosaprobe Zone (α)
mäßig verunreinigt:	beta-mesosaprobe Zone (β)
kaum verunreinigt:	oligosaprobe Zone (o).

Jeder im Saprobiensystem aufgeführte Organismus ist einer oder zwei benachbarten dieser Zonen zugeordnet. Untersucht man einen beliebigen Abschnitt eines Fließgewässers, so kann man aus der Zahl und Häufigkeit dieser Indikatororganismen auf die Abwasserbelastung schließen. Über die praktische Durchführung vgl. unten S. 160 ff.
Revision von LIEBMANN: LIEBMANN behält die 4 klassischen Stufen bei, bezeichnet sie aber als Güteklassen und benennt sie in der oben angegebenen Reihenfolge als Güteklassen IV—I. Er empfiehlt weiterhin, besonders die kosmopolitisch verbreiteten Protozoen für die Beurteilung der Wassergüte einzusetzen. Damit würden sich allerdings methodische Schwierigkeiten in der Bestimmung der Organismen ergeben; außerdem würden Endphasen der Selbstreinigung biologisch nicht richtig erfaßt werden.

Das System von FJERDINGSTAD *(1964):*

FJERDINGSTAD teilt die 4 Zonen des klassischen Systems weiter auf und benutzt einzelne Gesellschaften von Bakterien und Algen als Indikatoren:

Zone	Gesellschaften
I. Koprozoische Zone	Gesellschaft von Bakterien oder dem Flagellat *Bodo* oder von beiden
II. Alphapolysaprobe Zone	1. *Euglena*-Gesellschaft 2. Gesellschaft von Rhodo- und Thiobakterien 3. Reine Chlorobakterien-Gesellschaft
III. Betapolysaprobe Zone	1. *Beggiatoa*-Gesellschaft 2. Gesellschaft von *Thiothrix nivea* 3. *Euglena*-Gesellschaft
IV. Gammapolysaprobe Zone	1. Gesellschaft von *Oscillatoria chlorina* 2. Gesellschaft von *Sphaerotilus natans*

Zone	Gesellschaften
V. Alphamesosaprobe Zone	Gesellschaft von *Ulothrix zonata* (hohe Trophie) oder *Oscillatoria benthonicum* oder *Stigeoclonium tenue*
VI. Beta-mesosaprobe Zone	Gesellschaft von *Cladophora fracta* oder von *Phormidium*
VII. Gamma-mesosaprobe Zone	Rhodophyceen-Gesellschaft (*Batrachospermum moniliforme* oder *Lemanea fluviatilis*) oder *Chlorophyceen*-Gesellschaft (*Cladophora glomerata* oder *Ulothrix zonata*)
VIII. Oligosaprobe Zone	Chlorophyceen-Gesellschaft (*Draparnaldia glomerata*) oder eine reine *Meridion circulare*-Gesellschaft oder Rhodophyceen-Gesellschaft (*Lemanea annulata, Batrachospermum vagum* oder *Hildenbrandia rivularis*) oder *Vaucheria sessilis*-Gesellschaft oder *Phormidium inundatum*-Gesellschaft
IX. Katharobe Zone	Chlorophyceen-Gesellschaft (*Chlorotylium cataractum* und *Draparnaldia plumosa*) oder Rhodophycen-Gesellschaft (*Chantransia chalybdea* und *Hildenbrandia rivularis*) oder Gesellschaft von Krustenalgen (*Chamaesiphon polonius* und verschiedene *Calothrix*-Arten)

1, 2 und 3 sind verschiedene Verunreinigungsgrade innerhalb einer Zone.

Das System von FJERDINGSTAD verwendet für die Abgrenzung der 9 Zonen nur wenige Indikatororganismen. Es handelt sich in erster Linie um eine Dokumentation des Selbstreinigungsvorgangs. Für die Praxis erschwerend ist es, daß einige Algen, besonders *Cladophora* und *Phormidium,* nicht sicher oder nur unter großem Zeitaufwand (Züchten) zu bestimmen sind. Bei der Verwendung des Systems ist zu beachten, daß es im Hinblick auf die Verhältnisse in dänischen, allgemein also in Flachlandgewässern, aufgestellt wurde. Nach den Untersuchungen von BACKHAUS gilt es auch nur in kalkreichen Fließgewässern.

Das System von SLÁDEČEK *(1961):*

SLÁDEČEK und vor ihm SRAMEK-HUSEK (1956) haben das klassische System in Richtung auf besonders intensive Verunreinigungen ausgedehnt (Eusaprobität) und auch toxische Abwässer sowie radioaktive Verunreinigungen (Trans-Saprobität) einbezogen:

Katharobität (sehr sauberes Wasser)	Katharobität	
Limnosaprobität (verunreinigtes Oberflächen- und Grundwasser)	Oligosaprobität β-Mesosaprobität α-Mesosaprobität Polysaprobität	Entsprechend dem System von KOLKWITZ und MARSSON
Eusaprobität (häusliches und industrielles Abwasser, unterliegt der bakteriellen Destruktion)	Isosaprobität Metasaprobität Hypersaprobität Ultrasaprobität	Zone der Ciliaten Zone farbloser Flagellaten Zone der Bakterien Abiotische Zone, doch nicht toxisch
Trans-Saprobität (ohne bakterielle Destruktion)	Antisaprobität Radiosaprobität	Toxische Zone radioaktive Abwässer

In diesem System sind alle Verunreinigungsarten und -grade berücksichtigt. Die abiotischen Zonen der Gewässer sind biologisch natürlich nicht zu charakterisieren.

Ausführung der Arbeiten:

Die praktische Durchführung einer biologischen Gewässergütebeurteilung nach dem Saprobiensystem verläuft in folgenden Schritten:
1. Sammeln der Organismen in einem bestimmten Areal,
2. Bestimmung der gesammelten Organismen und Ermittlung ihrer Häufigkeit,
3. Auswertung und Darstellung der Ergebnisse.

Sammeln der Organismen: Davon ist in den einzelnen Kapiteln dieses Buches ausführlich die Rede, so daß sich Hinweise an dieser Stelle erübrigen. Es ist besser, in einem größeren Areal qualitativ zu sammeln als in einem kleinen quantitativ; jedoch müssen alle Substrate berücksichtigt werden. Vor Beginn der Untersuchungen legt man die Probenstellen fest. Diese müssen genügend dicht liegen, d. h. alle physiographischen Besonderheiten eines Gewässers berücksichtigen, bei allen Wasserständen gut zugänglich sein, und die zu berücksichtigenden Substrate müssen eine genügende Ausdehnung haben, damit man nicht auf Einzelfunde angewiesen ist. Wichtig ist weiter, daß die Untersuchungsstellen zu allen Jahreszeiten und wenn möglich mehrmals untersucht werden.

Bestimmung und Häufigkeit der Organismen: Zur Bestimmung der Tiere und Pflanzen dienen die im Literaturverzeichnis angegebenen Bestimmungswerke für die einzelnen Organismengruppen, ferner die Arbeit von LUND (1960). Speziell auf Indikatororganismen ausgerichtet sind die Bücher von LIEBMANN, deren Abbildungen die Bestimmung sehr erleichtern, sowie der schöne „Guide to limnosaprobical Organisms" von SLÁDEČEK (1963). Viele, besonders die größeren Organismen, können an Ort und Stelle bestimmt und ihre Häufigkeit kann geschätzt werden; alles andere wird fixiert und im Labor untersucht.

Die Häufigkeit der einzelnen Arten an einer Untersuchungsstelle wird entweder in absoluten Individuenzahlen angegeben (Methode von ZELINKA und MARVAN) oder geschätzt. KNÖPP (1955) benutzt eine 7-stufige Skala 1 = Einzelfund, 2 = wenig, 3 = wenig bis mittel, 4 = mittel, 5 = mittel bis viel, 6 = viel und 7 = massenhaft. Nach KNÖPP sowie MAUCH (1963) verschätzt man sich höchstens um eine Stufe. Unter der Voraussetzung, daß ein Gewässer von nur einem und immer demselben Untersucher bearbeitet wird, sind die persönlichen Schätzfehler gleich und fallen kaum ins Gewicht. Sie können jedoch bei einem Vergleich verschiedener Gewässer mit verschiedenen Bearbeitern bedeutungsvoll sein. PANTLE und BUCK benutzen nur 3 Häufigkeitsstufen: 1 = Zufallsfund, 3 = häufig und 5 = massenhaft; diese Stufen sind natürlich leichter abzuschätzen.

Auswertung und Darstellung der Ergebnisse

Methode von KNÖPP: KNÖPP (1965) untersucht die tierische und pflanzliche Besiedlung des Ufers und der Bodenzone einer Flußstrecke und erarbeitet einen „Biologischen Gütelängsschnitt". Dabei sind zwei Faktoren zu berücksichtigen: das Vorhandensein von Indikatororganismen und ihre Häufigkeit. Für jede Untersuchungsstelle werden die gefundenen Arten den vier Saprobitätsstufen zugeordnet und ihre Häufigkeit an der betreffenden Untersuchungsstelle in Schätzwerten von 1—7 angegeben. Die Häufigkeitszahlen der Arten jeder Saprobitätsstufe werden addiert, wobei die Zahlen von Arten, die zwei benachbarten Saprobitätsstufen angehören, sinngemäß aufgeteilt werden (2 : 1 oder entsprechend ihrer Häufigkeit anders). Das Ergebnis dieser Auswertung sind also 4 Summen: Σ o, $\Sigma\,\beta$, $\Sigma\,\alpha$ und Σ p (entsprechend den 4 Saprobitätsstufen auf S. 158).

Bei der graphischen Darstellung der Ergebnisse (biologischer Gütelängsschnitt) werden diese 4 Summenwerte von einer x-Achse aus nach oben oder unten aufgetragen. Die x-Achse stellt den Gewässerlauf dar, so daß die Untersuchungsstellen maßstabgerecht markiert werden können. In jedem Untersuchungspunkt werden nach oben Σ o und $\Sigma\,\beta$, die sogenannten positiven Werte, und nach unten $\Sigma\,\alpha$ und Σ p, die negativen Werte, abgetragen. Die Werte gleicher Saprobitätsstufen werden miteinander verbunden und die entstehenden Flächen durch Punkte, Schraffur usw. hervorgehoben (Bild 100 oben). Der so dargestellte biologische Gütelängsschnitt zeigt sehr deutlich die Belastung an den einzelnen Untersuchungsstellen und im gesamten Flußlauf an.

Weiterhin führte KNÖPP die Begriffe „relative Güte" und „relative Belastung" ein, die sich ebenfalls aus den Häufigkeitssummen der einzelnen Indikatororganismen errechnen lassen:

$$\text{relative Güte} = \frac{\Sigma\, o + \beta}{\Sigma\, o + \beta + \alpha + p} \text{ in } \%,$$

$$\text{relative Belastung} = \frac{\Sigma\, p + \alpha}{\Sigma\, p + \beta + \alpha + p} \text{ in } \%.$$

Auch diese Werte lassen sich in einem Kurvenzug für den gesamten Flußlauf sehr anschaulich darstellen (Bild 100 unten).

Methode von PANTLE *und* BUCK *(1955):* Nach der weiter oben mitgeteilten 3stufigen Häufigkeitsskala wird für jede gefundene Art, die dem klassischen Saprobiensystem zugeordnet werden kann, die Häufigkeit (h) geschätzt. Ihr Saprobitätsgrad (s), also ihre Stellung im Saprobiensystem, wird den Listen von LIEBMANN (1952, 1962) entnommen; es ist für

oligosaprobe Indikatororganismen	s = 1,
β-mesosaprobe Indikatororganismen	s = 2,
α-mesosaprobe Indikatororganismen	s = 3,
polysaprobe Indikatororganismen	s = 4.

Aus diesen Angaben ist der Saprobitätsindex

$$S = \frac{\Sigma\,(s \cdot h)}{\Sigma\, h}$$

für jede Untersuchungsstelle zu errechnen. Die Güteklassifizierung geschieht nach folgendem Schema:

S =	1,0—1,5	sehr geringe Verunreinigung (o),
	1,5—2,5	mäßige Verunreinigung (β),
	2,5—3,5	starke Verunreinigung (α),
	3,5—4,0	sehr starke Verunreinigung (p).

Zur optischen Veranschaulichung der Ergebnisse werden die ermittelten Werte für S mit verschiedenen Farben in den Flußlauf eingetragen (vgl. auch die Münchner Methode S. 164).

Das Verfahren von PANTLE und BUCK ist, wie die Methode von KNÖPP, für Fließgewässer ausgearbeitet worden. SCHRÄDER (1959) hat aber in befriedigender Weise auch den Verunreinigungsgrad von Stauseen mit dieser Methode ermitteln können. BREITIG (1961) hat in Fließgewässern gearbeitet, und v. TÜMPLING und ZIEMANN (1961) wiesen nach, daß die Fehlerbreite für S nur gering ist. V. TÜMPLING (1960) hat am Beispiel der Werra gezeigt, daß die Kurven der Saprobienindices und der relativen Belastung nach KNÖPP sehr gut übereinstimmen.

Methode von ZELINKA *und* MARVAN *(1961):* ZELINKA und MARVAN haben für eine große Anzahl von Organismen aus stehenden und fließenden Gewässern untersucht, wie diese sich in einem 5stufigen Saprobitätsspektrum verteilen. Die 5 Stufen entsprechen den Zonen des klassischen Systems, aber der oligosaproben ist noch eine unbedingt saubere xenosaprobe Zone vorangestellt. Für jede Art stellten sie durch eigene Untersuchungen, durch den Vergleich mit chemischen Daten sowie auf Grund von Literaturangaben die Verteilung auf die einzelnen Saprobitätsstufen fest und markierten diese durch Zahlen derart, daß die Summe dieser „saprobiellen Valenz" für jede Art gleich 10 ist, wie das folgende Beispiel zeigt:

Art	x	o	β	α	p	g
A_1	3	3	3	1		1
A_2	5	5				3
A_3	4	6				3
A_4	2	7	1			3
A_5	+	8	2			4

(+ bedeutet Einzelfund)

Diese saprobielle Valenz entspricht nicht der Häufigkeit der Arten in den Saprobitätsstufen, sondern ist nur Ausdruck einer Schwerpunktverteilung. Entsprechend dieser Verteilung wird jeder Art ein „Indikatorwert" zuerkannt, der ihren Wert als Indikatororganismus charakterisiert (vgl. das angeführte Beispiel unter g, letzte Spalte). Arten, die in einer Saprobitätsstufe bevorzugt auftreten (A_5), haben einen höheren Indikationswert als Arten, die diffuser verteilt sind (A_1). Das höchste Prädikat ist 5, das geringste 1. Ähnliche Einteilungen hatten schon vorher BEER (1958) und v. TÜMPLING (1960) vorgenommen.

Aus den gesammelten Proben wird für jede Art die Häufigkeit ausgezählt (Individuenzahlen, keine Schätzwerte!) und diese Zahl jeweils mit der saprobiellen Valenz der betreffenden Art in jeder Saprobitätsstufe sowie mit ihrem Indikatorwert multipliziert. Das Ergebnis dieser Rechnungen bringt für das gewählte Beispiel die folgende Tabelle:

Bild 100. Oben: Gewässergütelängsschnitt des Mains nach der graphischen Auswertungsmethode von KNÖPP. Unten: Darstellung der relativen Güte für die gleiche Flußstrecke. Die Kurvenpunkte sind in beiden Darstellungen geradlinig miteinander verbunden (aus KNÖPP 1955, umgezeichnet und etwas verändert).

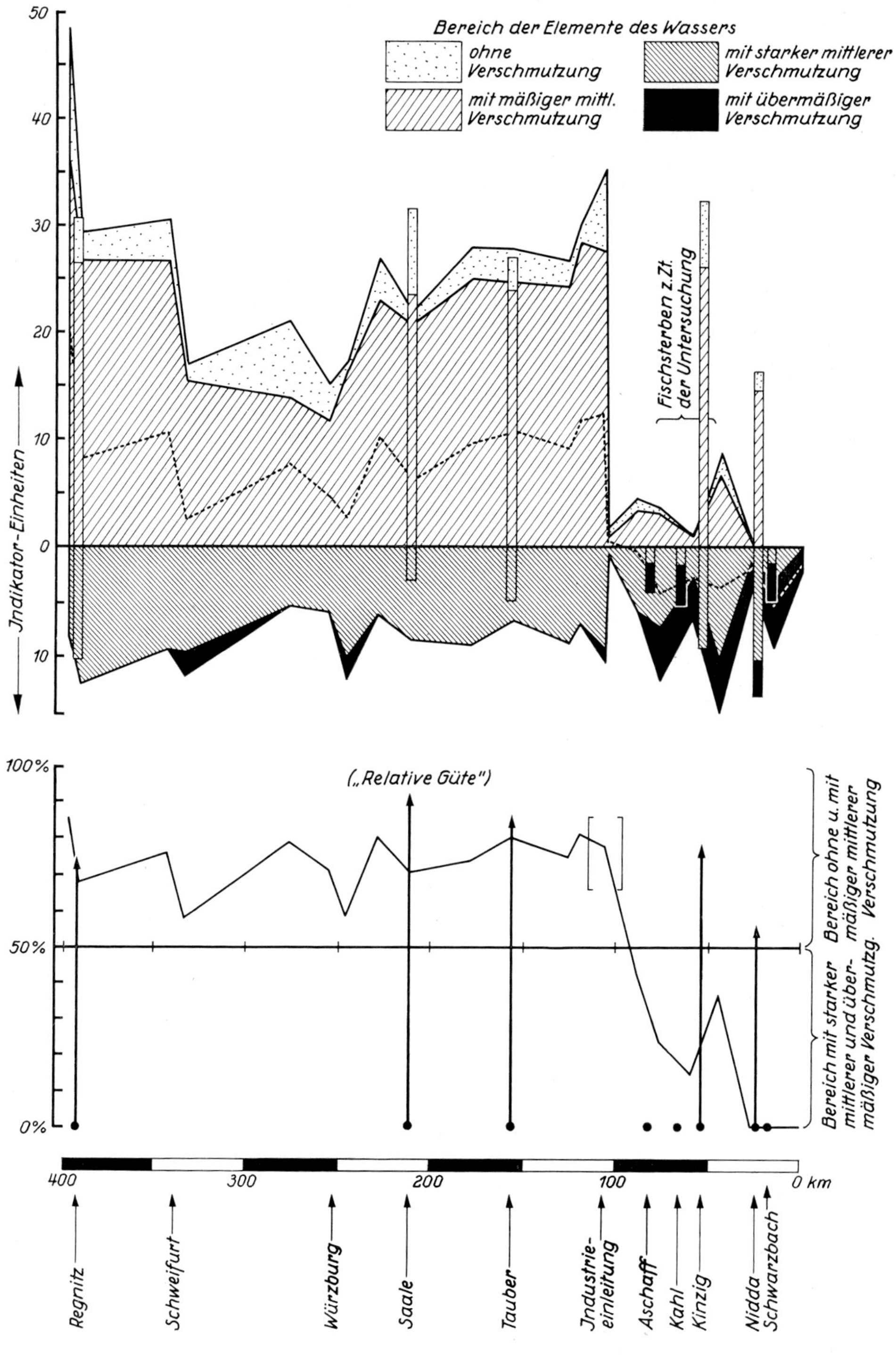

Bereich der Elemente des Wassers
ohne Verschmutzung
mit starker mittlerer Verschmutzung
mit mäßiger mittl. Verschmutzung
mit übermäßiger Verschmutzung
Jndikator-Einheiten
50
40
30
20
10
0
10
Fischsterben z. Zt. der Untersuchung
100%
(„Relative Güte")
50%
0%
Bereich ohne u. mit mäßiger mittlerer Verschmutzung
Bereich mit starker mittlerer und übermäßiger Verschmutzg.
400
300
200
100
0 km
Regnitz
Schweifurt
Würzburg
Saale
Tauber
Jndustrie-einleitung
Aschaff
Kahl
Kinzig
Nidda
Schwarzbach

Art	Häufigkeit	Multiplikationsergebnisse für				
	(h)	x	o	β	α	p
A_1	69	207	207	207	69	
A_2	31	465	465			
A_3	30	360	540			
A_4	42	252	882	126		
A_5	8	+	256	64		
Summe		1284	2350	397	69	0
Mittel		3,13	5,73	0,97	0,17	0

Die Ausrechnung des Saprobitätsgrades geschieht nach den folgenden Formeln:

$$X = \frac{\sum x \cdot h \cdot g}{\sum h \cdot g}; \qquad O = \frac{\sum o \cdot h \cdot g}{\sum h \cdot g}$$

für xenosaprobe Zone; für oligosaprobe Zone

und entsprechend für die β-, α- und p-Zone. Für A_1 wird also die Häufigkeit 69 mit 3 (= saprobielle Valenz in x) und 1 (= Indikatorwert) multipliziert und das Ergebnis 207 bei x eingetragen usw. für jede Art und jede Stufe. Dann werden in jeder Saprobitätsstufe die Einzelwerte addiert ($\Sigma\, x \cdot h \cdot g$), für x also 1284, und durch die Summe von h mal g dividiert. Diese Summe beträgt in unserem Beispiel 410. Dividiert man die Summen der einzelnen Saprobitätsstufen durch 410, so erhält man für jede Stufe einen „gewogenen" Mittelwert; die Summe aller Mittelwerte ergibt wieder 10.

In der angegebenen Weise wird jede Untersuchungsstelle analysiert. Die Lage des höchsten Mittelwertes bestimmt die endgültige Saprobitätsstufe jeder Untersuchungsstelle. Das zahlenmäßige Verhältnis der einzelnen Mittelwerte zueinander läßt sich graphisch sehr anschaulich darstellen.

Die Methode von Zelinka und Marvan ist zeitraubender als die bisher dargestellten, aber auch exakter, da sie schon in den Voraussetzungen genauer ist. Die saprobielle Valenz ist ausgewogener als die Zuordnung zu einer einzigen Zone des Saprobiensystems; außerdem wird die Häufigkeit der Arten nicht geschätzt, sondern ausgezählt. Im Einzelfall bleibt zu beurteilen, ob der Gewinn an Genauigkeit den höheren Zeitaufwand rechtfertigt.

Für viele Organismen sind die Angaben über die saprobielle Valenz und ihren Indikationswert leicht greifbar (Zelinka und Marvan 1961). Das Verfahren ist sowohl auf fließende wie auf stehende Gewässer anzuwenden. Sládečková und Sládeček (1963) haben auf diese Weise den Verunreinigungsgrad von Talsperren ermittelt; dabei sind sie besonders von der Bewertung des Aufwuchses auf exponierten Glasplatten (Methodik vgl. S. 90) ausgegangen.

Methode von Liebmann *(Münchner Verfahren):* Das Münchner Verfahren stützt sich auf das klassische Saprobiensystem, das Liebmann auch zur Bewertung von stehenden Gewässern heranzieht. Im Gegensatz zu den bisher erwähnten Verfahren lehnt die Münchner Schule jede mathematische Formulierung ab und setzt ausschließlich die persönliche Erfahrung des Untersuchers ein. Grundsätzlich wird jeder Organismus berücksichtigt, und der Erfahrene weiß, welchen Wert er für die Beurteilung dieses Gewässers hat. Erfahrungen dieser Art liegen ja auch den Tabellen von Zelinka und Marvan zugrunde, doch erscheinen sie hier objektiv fixiert; ohne diese

Grundlage ändert sich das Ergebnis entsprechend dem Erfahrungsstand des Untersuchers.
Das Münchner Verfahren trägt die ermittelten Güteklassen in den Umriß oder den Verlauf des untersuchten Gewässers ein, kartiert also und liefert ein Gütebild. Dabei werden für die 4 Güteklassen Farben verwendet, und zwar Blau für die Güteklasse I, Grün für II, Gelb für III und Rot für IV; die Zwischenstufen werden entsprechend geteilt (die Farben aber nicht gemischt!). Die so entstandenen Gütekarten (z. B. Bodensee, Donau, Main) sind sehr instruktiv und zeigen an den alarmierenden gelben und roten Farben die neuralgischen Punkte der Gewässerbelastung. Auf die Diskussion, die die Anwendung dieses Verfahrens auch auf stehende Gewässer hervorgerufen hat und neuere Untersuchungen dazu (z. B. ZAHNER 1964), kann hier nicht eingegangen werden.
Fehlerquellen der Saprobiensystem-Methoden: Der wichtigste Einwand, der gegen das Saprobiensystem erhoben worden ist, besagt, daß die darin aufgeführten Organismen physiologisch nicht untersucht worden sind und daß man daher nicht weiß, was sie als Indikatororganismen eigentlich anzeigen. Das ist richtig; erst in sehr wenigen Fällen wissen wir Genaues, und das klassische System beruht auf der persönlichen Erfahrung von KOLKWITZ, MARSSON, LAUTERBORN und anderen, die mitgearbeitet haben. Die Praxis braucht eine Methode der biologischen Gewässerbeurteilung und alle diejenigen, die das System anwenden, arbeiten in gleicher Weise mit ihrer persönlichen Erfahrung. Das hat sich immer bewährt und darüber hinaus bemühen sich die Hydrobiologen intensiv um eine genaue Kenntnis der Lebensansprüche der Indikatororganismen; nicht, um das System schließlich zu verwerfen, sondern um herauszufinden, warum es so gut brauchbar ist. AMBÜHL hat sich besonders der Bedeutung der Wasserströmung angenommen, und ZIMMERMANN hat den Einfluß von Temperatur und Strömung auf die Lebensgemeinschaft eines verunreinigten Gewässers halbexperimentell in künstlichen Rinnen untersucht. Dabei hat sich allerdings gezeigt, daß die Beurteilung des Verunreinigungsgrades auf Grund von Indikatororganismen sehr stark von diesen beiden Faktoren abhängt, weil die Indikatororganismen besonders darauf reagieren. Die gleiche Verunreinigung wird bei rascher Wasserbewegung und niederer Temperatur günstiger beurteilt als in langsam strömendem Wasser mit höherer Temperatur (vgl. dazu die Einführung auf S. 18 f. und die Einleitung zum Kapitel Fließgewässer, S. 113). Das ist ein schwerwiegender Einwand gegen die Verwendung von Indikatororganismen, deren Lebensansprüche wir nicht genau kennen. Auch die Tabellen von ZELINKA und MARVAN haben strenge Gültigkeit nur für diejenigen Gewässer, an denen sie erarbeitet worden sind.

2. Der „Artenfehlbetrag" nach KOTHÉ

Der soeben angedeuteten Schwierigkeiten wegen verzichtet KOTHÉ (1962) ganz auf das Saprobiensystem und die Indikatororganismen und bedient sich allein der Artendichte, die unter dem Einfluß sowohl organischer wie toxischer Verunreinigungen des Gewässers in sehr auffälliger Weise abnimmt. Von Vorteil ist, daß grundsätzlich alle Pflanzen- und Tierarten an diesem Kriterium beteiligt sind, ohne daß ihre Zuordnung zu bestimmten Verunreinigungsstufen erforderlich wäre.
In der Praxis kommt es darauf an, einen Artenstandard festzulegen, der einen für

alle Untersuchungsstellen einheitlichen Bezugswert darstellt. Dieser Artenstandard wird an einer Untersuchungsstelle oberhalb der Verunreinigungsstrecke gewonnen, meist also an dem Ausgangspunkt der ganzen Untersuchung (Probenstelle 1).

Die Arten sind zunächst nur in ihrer Gesamtzahl wichtig; um welche Species es sich dabei handelt, ist unwesentlich. Unter der Voraussetzung, daß man jede Probenstelle in gleicher Weise untersucht, läßt sich der Artenfehlbetrag nach der folgenden Formel berechnen:

$$F = \frac{A_1 - A_X}{A_1} \cdot 100.$$

Dabei sind A_X die Anzahl der Arten an einer beliebigen Untersuchungsstelle X und A_1 die Anzahl der Arten an der als Bezugsbasis dienenden Probenstelle 1. Die Angabe der Ergebnisse geschieht in %-Werten, die zwischen 0 ($A_X = A_1$: kein Artenfehlbetrag) und 100% (völliger Artenverlust in A_X) schwanken; zusätzlich ist der verwendete Artenstandard zu notieren.

Die Werte werden übersichtlich in ein Koordinatensystem eingetragen, dessen Abszisse die Flußstrecke darstellt. Zweckmäßig wird das Verfahren mit einer anderen Auswertungsmethode kombiniert; so ergaben sich gute Übereinstimmungen mit der Methode nach KNÖPP. Aber auch für sich allein kann die Kurve des Artenfehlbetrags als ein gutes Kriterium für die Gewässerbelastung angesehen werden.

Die Schwächen des Verfahrens liegen in der Fixierung eines verbindlichen Artenstandards. Die besten Werte liefert sie in Längsschnittuntersuchungen größerer Flüsse und Ströme mit auf weiten Strecken einheitlichem physiographischem Charakter. In kleineren Fließgewässern ändern sich die physiographischen Verhältnisse und damit die Lebensgemeinschaften um so stärker, je näher man der Quelle kommt. Es ist hier schwierig, einen geeigneten Artenstandard auszuwählen.

3. Methoden zur Kennzeichnung der Selbstreinigung

Es werden im Folgenden noch zwei Methoden genannt, die sich um das Verhältnis von Reduzenten, Konsumenten und Urproduzenten bemühen und damit den Verlauf der Selbstreinigung charakterisieren.

Das R-P-C-System von GABRIEL: GABRIEL (1946) verfolgt das Verhältnis von Bakterien, Ciliaten und chlorophyllführenden Pflanzen zueinander. In der Zone der stärksten Verunreinigung überwiegen die Reduzenten (R), dann werden die Konsumenten (C) häufiger und mit fortschreitender Selbstreinigung gewinnen auch die autotrophen Produzenten (P) an Boden. GABRIEL errechnet aus den quantitativen Verhältnissen einen „Biologischen Index" nach der Formel

$$I = \frac{2\,P}{R + C}$$

Der „Biological Index of Pollution" (BIP) von HORASAWA: Der Japaner HORASAWA geht von ähnlichen Vorstellungen aus wie GABRIEL, verzichtet aber auf die Verwendung von Bakterien. Er arbeitet mit chlorophyllführenden (A) und chlorophyllfreien Organismen (B). Das Verhältnis beider zueinander ist charakteristisch für die biologische Situation im Verlauf der Selbstreinigung:

$$BIP = \frac{A}{A + B} \cdot 100.$$

Da dieses Verfahren von der World Health Organisation (WHO) in die Zusammenstellung der International Standards for Drinking-Water (1958) aufgenommen wurde, erscheint mir ein wenigstens kurzer Hinweis hier erforderlich.

II. PHYSIOLOGISCHE METHODEN

Zur Beurteilung der Wasserqualität sind in der biologischen Wasseranalyse eine Reihe von Verfahren ausgearbeitet worden, die bestimmte physiologische Eigenschaften von Testorganismen zur Grundlage haben. Sie können hier im einzelnen nicht besprochen werden, doch soll auf einige Verfahren hingewiesen werden.

Sauerstoff-Zehrung in 48 Stunden (BSB_2) und in 5 Tagen (BSB_5): Das Probenwasser wird auf seinen Sauerstoffgehalt geprüft, dann für 48 Stunden bzw. 5 Tage in Flaschen eingeschlossen und bei 20° C im Dunkeln aufbewahrt. Nach dieser Zeit wird der Endwert des O_2 bestimmt und mit dem Anfangswert verglichen. Die Differenz gibt die Sauerstoff-Zehrung innerhalb dieser Zeit an. Dieser Wert ist proportional dem Gehalt an fäulnisfähigen Stoffen im Wasser und ermöglicht Rückschlüsse auf dessen organische Verunreinigung besonders dann, wenn das Verfahren mit einer Bestimmung des Kaliumpermanganatverbrauchs kombiniert wird. Bei der Durchführung des BSB_5 sind viele methodische Schwierigkeiten zu beachten, die aus den wasseranalytischen Fachbüchern zu entnehmen sind.

Die „zusätzliche Zehrung" nach KNÖPP: Mit den üblichen BSB-Verfahren wird nur ermittelt, in welchem Ausmaß die im Probenwasser enthaltene organische Substanz abgebaut wird. KNÖPP (1964) setzt darüber hinaus dem Probenwasser bestimmte Mengen oxydierbarer Stoffe zu und bestimmt gewissermaßen das oxydative Selbstreinigungs-Potential auf Grund der zusätzlichen Zehrung (ZZ). Als Modellsubstanz für Eiweiß wird Pepton zugegeben ($ZZ_{(Pepton)}$), für Kohlenhydrate Glukose ($ZZ_{(Glucose)}$).

Bestimmung der Sedimentaktivität nach CASPERS: 10 ml Sediment werden in 1 Liter sauerstoffgesättigtes, zehrungsfreies Wasser eingebracht und über 24 Stunden im Dunkeln bei 20° C aufbewahrt. Nach dieser Zeit wird der O_2-Gehalt des Wassers bestimmt. Der Fehlbetrag ist vom Sediment gezehrt worden. Die Zehrung ist um so größer, je höher der Gehalt des Sediments an oxydierbarer organischer Substanz ist. Fehler ± 2,45%. Das Verfahren ist sehr einfach durchzuführen.

Biomassentiter (BMT)-Verfahren von BRINGMANN *und* KÜHN: Keimfreie, membranfiltrierte Wasserproben werden mit bestimmten Testorganismen geimpft, die die freien Stickstoffverbindungen im Wasser ausnutzen können und proportional dem Angebot dieser Nährstoffe an Biomasse zunehmen. Der Zuwachs nach einer bestimmten Zeit kann, da nur einzellige Testorganismen verwendet werden, durch die Zunahme der Zellenzahl, die photometrisch gemessen wird, angegeben werden. Als Eichsubstanz dient eine Suspension von Kieselgur in Wasser; die Biomasse wird in mg Kieselgur angegeben. Zur Ermittlung des Saprobitätsgrades werden als Testorganismen Bakterien der Gattung *Escherichia* verwendet, die nur nicht-mineralische Stickstoffverbindungen aufnehmen können (entspricht der heterotrophischen Phase der Selbstreinigung). Zur Ermittlung des Trophiegrades verwendet man die Grünalge *Scenedesmus quadricauda,* die ausschließlich mineralische N-Verbindungen verwertet (autotrophische Phase der Selbstreinigung).

Testverfahren zur Ermittlung der Giftigkeit des Wassers: Industrieabwässer, aber auch kommunale Abwässer, enthalten oft Giftstoffe, die nicht oder nur sehr schwer abgebaut werden. Es sind zahlreiche Verfahren entwickelt worden, um mit Hilfe von Testorganismen die Giftwirkung des Wassers und die Toleranzgrenzen zu ermitteln. Auf der Schädigung spezifischer Stoffwechselleistungen von Mikroorganismen beruhen der *Escherichia coli*-Test, der *Pseudomonas fluorescens*-Test, der *Microregma heterostoma*-Test und der *Scenedesmus*-Test von BRINGMANN und KÜHN, der A-Z-Test von KNÖPP (1961) sowie der TTC-Test von BUCKSTEEG und THIELE (1959). Auch höhere Organismen, z. B. Daphnien, sind zu toxikologischen Tests herangezogen worden *(Daphnia*-Test), wobei die Schädigung der Tiere nach einer bestimmten Zeit festgestellt wurde. ZAHNER (1962) hat Fische als Testobjekte zur Prüfung der Giftigkeit von Treibstoffen und Ölen verwendet.

Eine Zusammenstellung der Methoden geben die Veröffentlichungen von BICK (1963) sowie von BRINGMANN, KÜHN und LÜDEMANN (1962).

ANHANG I: METHODEN DER FIXIERUNG UND KONSERVIERUNG DER IM SÜSSWASSER LEBENDEN ORGANISMENGRUPPEN

A. Tiergruppen

Protozoa: Die Behandlung der einzelnen Protozoengruppen ist sehr verschiedenartig und kann hier nicht im einzelnen angeführt werden. Vgl. hierzu das Buch von M. MAYER.

Porifera: Schwämme werden entweder getrocknet oder in 70%igem Alkohol aufbewahrt. Zur Präparation der Nadeln werden kleine Schwammstücke für etwa 12 Stunden in 2%ige Salpetersäure gelegt; öfter umschütteln. Nadeln sedimentieren, Lösung abschütten, mit reinem Wasser mehrmals spülen, dann Alkohol. Schnellmethode: Etwas Schwammgewebe wird mit 2 Tropfen Salpetersäure auf den Objektträger gebracht und bis zum Trocknen erhitzt. Dann Einschlußmittel und Deckglas.

Coelenterata: In wenig Wasser ausdehnen lassen, dann gleiches Volumen heißes Bouin dazu. Nach einigen Minuten in kaltes Bouin * übertragen und 12 Stunden darin lassen. In reinem Wasser mehrmals auswaschen und in 30%igem Alkohol aufbewahren.

Fixierung in Chromosmiumessigsäure und Aufbewahren in 2%iger Formalinlösung ist ebenfalls gut.

Zur Darstellung der Nesselzellen werden die lebenden Tiere mit einigen Tropfen eines Gemischs aus 1 Teil 0,02%iger Osmiumsäure und 4 Teilen 5%iger Essigsäure übergossen.

Tricladida: In wenig Wasser kriechen lassen und in ausgestrecktem Zustand mit Sublimatsalpetersäure nach STEINMANN-BRESLAU ** übergießen. Nach einer Minute in absoluten Alkohol überführen und kurz in Jod-Alkohol desublimieren. Konservierung in Alkohol 70%.

Für histologische Bearbeitung Bouin'sches Gemisch.

Andere Turbellaria: Vor der Fixierung Lebendzeichnung und Quetschpräparat, vor allem für Dalyelliden. Narkotisieren mit 10%igem Alkohol oder 1%igem Hydroxylamin. Fixieren mit einer Lösung von 2,5 g Kaliumbichromat, 5 g Sublimat, 1 g Na-

* 75 ml gesättigte wäßrige Pikrinsäure + 25 ml Formol 40% + 5 ml Eisessig

** 1 Teil rohe Salpetersäure, 1 Teil in Salzwasser (5 g NaCl auf 100 ml Wasser) konzentrierte Sublimatlösung, 1 Teil dest. Wasser.

triumsulfat, 5 ml Formalin und 100 ml Wasser. Desublimieren mit Jodalkohol und aufbewahren in 70%igem Alkohol.

Für histologische Zwecke Fixierung in Bouin'schem Gemisch.

Nematoda: Nach Fixierung durch Wärmestarre konservieren, am besten in 5%iger Formalinlösung (Meyl). Nach Meyl gute Ergebnisse auch mit den folgenden Gemischen: 1. 1 ml Formalin 40% + 1 ml Eisessig + 8 ml dest. Wasser. — 2. 100 ml Alkohol 96% + 30 ml Formalin 40% + 5 ml Eisessig + 200 ml dest. Wasser.

Nemertina: Fixieren und aufbewahren in 80%igem Alkohol.

Gordiidae: Fixieren: Gesättigte Sublimatlösung + 5—10% Eisessig (eignet sich besonders für histologische Untersuchungen). Aufbewahren in 90%igem Alkohol. Für Sammlungen auch Fixieren in 90%igem Alkohol.

Gastrotricha: Die Tiere werden im Wassertropfen auf den Objektträger gebracht und umgekehrt über eine Flasche mit 2%iger Osmiumsäure gehalten. Oder Fixieren in gesättigter Sublimatlösung oder Formalin 10% oder Bouin. Konservieren in 70%igem Alkohol oder 5%igem Formalin.

Rotatoria: Arten, bei denen es nur auf den Panzer ankommt, werden mit 4% Formalin fixiert und konserviert. Arten ohne Panzer müssen in ausgestrecktem Zustand fixiert werden. Dazu bringt man eine Anzahl von Tieren mit wenig Wasser in ein Uhrschälchen und übergießt mit etwa der gleichen Menge kochendem Wasser. Gut ist auch Narkotisieren mit schwacher wäßriger Lösung von Kokain. Sehr einfach ist auch folgende Methode: man übergießt im Reagenzglas einige Stücke Kalkstein mit etwas Salzsäure und leitet das entstehende Kohlendioxyd in ein zweites Reagenzglas, in dem sich die Probe mit den Rotatorien befindet. Nach wenigen Minuten sind die Rotatorien betäubt und können in Formalin 4% fixiert und konserviert werden. Methode von Remane: Zu der Rotatorienprobe tropfenweise langsam 4%ige Formalinlösung zugeben. Die Tiere werden erst narkotisiert und bei stärkerer Konzentration fixiert. (Besonders im Gelände geeignet.)

Bryozoa: Bryozoen müssen vor der Fixierung narkotisiert werden. Dazu bringt man die Tiere in ein kleines Gefäß mit Wasser und streut auf die Wasseroberfläche einige Mentholkristalle. Gefäß mit Glasplatte bedecken. Nach einigen Stunden sind die Tiere ausgestreckt und bewegungslos. Fixieren in Bouin oder 70%igem Alkohol oder 10% Formalin. Aufbewahren in Alkohol oder Formalin.

Tardigrada: Fixieren und Aufbewahren in Alkohol 85% oder Formalinlösung 5%. Fixierung für histologische Untersuchung in Osmiumsäure (vgl. Gastrotrichen) oder gesättigter wäßriger Sublimatlösung. Rückenhaut einstechen, damit die Lösung eindringt. Hartteile (Mundgliedmaßen u. a.) werden mit 10%iger Natronlauge auf dem Objektträger freigelegt.

Oligochaeta: Tiere in einer Schale mit wenig Wasser kriechen lassen; wenn sie ganz ausgestreckt sind mit heißer Schaudinn-Lösung* übergießen. Konservieren in Alkohol 80% mit einigen Tropfen Formalin. Zarte Formen *(Nais, Stylaria, Dero* und *Aeolosoma)* müssen vor dem Fixieren mit 2%iger Lösung von Hydroxylaminhydrochlorid narkotisiert werden.

---

* 2 Teile gesättigte wäßrige Sublimatlösung + 1 Teil Äthylalkohol 96%. Nach Fixieren gründliches Auswaschen in 70% Alkohol mit Jodzusatz.

Hirudinea: Narkotisieren mit CO_2, Chloroform, Chloralhydrat, Nikotinsulfat usw. in wäßriger Lösung, für 1—5 Stunden, bis die ausgestreckten Tiere auf Kneifen nicht mehr reagieren. Anschließend Fixieren in SCHAUDINN-Lösung oder in einem Gemisch von 50%igem Alkohol und 2% Formalin. Aufbewahren in 80%igem Alkohol oder 5%igem Formalin.

Crustacea: Alle Gruppen werden mit einer 4%igen Formalinlösung getötet. Aufbewahren in 96%igem Alkohol, dem je Liter 40 ml Glyzerin beigemischt sind, um das völlige Austrocknen der Proben zu verhüten. Zooplanktonproben, die ausgezählt werden sollen, werden besser in Formalinlösung 4% aufbewahrt oder vor dem Zählen in Formalin überführt.

Ostracoden: Die Sammelprobe wird geteilt und die Hälfte für einige Sekunden in siedendes Wasser eingetaucht (Gazeläppchen oder kleines Sieb). Die Schalen der so behandelten Tiere klaffen auf und lassen sich bei der Präparation viel leichter ablösen. Konservierung in Formalin oder Alkohol.

Hydracarina: Töten und Konservieren nur in KOENIKE-Gemisch; dieses besteht aus Glyzerin, Eisessig und Wasser im Verhältnis von 10 : 3 : 6. Niemals in Alkohol oder Formalin töten oder konservieren.

Oribatida: Fixieren und Aufbewahren in Alkohol 96%, niemals in Formalin.

Collembola: Fixieren mit heißem 96%igem Alkohol. Aufbewahren in 70%igem Alkohol. Aufhellen zur mikroskopischen Untersuchung mit Kreosot oder 5%iger Natronlauge.

Plecoptera und *Ephemeroptera:* Larven und Imagines fixieren und aufbewahren in 70%igem Alkohol; nicht trocknen.

Odonata: Fixieren und Konservieren der Larven in 70%igem Alkohol; Imagines werden ebenfalls in Alkohol aufbewahrt oder getrocknet und genadelt.

Hemiptera: Fixieren und Aufbewahren in 70%igem Alkohol oder Nadeln.

Megaloptera und Neuroptera: Fixieren und Aufbewahren in 70%igem Alkohol oder Nadeln.

Trichoperta: Fixieren und Konservieren der Larven und Puppen in 70%igem, der Imagines in 40—50%igem Alkohol.

Lepidoptera: Fixieren und Aufbewahren der Raupen und Puppen in 70%igem Alkohol; Imagines im Zyankaliglas töten und nadeln.

Coleoptera: Larven können in 70%igem Alkohol getötet und aufbewahrt werden. Imagines werden in Essigäther-Watte getötet und sofort in einem Gemisch von 65 Teilen absolutem Alkohol, 30 Teilen dest. Wasser und 5 Teilen Eisessig konserviert. Kleinere Imagines können in diesem Gemisch auch getötet werden.

Diptera: Größere Larven werden durch Übergießen mit kochendem Wasser getötet und fixiert (PENNAK). Kleinere Larven und die Imagines werden in 70%igem Alkohol fixiert und konserviert. 4%ige Formalinlösung eignet sich ebenfalls.

Mollusca, Schnecken: werden in ausgestrecktem Zustand betäubt. Zu diesem Zweck werden von einer gesättigten Lösung von (billigem synthetischem) Menthol in 70%igem Alkohol einige Tropfen auf die Wasseroberfläche geschüttet; das Menthol kristallisiert aus und bildet eine feste Schicht auf dem Wasser. Schale abdecken. Nach ½—2 Tagen reagieren die ausgestreckten Tiere nicht mehr auf Reizung mit einer Nadel. Konservierung in 70%igem Alkohol. Kein Formalin!

Zur histologischen Untersuchung Einlegen der betäubten Tiere in Bouin. — Aufkochen in 5%iger Natron- oder Kalilauge läßt Radula und Kiefer übrig.
Muscheln werden durch kurzes Überbrühen mit kochendem Wasser (bei kleinen Formen: *Sphaeriidae)* oder durch Kochen bis zum Öffnen der Schale getötet und in 70%igem Alkohol konserviert. Kein Formalin!

B. Pflanzengruppen

Alle Gruppen können mit 4%iger Formalinlösung fixiert und konserviert werden, auch Netzplankton. Algen können auch mit PFEIFFERs Gemisch fixiert und konserviert werden: Holzessig, Methylalkohol und Wasser zu gleichen Teilen, doch ist diese Behandlung nicht vorteilhafter als die mit Formalin.
Schöpfproben mit Nannoplankton werden mit LUGOLscher Lösung + Essigsäure- oder Acetatzusatz fixiert und konserviert; die genaue Vorschrift ist auf S. 65 wiedergegeben.

ANHANG II: EINIGE HINWEISE ZU KULTURMETHODEN

Spongillen: Die Tiere lassen sich nur für kurze Zeit im Aquarium halten. Unbedingt muß Fundortwasser genommen werden, das alle 1—2 Tage erneuert werden muß. *Hydren:* Die Tiere werden in kleinen, mit Fundortwasser gefüllten Standgläsern gehalten. Keine Wasserpflanzen und kein Bodengrund. Füttern mit Cladoceren und Copepoden. Für Dauerkulturen wenig füttern (Verhältnis von Hydren zu Daphnien wie 1 : 10). Bei Temperaturen von 20° C und 3—4 Daphnien pro Tier und Tag setzt starke Vermehrung ein.

Turbellarien: Tricladen und Rhabdocoelen aus eutrophen Gewässern lassen sich in mit Fundortwasser gefüllten flachen Schalen halten. Rhabdocoelen werden mit Paramecien, kleinen Naididen und Daphnien, Tricladen mit Tubifex oder Enchyträen oder geschabter Rinderleber gefüttert. Nur 2mal wöchentlich füttern; nach dem Füttern Nahrungsreste entfernen und Wasser erneuern. Arten aus Bächen und Quellen müssen in flachen Schalen bei niedriger Temperatur, möglichst auch Durchlüftung, gehalten werden.

Rotatorien: Kultur und Zucht schwierig. Die meisten Arten müssen mit ganz bestimmtem Futter ernährt werden. *Epiphanes senta* wird mit reichlich Infusorien, mit *Euglena viridis* oder einzelligen Algen *(Chlorella, Raphidium)*, *Keratella*-Arten werden mit *Chlorella*, *Chromogaster* wird mit *Ceratium hirundinella* oder *Peridinium* gefüttert. Das bdelloide Rotator *Habrotrocha constricta* wird mit einem Aufguß von *Polytrichium* (Moos) gehalten, viele andere bdelloide Rotatorien gedeihen in einem Aufguß des Mooses *Hypnum schreberi.* Kulturen dieser Rotatorien soll man eine kleine Menge zerstoßenen Glases zusetzen, weil die Tiere gern zwischen den Körnern ihre Eier legen. Strudelnde Rotatorien können lange Zeit im Wasser ihres Fundortes gehalten werden, das jedoch oft erneuert werden muß; der darin enthaltene Detritus genügt als Nahrung. Selbst unter dem Deckglas können bdelloide Rotatorien auf diese Weise bis 2 Monate beobachtet werden (aus DONNER).

Nematoden: Die Zucht freilebender aquatischer Arten ist schwierig und, soweit ich sehe, bis heute noch nicht gelungen. Zur Zucht anderer Arten vgl. MEYL 1961.

Oligochaeten: Kultur in flachen Schalen mit schwachem Durchfluß oder tropfendem sauerstoffreichem Wasser. Wasser niemals rasch erneuern. B. WACHS (1965) hat eine interessante Methode zur quantitativen Aussortierung von Oligochaeten aus schlammigen Substraten angegeben.

Naididen: Material aus pflanzenreichen Gewässern wird in Aquarien oder Einmachgläsern zusammen mit den Pflanzen, besonders *Elodea* und *Myriophyllum*, gehalten. Natürlich dürfen keine Wassertiere mit im Glas sein, die Naididen fressen, wie Hydren,

Turbellarien, Ostracoden, Hydracarinen und junge Insektenlarven (Odonaten: *Lestes!*) Naididen vermehren sich oft sehr stark in Protozoen-Kulturen.
Bryozoen: Die Kolonien lassen sich nicht gut längere Zeit hindurch halten. Kulturen werden mit algenreichem Teichwasser angesetzt, oder man füttert die Tiere mit Hefe. Wassertemperatur 10—15° C, eventuell belüften.
Hirudineen: Mit Ausnahme von *Piscicola* ist das Halten der Tiere leicht, da sie nur selten gefüttert zu werden brauchen. Das Wasser muß kalt und ganz klar sein. Viele Substanzen, besonders Chlor und Kupfer, sind auch in geringsten Mengen schädlich, also kein Leitungswasser mit Chlor und keine Kupferzuleitungen verwenden. Abgestorbene Tiere, Futterreste und andere Verunreinigungen müssen sofort entfernt werden. — Glossiphoniden können in kleineren Aquarien mit geringem Pflanzenwuchs gehalten werden. Futter: gelegentlich lebende Schnecken. — Erpobdelliden müssen in größeren abgedeckten Aquarien mit Steinen und Muschelschalen, an denen die Kokons abgesetzt werden können, gehalten werden. Futter: Regenwürmer, Insektenlarven, geschabtes Fleisch. — Hirudidae gehören ebenfalls in größere Aquarien, jedoch nur bei geringer Wassertiefe und einer trockenliegenden Sandbank mit Moos und Steinen. Futter: etwa alle 6 Monate eine Fütterung mit Wirbeltierblut, dazwischen gelegentlich Regenwürmer, Insektenlarven, Froschlaich (aus Pennak).
Cladoceren: Woltereck (1908, 1909) fütterte Cladoceren mit Algen der Gattung *Chlorella*. Ältere *Chlorella*-Kulturen können jedoch durch Ausscheidung von Chlorellin auf Plankton giftig wirken (Pratt und Mitarb. 1940), wie neuerdings auch Ryther (1954) an *Daphnia magna* festgestellt hat. Man verwendet daher am besten frische, stark in Teilung befindliche Kulturen von *Chlorella* (vgl. Kulturmethoden für Algen, S. 175) oder *Scenedesmus*, mit denen gute Zuchtergebnisse erzielt werden können. Daphnien können auch allein mit organischem Detritus und Bakterien ernährt werden (Rodina 1940, 1958; Rigler 1958, 1961), doch ist die Verwendung von Bakterien in Kulturen nicht zu empfehlen. Gute Ergebnisse lassen sich dagegen bei Fütterung mit Hefe erreichen (v. Dehn 1950, 1955 bei *Moina*). Besonders Daphnien lassen sich in Freilandkulturen (Zementbecken) mit Hefe ausgezeichnet ernähren.
Copepoden: Bei Cyclopiden erhielt Lowndes (1928/29) gute Zuchtergebnisse mit Heuaufgüssen; Coker (1933) gelang es mit Pferdemist-Aufschwemmungen und zerhackter *Mougeotia* (fädige konjugate Alge). Für die calonoiden Copepoden *Eudiaptomus gracilis* und *Mixodiaptomus laciniatus* hat Eckstein (1964) mit gutem Erfolg die Kulturen so angelegt, daß er je ein Gelege in 50 ml Seewasser (Fundortwasser) aufzog, wobei zur Fütterung täglich einmal 4 Tropfen Heuaufguß und *Scenedesmus*-Mischkultur gegeben wurden. Die Tiere enwickelten sich unter diesen Bedingungen zu Erwachsenen und legten wieder Eier. Nahrungsqualität und -quantität, Wasserbeschaffenheit und Temperatur haben Einfluß auf die Entwicklung. Ganz besonders kommt es darauf an, daß die Zuchtgläser peinlichst sauber sind und niemals Berührung mit Chemikalien, Waschmitteln oder Seife haben dürfen. Auch bei noch so sorgfältiger Reinigung ist eine Verwendung solcher Gläser nicht mehr möglich. Das gilt auch für Cladoceren wie für alle Aufzuchten überhaupt. Lepiney (1962) hat gute Erfolge mit dem amerikanischen „Cerophyl" erhalten. In Erlenmeyerkolben von 150 ml Inhalt, die jeweils mit 60 ml Cerophyl-Lösung beschickt waren, wurde je

ein eiertragendes Weibchen eingesetzt und die Kulturen bei 23° C über 8 Monate gehalten. Futter: Chlorellen und Ciliaten.

Ostracoden: Viele Arten lassen sich für längere Zeit im Schlamm leicht in flachen Schalen halten, wenn die Bedingungen des Fundortes in etwa hergestellt sind. Tiere aus Fließgewässern und Quellen werden in kühlem, sauerstoffreichem Wasser gehalten. Für die Art *Cyprideis litoralis* (BRADY), die schwach salzhaltiges Wasser bevorzugt, gibt WEYGOLDT (Zool. Jb. Anat. **78**, 1960, p. 371) an, daß die Tiere bei Fütterung mit Brennesselpulver, zermahlenem *Tubifex* oder ähnlichem auch Eier produzieren. Die Eier werden zur weiteren Entwicklung in kleinen Blockschälchen gehalten; ein beigegebener Harpacticide säubert sie von Bakterien- und Pilzbefall und macht sich als Putzfrau nützlich, auch noch bei der Aufzucht der Nauplien und späteren Jugendstadien.

Hydrachnellen: Wassermilben aus stehenden Gewässern sind im Fundortwasser mit etwas Schlamm und Pflanzenbewuchs leicht mehrere Monate zu halten, wenn genügend Futter, Cladoceren, Copepoden, Ostracoden und Chironomidenlarven, gegeben wird. Weichhäutige Arten dürfen nicht mit anderen zusammen gehalten werden, da sie oft angefallen und ausgesaugt werden. Arten aus Quellen und Fließgewässern sowie aus dem Grundwasser können längere Zeit hindurch in flachen Schalen gehalten werden, deren Boden mit Schlamm bedeckt ist. Wassertemperatur 10—15° C, Fütterung wie oben erwähnt. Die Aufzucht der Arten ist schwierig, weil die Fortpflanzung sehr kompliziert ist und die meisten Arten ein parasitisches Stadium an anderen Tieren (wohl immer Insekten) durchmachen. Zur Ablage der Eier werden einzelne ♀ in kleinen Aquarien gehalten, wo die Eier an verschiedenen Substraten abgelegt werden. (Vgl. hierzu SPARING 1959, BÖTTGER 1962 und die Bestimmungsbücher.) — Die subterran lebende Limnohalacaride *Lobohalacarus weberi quadriporus* hat TESCHNER (Arch. Hydrobiol. **59**, 1963, S. 71 ff.) in Petrischalen von 8,5 cm Durchmesser oder in besonderen Mikroaquarien von 1,7 cm Durchmesser und 1,5 cm Höhe gezüchtet. Auf dem Boden der Gefäße war eine Sandlage (Korngrößen 0,14—0,32 mm oder 0,14—1,02 mm) gemischt mit Detritus und Humus. Futter: Nematoden und Oligochaetenstücke. Kälteschock soll die Entwicklung der Eier auslösen oder doch beschleunigen.

Insekten: Die Aufzucht und Hälterung ist je nach den Lebensansprüchen der Arten und Artengruppen so verschieden, daß sie hier nicht behandelt werden kann. Auskunft geben die Spezialwerke für die einzelnen Gruppen (vgl. Literaturverzeichnis).

*Die Kultur von Algen**: Nicht alle Algen vermögen ihren Energiebedarf durch die Photosynthese in ausreichendem Maße zu decken. So wachsen z. B. Euglenen nur vergleichsweise kümmerlich, wenn Kohlendioxyd als einzige Kohlenstoffquelle geboten wird. Gutes Wachstum wird hier nur bei gleichzeitiger Zufuhr von organischen Verbindungen wie Acetat erzielt. Die große Zahl farbloser Algen ist auf die Versorgung mit organischem Substrat angewiesen. Selbst Formen, die wie viele Chlorella-Stämme in rein mineralischer Nährlösung hohe Vermehrungsraten erreichen, können in Gegenwart von Glucose noch wesentlich besser gedeihen.

* Herrn Dr. C. J. SOEDER, Falkau, habe ich für diese Zusammenstellung, die ich hier wörtlich übernehme, sehr zu danken.

Einige einzellige Planktonalgen gehören zu den am besten erforschten und am leichtesten zu handhabenden Süßwasserorganismen. Auch von zahlreichen koloniebildenden oder fädigen Formen hat man gut wachsende Reinkulturen hergestellt. Dennoch macht die Kultur verschiedener Algengruppen noch immer beträchtliche Schwierigkeiten.

Im allgemeinen weichen die Kulturbedingungen für Algen im Laboratorium sehr stark von den natürlichen Umweltsbedingungen dieser Pflanzen ab. Das gilt insbesondere für die Zusammensetzung der Nährlösung, die in einem kleinen Volumen Nährstoffe in Konzentrationen enthalten muß, die den Bedarf der darin wachsenden Alge über einen längeren Zeitraum decken. Man muß deshalb damit rechnen, daß eine in Kultur genommene Alge in manchen Eigenschaften von ihren im Freiland lebenden Artgenossen abweicht.

Wie man Algenarten isoliert und wie man hiervon absolute Reinkulturen herstellt, hat PRINGSHEIM (1946) in einer Anleitung dargestellt, die auch die spezifischen Ansprüche der verschiedenen Algengruppen berücksichtigt. Aus den bestehenden Sammlungen von Algenreinkulturen sind heute mehr als 2000 verschiedene Algenstämme erhältlich. Einige der umfangreichsten Sammlungen dieser Art sollen hier genannt werden: die Algensammlungen am Pflanzenphysiologischen Institut der Universität Göttingen (KOCH 1964), die Algensammlung des Botanischen Institutes der Universität Prag (FOTT 1964) und die Sammlung des Department of Botany, Indiana University, Bloomington (Indiana), USA (STARR 1960). Die Zitate verweisen auf die Veröffentlichung der betreffenden Artenlisten.

Die Grundzüge der Kultur von Algen für Laboratoriumszwecke hat u. a. MYERS (1962) abgehandelt. Wesentliche Voraussetzungen für die erfolgreiche Zucht sind die richtige Einstellung von Salzkonzentration, pH-Wert, Beleuchtungsintensität und Temperatur. Die Anzucht der Algen kann entweder in Nährlösungen oder auf gelartigen Nährböden erfolgen. Gelartige Nährböden eignen sich vor allem für die Isolierung der Organismen, für das Auffinden von Mutanten und für die Erhaltung der Stammkulturen.

Die Grundsubstanz der meisten Nährböden ist der aus Rotalgen gewonnene Agar-Agar. Daneben sind auch Gelatine oder Kieselsäuregel verwendbar. Die Kultur auf Nährböden gelingt sogar bei zahlreichen Flagellaten.

Erste Voraussetzung für die Zucht von bakterienfreien Reinkulturen ist das sterile Arbeiten. Geschieht das Sterilisieren von Nährlösungen oder Nährböden im Autoklaven, so ist zu berücksichtigen, daß sich dabei zahlreiche organische Verbindungen zersetzen, so daß die tatsächliche Zusammensetzung des Mediums wesentlich komplexer ist, als es die entsprechenden Rezepte angeben. Falls die Nährsubstrate organische Verbindungen enthalten, ist in vielen Fällen eine Sterilfiltration anstelle des Autoklavierens günstiger. Verhältnismäßig schonend ist auch das Sterilisieren im Dampftopf. Um unter diesen Bedingungen ein völliges Abtöten von Pilzsporen und Bakterien zu erreichen, muß bei Zusatz von Erdextrakt die Dampfsterilisation etwa 24 Std. später wiederholt werden.

In der Literatur wird eine Fülle von Rezepten für Nährlösungen angegeben, deren Zusammensetzung aber nur in Einzelfällen experimentell begründet ist. Als Beispiel für ein Medium mit verhältnismäßig breitem Spektrum sei die Nährlösung Nr. 10 von CHU (1942) angegeben:

dest. Wasser	1000 ml	Na_2CO_3	0,020 g
$Ca(NO_3)_2$	0,040 g	Na_2SiO_3	0,025 g
K_2HPO_4	0,010 g	$FeCl_3 \times 6\,H_2O$	0,0008 g
$MgSO_4 \times 7\,H_2O$	0,025 g	1 ml Spurenelement-Lösung	

Die Spurenelement-Lösung enthält in 1000 ml dest. Wasser:

$ZnSO_4 \times 7\,H_2O$	0,002 g	H_3BO_3	0,002 g
$MnSO_4 \times 4\,H_2O$	0,002 g	LiCl	0,001 g
$AlCl_3$	0,002 g	$CoCl_2 \times 6\,H_2O$	0,001 g

Nährlösungen dieser Art sind zu schwach konzentriert, um raschwüchsige Kulturen ausreichend zu versorgen. Für diese sind daher Medien anderer Zusammensetzung zu empfehlen, beispielsweise die von SOEDER und RIED (1963) angegebene Nährlösung für *Chlorella*, die folgende Zusammensetzung hat:

dest. Wasser	1000 ml	$MgSO_4 \times 7\,H_2O$	0,05 g
KNO_3	1,00 g	$CaCl_2 \times 4\,H_2O$	0,001 g
$Na_2HPO_4 \times 12\,H_2O$	0,26 g	$FeCl_3 \times 6\,H_2O$	0,001 g
KH_2PO_4	0,74 g	1 ml Spurenelement-Lösung, modifiziert nach HOAGLAND (1938).	

Die Spurenelement-Lösung enthält in 1000 ml dest. Wasser:

$Al(SO_4)_3$	0,055 g	H_3BO_4	0,614 g
KJ	0,028 g	$CuSO_4 \times 5\,H_2O$	0,055 g
KBr	0,028 g	$NiSO_4 \times 6\,H_2O$	0,055 g
LiCl	0,028 g	$Co(NO_3)_2 \times 6\,H_2O$	0,055 g
$MnCl_2 \times 4\,H_2O$	0,389 g	$ZnSO_4 \times 7\,H_2O$	0,055 g

Diese Stammlösung auf 0,033 verdünnt ($^1/_{30}$). Die komplette Nährlösung enthält dann 1 ml verdünnte Spurenelement-Lösung.

Im allgemeinen ist eine Pufferung des Kulturmediums angezeigt. Vielfach erzielt man mit Phosphat-Puffern (vgl. die angegebenen Rezepte) gute Resultate. Jedoch sind Fälle einer hohen Empfindlichkeit gegen Phosphate bekannt. So fand RODHE (1948), daß für *Dinobryon divergens* bereits 5 μg/l Phosphat stark giftig sind. In derartigen Fällen empfiehlt sich eine Pufferung der Nährlösung mit Substanzen wie Histidin oder Glycylglycin und ein Zusatz von Phosphat in Form von organischen Estern, etwa also Glycerophosphat (PROVASOLI 1960). Überraschend viele Algen sind obligat vitaminbedürftig (DROOP 1962). Ihre Kultur gelingt nur bei Zusatz von Vitaminen, fast immer handelt es sich dabei um Aneurin, Biotin, Vitamin B_{12} oder um Kombinationen dieser Stoffe.

Bei der Kultur zahlreicher Algen ist ein Zusatz von Chelatbildnern notwendig oder günstig. Diese organischen Verbindungen haben die Eigenschaft, Schwermetallionen anzulagern, wodurch Ausfällung verhütet wird. Für die Algenkultur geeignete Chelatbildner sind z. B. Äthylendiamin-tetraessigsäure (EDTA), Aminosäuren wie Histidin oder Oligopeptide wie Glycylglycin. Die Wirkung dieser Substanzen beruht einerseits darauf, daß sie die Aufnahme von Spurenelement-Kationen, besonders von Eisen, fördern oder überhaupt erst in ausreichendem Maße ermöglichen. Andererseits wird

die Giftwirkung von Schwermetallionen durch die Bildung von Chelatkomplexen weitgehend abgestumpft.
Die günstige Wirkung von Erdextrakt (PRINGSHEIM 1946) auf das Wachstum von Algen dürfte durch den hohen Gehalt an Chelatbildnern (besonders Huminsäuren) und durch darin enthaltene Vitamine (besonders B_{12}) weitgehend erklärt sein. Mit dem Zusatz von Erdextrakt zur Nährlösung werden aber nicht genau bestimmbare Bedingungen geschaffen, die für das exakte Arbeiten unerwünscht sind. Eine andere, vielseitige Versorgung mit Vitaminen, mit Aminosäuren und Proteinen besteht in der Zugabe von Hefeextrakt, der vor allem bei vielen nicht zur Photosynthese befähigten Algen stark fördernd wirkt. Bei obligatem Aminosäuren-Bedarf genügt die Verabreichung von Pepton oder Casein.
Als Beispiel für eine Nährlösung, die vielen der zuletzt besprochenen Erfordernissen genügt, sei ein Medium von PROVASOLI (1960) angeführt, daß für die Kultur von *Synura* entwickelt wurde. Im Liter Lösung sind enthalten:

EDTA	50 mg	$ZnCl_2$	20,8 mg
$NaNO_3$	20 mg	$MnCl_2 \times 4\ H_2O$	7,2 mg
KH_2PO_4	14 mg	$(NH_4)_6Mo_7O_{24} \times 4\ H_2O$	0,13 mg
$MgSO_4 \times 7\ H_2O$	20 mg	$Co(NO_3)_2 \times 6\ H_2O$	0,13 mg
$CaCl_2 \times 2\ H_2O$	48 mg	$CuSO_4 \times 5\ H_2O$	0,15 mg
KCl	10 mg	NaH-Glutamat	100 mg
$FeCl_3 \times 6\ H_2O$	3,4 mg	Na-Acetat	40 mg
		pH5 ,5	

Hohe Wachstumsraten werden in photosynthetisierenden Algenkulturen nur erreicht, wenn genügend Kohlendioxyd zur Verfügung steht. Hierfür dürfte das Einblasen von Luft-CO_2-Gemischen in die Kultur günstiger sein als ein Zusatz von Bicarbonat oder Carbonat zur Nährlösung. Dabei ist eine CO_2-Menge von 1,0—1,5 Vol.% empfehlenswert. Die Begasung der Kultur bietet zudem den wesentlichen Vorteil, daß sie die Algensuspension ständig durchmischt, wodurch eine ideale Homogenität der Wachstumsbedingungen erzielt werden kann.

Auf die photosynthetische CO_2-Assimilation angewiesene Algen lassen sich ohne weiteres im Tageslicht, am besten an einem Nordfenster, kultivieren. Da sich aber die Intensität und die Qualität des natürlichen Lichtes sowohl kurzfristig als auch jahreszeitlich ändert, zieht man im allgemeinen eine Bestrahlung der Kulturen mit künstlichen Lichtquellen vor. Dazu werden meist Leuchtstoffröhren verwendet. Mischlicht aus Tageslicht-Lampen und Warmton-Lampen hat sich als besonders günstig erwiesen. Die einzustellende Beleuchtungsstärke richtet sich nach der Wachstumsleistung des Objekts. Langsam wachsende Formen gedeihen in schwächerem Licht besser, während raschwüchsige Kulturen (etwa *Chlorella* oder *Scenedesmus*) oft erst bei 15 kLux oder mehr optimal wachsen. Starklicht kann bei empfindlichen Algen oder unter ungünstigen Wachstumsbedingungen (niedere Temperatur, unzureichende Versorgung mit Mineralstoffen u. dgl.) schädigen und zum Absterben der Kulturen führen.
Während manche Algen (z. B. coccale Grünalgen) ohne weiteres in kräftigem Dauerlicht gehalten werden können, wirkt bei vielen anderen ein Licht-Dunkel-Wechsel

günstiger, ja er kann sogar unbedingt erforderlich sein. Durch Vorschalten einer Schaltuhr vor die Lichtquelle kann das in einfacher Weise bewerkstelligt werden. Algenkulturen, die nicht durch regelmäßiges Verdünnen andauernd im Zustand des exponentiellen Wachstums gehalten werden, stellen mehr oder weniger rasch die Zellvermehrung und dann auch die Substanzproduktion ein und gehen in die „stationäre Phase" (auch Degenerationsphase) über. Dabei können sich die chemische Zusammensetzung und die physiologischen Eigenschaften tiefgreifend ändern (von Witsch 1950, Spoehr und Milner 1949), und das mit solchen Algen gefütterte Zooplankton kann geschädigt werden (Ryther 1954). Um einen bestimmten physiologischen Zustand und gleichzeitig eine bestimmte Zusammensetzung der Algen stets reproduzieren zu können, empfiehlt es sich, unter streng definierten Bedingungen zu arbeiten. Hierzu bedient man sich am besten eines Licht-Thermostaten (Lorenzen 1959). Die Kulturen sollten im übrigen möglichst regelmäßig auf eine konstante Dichte verdünnt werden.

Für höchste Ansprüche an die Reproduzierbarkeit der Eigenschaften von Planktonalgen steht die Technik der Synchronkultur zur Verfügung (Pirson 1962, Lorenzen 1964). Sehr vielversprechend und besonders für experimentelle Arbeiten mit ökologischer Fragestellung geeignet erscheint die homokontinuierliche Kultur im Licht-Dunkel-Wechsel, wobei durch automatische Verdünnung auch ein konstanter Lichtgenuß erzielt wird (Senger 1964).

Die quantitative Beurteilung der Wachstumsleistung und der Substanzproduktion von Algen ist nur in Flüssigkeitskulturen möglich. Zuverlässige Kriterien hierfür stellen das Trockengewicht, der Proteingehalt oder die Zellzahl dar. Letztere wird im allgemeinen mit Hilfe eines Hämacytometers (Zählkammer) bestimmt. Jedoch sind auch elektronische Zellzähler erhältlich (James 1961). Für Suspensionen von Planktonalgen ist auch die optische Dichte ein brauchbarer Maßstab für das Wachstum. Dabei muß jedoch berücksichtigt werden, daß die Teilchengröße das Ergebnis herkömmlicher photometrischer Messungen stark beeinflußt. Dieser unerwünschte Faktor wird bei der Opalglasmethode (Shibata 1957) ausgeschaltet.

Bei der Anzucht von Algen zur Fütterung von Zooplankton ist zu beachten, daß z. B. die filtrierenden Süßwassercrustaceen nur ausgesprochenes Nannoplankton fressen können. Dabei scheinen kleine Grünalgen weniger leicht verwertet zu werden als Chrysomonaden wie *Erkenia* und *Chromulina* (Nauwerck 1963). Immerhin ist eine Ernährung von Zooplanktern mit Grünalgen prinzipiell möglich (Ryther 1954).

ANHANG III: FIRMEN, DIE HYDROBIOLOGISCHE GERÄTE HERSTELLEN

FRANZ BERGMANN K. G., Bad Soden/Ts., Hauptstr. 34.
HANS BÜCHI, Bern, Spital 18/Marktgasse 53, Schweiz.
ELECTROACUSTIC GmbH., Kiel, Westring 425/429.
FEINMECHANISCHER GERÄTEBAU GmbH., vormals SCHWEDER, Kiel-Wik.
KURT GOHLA, Kiel, Lornsenstr. 43.
FRITZ HELLIGE & CO. GmbH., Freiburg i. Br., Heinrich-von-Stephan-Str. 4.
JOSEF HEPFINGER, München 26, Thierschstr. 1; Müllergaze für Planktonnetze.
HYDRO-BIOS APPARATEBAU GmbH., Kiel, Wismarerstr. 14.
FRIEDRICH IHLENFELD, Hamburg-Bergedorf, Chrysanderstr. 18; Müllergaze für Planktonnetze.
MEMBRANFILTERGESELLSCHAFT GmbH., Göttingen, Postfach 142.
A. OTT, Kempten/Allgäu, Mozartstr. 18—20.
DR. BRUNO LANGE, Berlin-Zehlendorf, Hermannstr. 14–18; Lichtelektrische Apparate.
PHILIPP SCHENK, Wien XXI, Woltergasse 40, Österreich.
SCHWEIZER SEIDENGAZE FABRIK A. G., Thal S. G., Schweiz.
DR. H. ZÜLLIG, Apparatebau, Rheineck S. G., Schweiz.
Weitere Firmen in: Sources of limnological and oceanographic apparatus and supplies. — Amer. Soc. Limnol. Oceanogr. Spec. Publ. **1** (Third revision), April 1964.

LITERATURHINWEISE

I. BÜCHER UND ZUSAMMENFASSENDE DARSTELLUNGEN ÜBER HYDROBIOLOGIE UND LIMNOLOGIE

(v = vergriffen)

BERTSCH, K. 1947. Der See als Lebensgemeinschaft. — Ravensburg (O. Maier), 146 S.

BERTSCH, K. 1947. Sumpf und Moor als Lebensgemeinschaft. — Ravensburg (O. Maier), 125 S.

BREHM, V. 1930. Einführung in die Limnologie. — Berlin (Springer), 261 S. (v).

EDMONDSON, W. T. 1959. Freshwater biology. — New York (Wiley) 2. Aufl., 1248 S.

FREY, D. G. 1963. Limnology in North America. — Madison (University of Wisconsin Press), 734 S.

GESSNER, F. 1955. Hydrobotanik, Bd. I, 517 S.; Bd. II, 1959, 701 S. Berlin (Dt. Verl. Wiss.).

HARNISCH, O. 1929. Die Biologie der Moore. — Die Binnengewässer **7**, Stuttgart (Schweizerbart), 146 S.

HARVEY, L. A. 1959. Ecological conditions in freshwater. — Sci. Progr. **47,** 111—119.

HENTSCHEL, E. 1923. Grundzüge der Hydrobiologie. — Jena (Fischer), 221 S. (v).

HUTCHINSON, G. E. 1957. A treatise on limnology. — Vol. I: Geography, physics, and chemistry. — New York (Wiley), 1015 S.

HYNES, H. B. 1960. The biology of polluted waters. — Liverpool (Univ. Press), 202 S.

ILLIES, J. 1961. Die Lebensgemeinschaft des Bergbaches. — Brehm-Bücherei **289,** Wittenberg (Ziemsen), 106 S.

KELLER, R. 1961. Gewässer und Wasserhaushalt des Festlandes. — Berlin (Hauder und Spenersche Verlagsb.), 520 S.

KUSNEZOW, S. J. 1959. Die Rolle der Mikroorganismen im Stoffkreislauf der Seen. — Aus dem Russischen übersetzt von A. POCHMANN: Berlin (Dt. Verl. Wiss.), 301 S.

LAMPERT, K. 1925. Das Leben der Binnengewässer. — 3. Aufl. Leipzig (Tauchnitz), 892 S. (v).

LENZ, F. 1928. Biologie der Süßwasserseen. — Berlin (Springer), 221 S. (v).

LIEBMANN, H. 1954. Biologie und Chemie des ungestauten und gestauten Stromes. — Münchner Beiträge zur Abwasser-, Fischerei- und Flußbiologie **2,** München (Oldenbourg), 315 S.

LIEBMANN, H. 1959. Methodik und Auswertung der biologischen Wassergüte-Kartierung. — Münchner Beiträge z. A., F. F. **6.**

LIEBMANN, H. 1960. Handbuch der Frischwasser- und Abwasser-Biologie. — Bd. II, 1160 S.; Bd. I, 2. Aufl. 1962, 588 S. (München (Oldenbourg).

MACAN, T. T. 1961. Ecology of aquatic insects. — Ann. Rev. Ent. **7,** 261—288.

MACAN, T. T. 1961. Factors that limit the range of freshwater animals. — Biol. Rev. **36,** 151—198.

MACAN, T. T. 1963. Freshwater ecology. — London (Longmans), 338 S.

MACAN, T. T. and WORTHINGTON, E. B. 1951. Life in lakes and rivers. — London (Longmans), 272 S.

MARGALEFF, R. 1955. Los organismos indicatores en la limnologia. — Biologia de las aquas continentales, **12,** 300 S.

NAUMANN, E. 1931. Limnologische Terminologie. — In ABDERHALDEN, Handbuch der biologischen Arbeitsmethoden Abt. IX, Teil 8, Berlin, Wien (Urban & Schwarzenberg), 776 S.

PAWLOWSKI, E. N. und SHADIN, W. J. 1950 bis 1956. Das Leben im Süßwasser der USSR. Moskau-Leningrad, 4 Bände.

PENNAK, R. W. 1953. Freshwater invertebrates of the United States. — New York (Ronald Press), 769 S.

PERES, J. M. et L. DEVEZE, 1963. Océanographie biologique et biologie marin. II. La vie pelagique. — Press. Univ. Paris, 511 S.

REID, K. G. 1961. Ecology of inland waters and estuaries. — New York (Reinhold), 375 S.

REMANE, A. und SCHLIEPER, C. 1958. Die Biologie des Brackwassers. — Die Binnengewässer **22,** Stuttgart (Schweizerbart), 348 S.

RUTTNER, F. 1962. Grundriß der Limnologie. — Berlin (Gruyter & Co.), 3. Aufl., 332 S.

SCHWOERBEL, J. 1966. Ökologie der Süßwassertiere. Stehende Gewässer. — Fortschritte der Zoologie **17,** 389—427.

SERNOW, S. A. 1958. Allgemeine Hydrobiologie. — Berlin (Dt. Verl. Wiss.), 676 S.

STEUER, A. 1910. Planktonkunde. — Leipzig und Berlin (Teubner), 723 S. (v).

STEUER, A. 1911. Leitfaden der Planktonkunde. — Leipzig und Berlin (Teubner), 382 S. (v).
STRENZKE, K. 1957. Ökologie der Wassertiere. — Handbuch der Biologie **III**, Konstanz (Athenaion), 115—192.
THIENEMANN, A. 1925. Die Binnengewässer Mitteleuropas. — Die Binnengewässer **1**, Stuttgart (Schweizerbart), 255 S.
THIENEMANN, A. 1950. Verbreitungsgeschichte der Süßwassertierwelt Europas. — Die Binnengewässer **18**, Stuttgart (Schweizerbart), 809 S.
THIENEMANN, A. 1955. Die Binnengewässer in Natur und Kultur. — Verständliche Wissenschaft **55**, Berlin (Springer), 156 S.
THIENEMANN, A. 1956. Leben und Umwelt. — Rowohlts deutsche Enzyklopädie **22**, Hamburg, 153 S.
WELCH, P. S. 1952. Limnology. — New York und London (McGraw-Hill Book Co.), 538 S.
WESENBERG-LUND, C. 1939. Biologie der Süßwassertiere (wirbellose Tiere). — Übersetzt von O. STORCH. Wien (Springer), 817 S.
WESENBERG-LUND, C. 1943. Biologie der Süßwasserinsekten. — Berlin und Wien (Springer), 682 S.

II. ZEITSCHRIFTEN, IN DENEN VORWIEGEND HYDROBIOLOGISCHE ARBEITEN ERSCHEINEN

Archiv für Hydrobiologie, mit Supplementen: Tropische Binnengewässer, Falkau-Arbeiten, Elbe-Aestuar und Donauforschung. Stuttgart (Schweizerbart), seit 1906.
Ergebnisse der Limnologie. Stuttgart (Schweizerbart), seit 1964.
Internationale Revue der gesamten Hydrobiologie. Berlin (Akademie-Verlag), seit 1908.
Limnologica. Berlin (Akademie-Verlag), seit 1962.
Gewässer und Abwässer. Düsseldorf (Bagel), seit 1953.
Münchner Beiträge zur Abwasser-, Fischerei- und Flußbiologie. München (Oldenbourg), seit 1953.
Jahrbuch „Vom Wasser". Weinheim/Bergstraße (Verlag Chemie), seit 1927.
Verhandlungen der internationalen Vereinigung für theoretische und angewandte Limnologie. Stuttgart (Schweizerbart), seit 1922.
Internationale Vereinigung für theoretische und angewandte Limnologie, Mitteilungen (Veröffentlichungen des Komitees für limnologische Methoden). Stuttgart (Schweizerbart), seit 1953.
Archiv für Fischereiwissenschaft. Braunschweig (Vieweg), seit 1949.
Zeitschrift für Fischerei und deren Hilfswissenschaften. Berlin (Neumann), seit 1952.
Schweizerische Zeitschrift für Hydrologie. Basel (Birkhäuser), seit 1920.
Wasser und Abwasser. Wien (Winkler & Co.), seit 1958.
Hydrobiologia. Den Haag (Junk), seit 1949.
Folia Limnologica Scandinavica. Copenhagen (Einar Munksgaard) und Lund (Gleerupska Universitets Bokhandeln), seit 1943.
Acta Limnologica. Lund (Carl Bloms), seit 1948.
Meddelanden fran Lunds Universitets Limnologiska Institution. Lund (Carl Bloms), seit 1948.
Drottningholm Report. Lund (Carl Bloms), seit 1933.
Vie et Milieu. Paris (Hermann), seit 1950.
Polska Archivum Hydrobiologii. Warschau (Polsk. Akad. Wiss.), seit ca. 1952.
Acta Hydrobiologica. Krakau (Polsk. Akad. Wiss.), seit 1959.
Scientific Papers from Institute of Chemical Technology, Prag (Stád. Pedag. Naklad.), seit 1957.
Annales Instituti Biologici (Tihany) Hungaricae Academiae Scientiarum. Budapest (Akad. Nyomda), seit 1927.
Hidrobiologia. Bukarest (Acad. Rep. Pop. Romine), seit 1958.
Memorie dell'Istituto Italiano die Idrobiologia „Dott. Marco De Marchi". Pallanza (Eigenverlag), seit 1945.
Limnology and Oceanography. Lawrence, Kansas, USA (Amer. Soc. Limnol. Oceanogr.), seit 1956.

III. ZUSAMMENFASSENDE DARSTELLUNGEN DER METHODIK

ABDERHALDEN, E. 1923—1930. Handbuch der biologischen Arbeitsmethoden. Abt. IX, Teile 2, 5, 6, 8. Methoden der Süßwasserbiologie und Meerwasserbiologie. Berlin und Wien (Urban & Schwarzenberg). Im folgenden mit ABDERHALDEN abgekürzt.
ASLO 1959. Sources of limnological and oceanographic apparatus and supplies. — Limnol. Oceanogr. **4**, 357—365 (Special Publication 1 of the **A**merican **S**ociety of **L**imnology and **O**ceanography).
AUERBACH, M. 1925. Fahrzeuge zur Untersuchung von Binnengewässern. — ABDERHALDEN Abt. IX, 2, 463—498.
BIRGE, E. A. 1922. Second report on limnological apparatus. — Trans. Wisc. Acad. Sci., Arts, Lettr. **20**, 533—553.
ELSTER, H. J. 1961. Einige Bemerkungen zur Methodik der Limnologie. — Verh. int. Ver. Limnol. **14**, 1115—1118.
GROTE, A. 1955. Beitrag zur statistischen Überprüfung quantitativer Methoden in der Limnologie. — Gewässer und Abwässer Jg. 1953, Heft 5, 31—76.
HALBFASS, W. 1923. Grundzüge einer vergleichenden Seenkunde. — Berlin (Bornträger), 354 S.
HALBFASS, W. 1922. Methoden der Seenforschung. — ABDERHALDEN Abt. X.
HERBST, H. V. 1953. Biologische Arbeitsmethoden an Binnengewässern. — Gewässer und Abwässer **3**, 7—30.

HOPWOOD, A. J. and OLIVE, J. R. 1961. Simple mechanical aid to limnological sampling. — Limnol. Oceanogr. **6,** 87—88.
LUNDQUIST, G. 1925. Methoden zur Untersuchung der Entwicklungsgeschichte der Seen. — ABDERHALDEN Abt. IX, Teil 2, 427—462.
MORTON, F. 1931. Neue und verbesserte Instrumente zur Seenforschung. — Arch. Hydrobiol. 22, 484—486.
NAUMANN, E. 1925. Die Arbeitsmethoden der regionalen Limnologie. — ABDERHALDEN **IX, 2,** 543—554.
NAUMANN, E. 1925. Methoden der experimentellen Aquarienkunde. — ABDERHALDEN **IX,** 2, 621—652.
PFANSTIEHL, A. 1962. An aid for small boat maneuvres. — Limnol. Oceanogr. **7,** 431—432.
PESTA, O. 1931. Meine Hilfsmittel und Methoden bei der limnologischen Untersuchung von Hochgebirgsseen. — Arch. Hydrobiol. **22,** 597 bis 615.
REINSCH, F. K. 1928. Limnologische Untersuchungen auf meiner Islandreise 1925. 2. Teil: Die Ausrüstung, insbesondere die neukonstruierten und verbesserten Instrumente. — Arch. Hydrobiol. **19,** 383—420.
RIDLEY, J. E. and THURLEY, B. L. 1960. Limnological Instruments and water supply. — Instrum. Eng. **3,** 25—29.
SHADIN, W. I. 1960. Methoden der hydrobiologischen Forschung. — Moskau, 191 S. (russisch).
STEINER, G. 1919. Untersuchungsverfahren und Hilfsmittel zur Erforschung der Lebewelt der Gewässer. — Handb. mikr. Techn. 7. u. 8. Teil, Stuttgart (Franckh), 146 S.
WELCH, P. S. 1948. Limnological methods. — Philadelphia (Blakiston), 381 S.

IV. PHYSIK UND CHEMIE

ALEKIN, O. K. 1962. Grundlagen der Wasserchemie. Eine Einführung in die Chemie natürlicher Wasser. — Leipzig (VEB Dt. Verl. Grundstoffindustrie), 260 S.
AMBÜHL, H. 1955. Die praktische Anwendung der elektrochemischen Sauerstoffbestimmung im Wasser. I. Grundlagen; Langzeitmessung. — Schweiz. Z. Hydrol. **17,** 123—155.
III. 1960. Schweiz Z. Hydrol. **22,** 23—39.
American Public Health Association: Standard methods for the examination of water and sewage. 10. Aufl. 1955. Übersetzung der 9. Auflage von F. SIERP 1951 im Verlag Oldenbourg, München, 522 S.
BAIER, C. 1945. Wasserschöpfer zur chemischen und bakteriologischen Probenentnahme aus tiefen und flachen Gewässern. — Arch. Hydrobiol. **42,** 356—364.
BRESSLAU, E. 1925. Ein einfacher, für hydrobiologische, zoologische und botanische Zwecke geeigneter Apparat zur Messung der Wasserstoffionenkonzentration. — Arch. Hydrobiol. **15,** 585—605.
CARPENTER, J. H. 1965. The accuracy of the winkler method for dissolved oxygen analysis. — Limnol. Oceanogr. **10,** 135—140.
CRAIG, R. E. and LAWRIE, R. G. 1962. An underwater light intensity meter. — Limnol. Oceanogr. **7,** 259—261.
CZENSNY, R. 1926. Die zu den wichtigsten chemischen Methoden der Wasseruntersuchung benötigten Gerätschaften und Chemikalien sowie ihre Anwendung auf der Reise und im Laboratorium. — Berlin.
DAM, van L. 1935. A method for determining the amount of oxygen dissolved in 1 ccm of water. — J. Exp. Biol. **12.**
DIRMHIRN, I. 1964. Das Strahlungsfeld im Lebensraum. — Frankfurt/Main (Akad. Verlagsges.), 426 S.
DORN, W. van 1957. Large-volume water sampler. — Trans. Amer. Geophys. Union **37,** 682 bis 684.
Deutsche Einheitsverfahren zur Wasseruntersuchung 1954. Weinheim (Verlag Chemie), 180 S.
FINUCANE, J. H. and MAY, B. Z. 1961. Modified van DORN water sampler. — Limnol. Oceanogr. **6,** 85—87.
FITTKAU, E. J. 1957. Ein neuartiger Wasserschöpfer. — Z. Fisch. Hilfswiss. N. F. **5,** 225 bis 529.
FOX, H. M. and WINGFIELD, C. A. 1938. A portable apparatus for the determination of oxygen dissolved in a small volume water. — J. Animal. Ecol. **15.**
GÖRLICH, F. 1951. Die Photozellen. — Leipzig (Akadem. Verl. Ges.)
HAEGGBLOM, L. E. 1959. A thermistor thermometer which reads to the nearest 0,01° in the field. — Mitt. int. Ver. Limnol. **10,** 1—24.
HASLAM, J., SQUIRREL, D. C. M. and BLACKWELL, J. G. 1960. The determination of calcium and magnesium in waters by automatic titration. — Analyst. **85,** 27—35.
HASSENTEUFEL, W., R. JAGITSCH und F. F. KOCZY, 1963. Impregration of glass surface against sorption of phosphate traces. — Limnol. Oceanogr. **8,** 152—156.
HERON, J. 1962. Determination of phosphate in water after storage in polyethylene. — Limnol. Oceanogr. **7,** 316—321.
HERON, J. and MACKERETH, F. J. H. 1955. The estimation of calcium and magnesium in natural waters, with particular reference to those of low alkalinty. — Mitt. int. Ver. Limnol. **5,** 1—7.
HÖLL, K. 1960. Untersuchung, Beurteilung, Aufbereitung von Wasser. — 3. Aufl. Berlin (de Gruyter), 235 S.
JAAG, O., AMBÜHL, H. und ZIMMERMANN, P. 1956. Über die Entnahme von Wasserproben in fließenden Gewässern. — Schweiz. Z. Hydrol. **18,** 156—160.
JORIS, L. S. 1964. A horizontal sampler for

collection of water samples near the bottom. — Limnol. Oceanogr. **9,** 595—598.
KLEHN, H. und SONNTAG, D. 1963. Ein hydrographisches Extinktions- und Temperaturmeßgerät. — Acta Hydrophys. **8,** 23—45.
KLUT-OLSZEWSKI, 1943. Untersuchung des Wassers an Ort und Stelle. Berlin (Springer), 260 S.
KROGH, A. 1935. Syringe pipets. — Industr. and engeneer. Chem **27,** Anal. ed. **7.**
KROGH, A. 1935. Precise determination of oxygen in water by syringe pipets. — Ebenda Anal. ed. **7.**
KROGH, A. 1941. The comparative physiology of respiratory mechanisms. — Philadelphia Penn., 172 S.
KRUSE, H. 1949. Wasser. Dartellung seiner chemischen, hygienischen, medizinischen und technischen Probleme. — Hannover (Oppermann), 232 S.
LIEPOLT, R. 1960. Ein Profundalwasserschöpfer zur Erforschung der bodennahen Mikroschichtung stehender Gewässer. — Wasser und Abwasser, Jg. 1960, 20—27.
LINDROTH, A. 1942. Mikromethoden für die hydrobiologische Feldarbeit. — Arch. Hydrobiol. **38,** 436—445.
MACKERETH, F. J. H. 1957. Chemical analysis in ecology illustrated from Lake District tarns and lakes. 1. Chemical analysis. — Proc. Linn. Soc. London, Sess. **167,** 159—175.
MACKERETH, F. J. H. 1963. Some methods of water analysis for limnologists. — Freshwater Biol. Ass. Sci. Publ. **21,** 1—70.
MACKERETH, F. J. H. 1964. An improved galvanic cell for determination of oxygen concentrations in fluids. — J. Sci. Instrum. **41,** 38—41.
MAUCHA, R. 1932. Hydrochemische Methoden in der Limnologie. — Die Binnengewässer **12,** 173 S. (veraltet).
MAUCHA, R. 1947. Hydrochemische Halbmikro-Feldmethoden. — Arch. Hydrobiol. **41,** 352—391.
McLEOD, G. C., F. BOBBLIS and C. S. YENTSCH, 1965. A graphic electrode system for measuring dissolved oxygen. — Limnol. Oceanogr. **10,** 146—149.
MORTIMER, C. H. 1953. A review of temperatur measurement in limnology. — Mitt. int. Ver. Limnol. **1,** 1—25.
MORTIMER, C. H. 1956. The oxygen content of air-saturated fresh waters, and aids in calculating percentage saturation. — Mitt. int. Ver. Limnol. **6,** 1—20.
MORTIMER, C. H. and MOORE, W. H. 1953. The use of thermistores for the measurement of lake temperature. — Mitt. int. Ver. Limnol. **2,** 1—42.
NOBEL, V. E. and AYERS, J. C. 1961. A portable photocell fluorometer for dilution measurements in natural waters. — Limnol. Oceanogr. **6,** 457—461.
OHLE, W. 1932. Eine Selbstauslösevorrichtung zur Entnahme von bodennahen Wasserproben in Seen. — Arch. Hydrobiol. **22,** 690—693.
OHLE, W. 1953. Die chemische und die elektrochemische Bestimmung des molekular gelösten Sauerstoffes der Binnengewässer. — Mitt. int. Ver. Limnol. **3,** 1—44.
RIDLEY, J. E., ELLIOTT, D. B. L. and OATEN, A. B. 1960. An automatic titrator as applied to WINKLER's method for dissolved oxygen. — Analyst **85,** 508—514.
PALLMANN, H., EICHELBERGER, E. und HASLER, A. 1940. Eine neue Methode der Temperaturmessung bei ökologischen und bodenkundlichen Untersuchungen. — Ber. schweiz. bot. Ges. **50,** 337—362.
RICHARDSON, E. G. 1929. Two hot-wire Viscometers. — Journ. Sci. Industr. **6,** 11.
RISCH, C. 1925. Ein brauchbarer Wasserschöpfer einfacher Konstruktion. — Arch. Hydrobiol. **15,** 133—135.
RUTTNER, F. und HERRMANN, K. 1937. Über Temperaturmessungen mit einem neuen Modell des Lunzer Wasserschöpfers. — Arch. Hydrobiol. **31,** 682—686.
SAUBERER, F. 1962. Empfehlungen für die Durchführung von Strahlungsmessungen an und in Gewässern. — Mitt. int. Ver. Limnol. **11,** 1 bis 77.
SAUBERER, F. und ECKEL, O. 1938. Zur Methodik der Strahlungsmessung unter Wasser. — Int. Rev. Hydrobiol. **37,** 257—289.
SAUBERER, F. und RUTTNER, F. 1941. Die Strahlungsverhältnisse der Binnengewässer. — Leipzig (Akad. Verlagsges.), 240 S.
SCHMASSMANN, H. 1956. Die Ermittlung der Sauerstoffsättigungskonzentration. — Schweiz. Z. Hydrobiol. **18,** 144—155.
SCHMITZ, W. 1953. Die Anwendung optischer Meßmethoden zur Erforschung der Binnengewässer. — Jahrb. v. Wasser, **20,** 127—136.
SCHMITZ, W. 1954. Grundlagen der Untersuchung der Temperaturverhältnisse in Fließgewässern. — Ber. Limnol. Flußstat. Freudenthal **6,** 29—50.
SCHMITZ, W. 1960. Lichtmessungen in Fließgewässern des deutschen und österreichischen Donaugebietes. — Wetter und Leben **12,** Sep. 18 S.
SCHMITZ, W. und VOLKERT, E. 1959. Die Messung von Mitteltemperaturen auf reaktionskinetischer Grundlage mit dem Kreispolarimeter und ihre Anwendung in Klimatologie und Bioökologie, speziell in Forst- und Gewässerkunde. — Zeiß-Mitt. **1,** 300—337.
SUCHLAND, O. 1937. Methodisches zu Strahlungsmessungen unter Wasser. — Arch. Hydrobiol. **31,** 201—208.
THIENEMANN, A. 1910. Eine einfache Form der Meyer'chen Schöpfflasche. — Arch. Hydrobiol. **5,** 11—14.
TÖDT, F. 1958. Elektrochemische O_2-Messungen. — Berlin (de Gruyter) 212 S.

WAGLER, E. 1923. Die chemische und physikalische Untersuchung der Gewässer für biologische Zwecke. — ABDERHALDEN **IX, 2,** 2—72.

V. PELAGIAL

AHLSTRØM, H. and THRAILKILL, J. R. 1962. Plankton volume loss with time of preservation. Rapp. Proc.-verb. Cons. perm. int. Explor. Mer **153,** 78.

APSTEIN, C. 1896. Das Süßwasserplankton. — Kiel und Leipzig (Lipsius & Tischer, 206 S.

ARON, W. 1962. Some aspects of sampling the macroplankton. — Rapp. Proc.-verb. int. Explor. Mer **153,** 29—38.

BALLANTINE, D. 1953. Comparison of the different methods of estimation nannoplankton. — J. Mar. Biol. Assoc. U. K. **32,** 129—147.

BANSE, K. 1962. Net zooplankton and total zooplankton. — Rapp. Proc.-verb. Con. perm. int. Explor. Mer **153,** 211—215.

BERGER, F. 1965. Bemerkungen zur graphischen Darstellung von Planktonvolksdichten. — Int. Rev. Hydrobiol. **50,** 91—93.

BERND, D. und STEINECKE, H. 1955. Die Bedeutung der Plankton-Konzentration und deren quantitative Bestimmung in Oberflächengewässern. — Jahrb. v. Wasser **22.**

BOLTOVSKOY, E. 1963. Planktological dictionary in five languages: English, Spanish, German, French, and Russian. — Buenos Aires, 133 S.

BRAARUD, T. 1958. A. Methods for estimating standing crop in phytoplankton. A1 Counting methods for determination of the standing crop of phytoplankton. — Rapp. Proc.-verb. Cons. perm. int. Explor. Mer **144,** 17—19.

BURCKHARD, G. 1910. Hypothesen und Beobachtungen über die Bedeutung der vertikalen Planktonwanderungen. — Int. Rev. Hydrobiol. **3,** 156—172.

CLARK, W. J. and SIGLER, W. F. 1963. Method of concentrating phytoplankton samples using membrane filters. — Limnol. Oceanogr. **8,** 127—129.

CLARKE, G. L. and BUMPUS, D. F. 1950. The plankton sampler — an instrument for quantitative plankton investigation. — Amer. Soc. Limnol. Oceanogr. Spec. Publ. **5,** 1—8.

CUSHING, C. E., Jr. 1961. A plankton subsampler. — Limnol. Oceanogr. **6,** 489—490.

DAWSON, W. A. 1960. Home-made counting chambers for the inverted microskop. — Limnol. Oceanogr. **5,** 235—236.

DJATSCHENKO, J. P. 1960. Preliminary results of the comparative investigations on the catch rate of the plankton gears. — Bull. Akad. Nauk SSSR, **8/9,** 79—83 (russisch).

DODSON, A. N. and THOMAS, W. H. 1964. Concentrating plankton in a gentle fashion. — Limnol. Oceanogr. **9,** 455—456.

DUSSART, B. 1965. Les différentes catégories de plancton. — Hydrobiologia **26,** 72—74.

ELSTER, H. J. 1956. Zur Methodik der Planktonforschung. — Publ. Staz. Zool. Napoli **28,** 250—254.

ELSTER, H. J. 1958. Zum Problem der quantitativen Methoden in der Zooplanktonforschung. — Verh. int. Ver. Limnol. **13,** 961—973.

ELSTER, H. J. und BRANDT, A. v. 1956. Unterwasser-Fernseh-Versuche im Königssee. — Arch. Hydrobiol. Suppl. **24,** 86—97.

FIELD, C. W. 1898. Use of the centrifuge for collecting plankton. — Science **7.**

FLEMINGER, A., and CLUTTER, R. J. 1965. Avoidance of towed nets by zooplancton. — Limnol. Oceanogr. **10,** 96—104.

FOXTON, P. 1963. An automatic opening-closing device for large plankton nets and midwater trawls. — J. Mar. biol. Ass. U. K. **43,** 295—308.

GLENK, H. O. 1962. Pflanzliches Plankton. Methoden der wissenchaftlichen Planktonuntersuchung I—V. — Mikrokosmos **51,** 178—182; 207 bis 211; 268—271; 338—342; **52,** 203—207.

GLOVER, R. S. 1962. The continous plankton recorder. — Rapp. Proc.-verb. Cons. perm. int. Explor. Mer **153,** 59—65.

GUSEVA, K. A. 1959. About technics of phytoplankton studies. — Arb. Inst. Biol. Wod. **2 (5),** 44—51 (russisch).

HANSEN, V. K. and ANDERSEN, K. P. 1962. Sampling the smaller zooplankton. — Rapp. Proc.-verb. Cons. perm. int. Explor. Mer **153,** 39 bis 47.

HEINRICH, K. 1934. Atmung und Assimilation im freien Wasser. — Int. Rev. Hydrobiol. **30,** 387—410.

HENSEN, V. 1887. Über die Bestimmung des Planktons oder des im Meere treibenden Materials an Pflanzen und Tieren. — 5. Ber. Kommiss. wiss. Unters. Dt. Meere **12—16,** 1—108.

HENSEN, V. 1895. Ergebnisse der Planktonexpedition der Humboldtstiftung. — Kiel und Leipzig (Lipsius & Tischer).

HERBST, H. V. 1957. Der Fallschöpfer, ein Gerät zur quantitativen Zooplankton-Fang. — Arch. Hydrobiol. **53,** 598—603.

HOPKINS, T. L. 1962. A zooplankton subsampler. Limnol. Oceanogr. **7,** 424—426.

HUNGER, H. 1957. Unterwasser-Fernsehen und seine Bedeutung für die Fischerei. — Allgem. Fischwirtschaftsztg. **38.**

JACOBS, J. 1961. Cyclomorphosis in *Daphnia galeata mendotae* BIRGE, a case of environmentally controlled allometry. — Arch. Hydrobiol. **58,** 7—71.

JACOBS, J. 1962. Light and turbulence as codeterminants of relative growth rates in cyclomorphic *Daphnia.* — Int. Rev. Hydrobiol. **47,** 146—156.

JACOBS, W. 1935. Das Schweben der Wasserorganismen. — Ergebnisse der Biologie **11,** 131 bis 218.

JAVORNICKY, P. 1958. Die Revision einiger

Methoden zum Feststellen der Quantität des Phytoplanktons. — Sci. Pap. Inst. Chem. Temhnol., Prague, Fuel and Water, **2**, 283—367 (tschechisch mit deutscher Zusammenfassung).
KOLKWITZ, R. 1907. Entnahme- und Beobachtungsinstrumente für biologische Wasseruntersuchungen. — Mitt. Prüf.-Anst. Wasservers. Berlin, **9**, 111—114.
KOLKWITZ, R. 1911. Über das Kammerplankton des Süßwassers und der Meere. — Ber. dt. bot. Ges. **29**, 386—412.
KOLKWITZ, R. 1911. Das Planktonsieb aus Metall und seine Anwendung. — Ber. dt. bot. Ges. **29.**
KOLKWITZ, R. 1932. Die Planktonkammer unter Verwendung stärkerer Objektive. — Ber. dt. bot. Ges. **50**, 374—375.
KRÄMER, A. 1897. Die Messung des Planktons mittels der Zentrifuge. — Verh. Ges. Naturf. Ärzte **68.**
KRIZENECKY, J. 1945. Untersuchungen zur Frage einer quantitativen Bestimmung des Teichplanktons mittels Zentrifugierens. — Arch. Hydrobiol. **40**, 98—113.
KUTKUHN, J. H. 1958. Notes on the precision of numerial and volumetric plankton estimates from small samples concentrate. — Limnol. Oceanogr. **3**, 69—83.
LOEFFLER, R. J. 1954. A new method of evaluating the distribution of planktonic algae in freshwater lakes. — Ph. D. Thesis, Univ. Wisc. Library, Madison, Wisc. U.S.A.
LOHMANN, H. 1908. Untersuchung zur Feststellung des vollständigen Gehalts des Meeres an Plankton. — Wiss. Meeresuntersuch. **10**, 131 bis 370.
LOHMANN, H. 1911. Über das Nannoplankton und die Zentrifugierung kleinster Wassermengen. — Leipzig.
LOVEGROVE, T. 1962. The effect of the various factors on dry weight values. — Rapp. Proc.-verb. Cons. perm. int. Explor. Mer **153**, 86—91.
LUND, J. W. G. 1951. Sedimentation technique for counting algae and other organisms. — Hydrobiologica **3**, 390—394.
LUND, J. W. G. 1959. A simple counting chamber for nannoplankton. — Limnol. Oceanogr. **4**, 57—65.
LUND, J. W. G. 1962. Concerning a counting chamber for nannoplankton described previously. — Limnol. Oceanogr. **7**, 261—262.
LUND, J. W. G., KIPLING, G. and LE CREEN, E. D. 1958. The inverted microskop method of estimating algae numbers and the statistical basis of estimation by counting. — Hydrobiologia **11**, 143—170.
LUND, J. W. G. and TALLING, J. F. 1957. Botanical limnological methods with special reference to the algae. — Bot. Rev. **23**, 489—583.
McARTHUR, J. 1947. A new type of research microskop. — Trans. Roy. Trop. Med. Hyg. **40**, 378.
McARTHUR, J. 1947. Advances in the design of the inverted prismatic microskop. — J. Roy. Micr. Soc., Ser. 3, **65**, 8—16.
MONTI, R. 1911. Un noveau petit filet pour les peches planktoniques de surface à toute vitesse. — Int. Rev. Hydrobiol. **3**, 548—552.
LAEVASTU, T. 1962. The adequacy of plankton sampling. — Rapp. Proc.-verb. Cons. perm. int. Explor. Mer **153**, 66—73.
MOORE, E. W. 1952. The precision of microskopic counts of plankton in water. — J. Amer. Wat. Wks. Assoc. **44**, 208—216.
MOTADA, S. 1962. Plankton sampler for collecting uncontaminated materials from several different zones by a single vertical hawl. — Rapp. Proc.-verb. Cons. perm. int. Explor. Mer **153**, 55—58.
NAUMANN, E. 1922. Über eine spezielle Anwendung der Zentrifugentechnik in der Planktonkunde. — Z. wiss. Mikros. **39.**
NAUMANN, E. 1923. See und Teich (Plankton und Neuston). — ABDERHALDEN **IX**, **2**, 139 bis 227.
NAUMANN, E. 1929. Grundlinien der experimentellen Planktonforschung. — Die Binnengewässer **6**, Stuttgart (Schweizerbart) 100 S.
NAUWERCK, A. 1963. Die Beziehungen zwischen Zooplankton und Phytoplankton im See Erken. — Symb. Bot. Upsal. **XVII:** 5, 1—163.
OHLE, W. 1959. Blick in die Tiefe des Großen Plöner Sees mit Fernseh- und Photokameras. — Natur und Volk **87**, 177—188.
OSTWALD, W. 1902. Zur Theorie des Planktons. — Biol. Zbl. **22**, 596—605 und 609—638.
PALMER, C. M. and MALONEY, T. E. 1954. A new counting slide for nannoplankton. — Amer. Soc. Limnol. Oceanogr. Spec. Publ. **21**, 1—6.
PAQUETTE, R. G. and FROLANDER, H. F. 1957. Improvements in the CLARKE-BUMPUS plankton sampler. — J. Cons. int. Explor. Mer **23**, 284—288.
PAQUETTE, R. G., SCOTT, E. L. and SUND, P. N. 1961. An enlarged CLARKE-PUMBUS plankton sampler. — Limnol. Oceanogr. **6**, 230 bis 233.
PASCHER, A. 1912. Versuche zur Methode des Zentrifugierens bei der Gewinnung des Planktons. — Int. Rev. Hydrobiol. **5.**
PENNAK, R. W. 1962. Quantitative zooplankton sampling in litoral vegetation areas. — Limnol. Oceanogr. **7**, 487—489.
RICKER, W. E. 1937. Statistical treatment of sampling process usefull in the enumeration of plankton organismens. — Arch. Hydrobiol. **31**, 68—84.
RINGELBERG, J. 1961. A physiological approach to an understanding of vertical migration. — Proc. Acad. Sci. Amsterdam Ser. C **64**, 489—500.
RINGELBERG, J. 1964. The positively phototactic reaction of *Daphnia magna* STRAUS. — Nederl. J. Sea Res. **2**, 319—406.
RISCH, C. 1924. Ein Verfahren zur Zählung der

Planktonorganismen. — Arch. Hydrobiol. **15,** 416—421.
RODHE, W. 1941. Zur Verbesserung der quantitativen Phytoplanktonmethodik. — Zool. bidr. Uppsala **20,** 465—477.
RUTTNER, F. 1909. Über die Anwendung von Filtration und Zentrifugierung bei den planktologischen Arbeiten an den Lunzer Seen. — Int. Rev. Hydrobiol. **2,** 174—181.
RUTTNER, F. 1914. Die Verteilung des Planktons im Süßwasser. — Fortschr. naturw. Forsch. **10;** ABDERHALDEN, Abt. IX.
RUTTNER, F. 1938. Limnologische Studien an einigen Seen der Ostalpen. — Arch. Hydrobiol. **32,** 167—319.
RUTTNER, F. 1955. Planktonstudien der Deutschen Limnologischen Sundaexpedition. — Arch. Hydrobiol. Suppl. **10,** 1—274.
RYLOV, W. M. 1924. Zur Methodik der Untersuchungen des Kammerplanktons in sehr seichten Gewässern. — Schr. Süßwasser- u. Meereskde.
RYLOV, W. M. 1927. Über die unmittelbare Verwendung der „KOLKWITZschen Planktonkammer“ zur Entnahme des Planktons aus verschiedenen Tiefen. — Arch. Hydrobiol. **18,** 60 bis 64.
RYLOV, W. M. 1929. Anleitung zur Untersuchung des Limnoneustons. — ABDERHALDEN Abt. IX, 2, 1385—1418.
RYLOV, W. M. 1935. Das Zooplankton der Binnengewässer. — Die Binnengewässer **15,** Stuttgart (Schweizerbart), 272 S.
RYZEN, M. 1956. A microphotometric method of cell enumeration within the cerebral cortex of man. — J. Compar. Neurol. **104.**
SCHÄRFE, J. 1952. Über Form und Größe von Wirkbereichen bei Fischlotungen. — Fischereiwelt **2.**
SCHMIDT-RIES, H. 1936. Grundsätzliches zur Zentrifugenmethode. — Arch. Hydrobiol. **29,** 553—616.
SCHRÖDER, R. 1959. Die Vertikalwanderungen des Crustaceenplanktons der Seen des südlichen Schwarzwaldes. — Arch. Hydrobiol. Suppl. **25,** 1—43.
SCHRÖDER, R. 1961. Untersuchungen über die Planktonverteilung mit Hilfe der Unterwasser-Fernsehanlage und des Echographen. — Arch. Hydrobiol. Suppl. **25,** 228—241.
SCHRÖDER, R. 1962. Vertikalverteilung des Zooplanktons und Thermokline. — Arch. Hydrobiol. Suppl. **25,** 401—410.
SCHRÖDER, R. 1962. Keine endogene Rhythmik bei den Vertikalwanderungen des Zooplanktons. — Arch. Hydrobiol. Suppl. **25,** 411—413.
SCHRÖDER, R. 1962. Vertikalverteilung des Zooplanktons in Abhängigkeit von den Strahlungsverhältnissen in Seen mit unterschiedlichen Eigenschaften. — Arch. Hydrobiol. Suppl. **25,** 414—429.
SCHRÖDER, H. und SCHRÖDER, R. 1964. Ein Beitrag zur Horizontalverteilung des Zoo- und Phytoplanktons in Querprofilen. — Mem. Ist. Ital. Idrobiol. **17,** 81—101.
SCHRÖDER, R. and SCHRÖDER H. 1964. On the use of the echo sounders in lake investigations. — Mem. Ist. Ital. Idrobiol. **17,** 167—188.
SHIRAISHI, Y. 1960. On the application of echosounder to limnological research. — J. Japan. Limnol. Soc. **21,** 245—255.
SIEBECK, O. 1960. Untersuchungen über die Vertikalwanderung planktischer Crustaceen unter Berücksichtigung der Strahlungsverhältnisse. — Int. Rev. Hydrobiol. **45,** 381—454.
SIEBECK, O. 1964. Researchs on the behaviour of planktonic crustaceans in the litoral. — Verh. int. Ver. Limnol. **15,** 746—751.
SIEBECK, O. 1964. Experimente im Litoral zum Problem der „Uferflucht“ planktischer Crustaceen. — Zool. Anz. Suppl. **27,** 388—396.
SOLI, G. 1964. A system for isolating phytoplancton organisms in unialgal and bacteria-free culture. — Limnol. Oceanogr. **9,** 265—268.
STEEMANN NIELSEN, E. 1933. Über quantitative Untersuchungen von marinem Plankton mit UTERMÖHLs umgekehrtem Mikroskop. — J. Cons. int. Explor. Mer **8,** 201—210.
STEEMANN NIELSEN, E. und BRANDT, T. v. 1934. Quantitative Zentrifugenmethoden zur Planktonbestimmung. — Rapp. Proc.-verb. Cons. int. perm. Explor. Mer **89,** 87—99.
ŠTEPÁNEK, M. 1961. Der automatische Planktonentnahmeapparat für Talsperren (HYDRA). — Verh. int. Ver. Limnol. **14,** 955—957.
STRAŠKRABA, M. 1964. Preliminary results of a new method for the quantitative sorting of freshwater net plancton into main groups. — Limnol. Oceanogr. **9,** 268—270.
SWANSON, G. A. 1965. Automatic plancton sampling system. — Limnol. Oceanogr. **10,** 149 bis 152.
THEILER, A. 1914. Ein neuer Wasser- und Planktonschöpfer nach FRIEDINGER. — Int. Rev. Hydrobiol. Suppl. **6,** 1—4.
THOMAS, E. A. 1958. Das Plankton-Test-Lot, ein Gerät zum Studium des Verhaltens von Planktonorganismen im See. — Monatsbull. Schweiz. Ver. Gas- u. Wasserfachmännern, Nr. **38,** 1—6.
THOMASSON, K. 1963. Die Kugelkurven in der Planktologie. — Int. Rev. Hydrobiol. **47,** 627 bis 628.
UTERMÖHL, H. 1931. Über das umgekehrte Mikroskop. — Arch. Hydrobiol. **22,** 643—645.
UTERMÖHL, H. 1932. Neue Wege in der quantitativen Erfassung des Planktons. — Verh. int. Ver. Limnol. **5,** 567—595.
UTERMÖHL, H. 1936. Quantitative Methoden zur Untersuchung des Nannoplanktons. — ABDERHALDEN Abt. IX, 2/II, 1879—1937.
UTERMÖHL, H. 1958. Zur Vervollkommnung der quantitativen Phytoplankton-Methodik. — Mitt. int. Ver. Limnol. **9,** 1—38.
VOLLENWEIDER, R. und WOLFF, H. 1949.

Zur Methodik der Planktonstatistik. — Schweiz. Z. Hydrol. **11,** 369—380.
WERFF, A. van der 1955. A new method of concentrating and cleaning diatoms and other organisms. — Verh. int. Ver. Limnol. **12,** 276—277.
WESENBERG-LUND, C. 1900. Über das Abhängigkeitsverhältnis zwischen dem Bau der Planktonorganismen und dem spezifischen Gewicht des Süßwassers. — Biol. Zbl. **20,** 606—619 und 644—656.
WIBORG, K. F. 1962. Estimations of number in the laboratory. — Rapp. Proc.-verb. Cons. perm. int. Explor. Mer **153,** 74—77.
WOOD, E. J. F. 1962. A method for phytoplancton study. — Limnol. Oceanogr. **7,** 32—35.
WUNDER, W. 1935. Die Planktonröhre aus Cellhorn, ein neues hydrobiologisches Gerät. — Arch. Hydrobiol. **28,** 659—662.
YENTSCH, C. S., GRICE, G. D. and HART, 1962. Some opening-closing devices for plankton nets operated by pressure, electrical and mechanical action. — Rapp. Proc.-verb. Cons. perm. int. Explor. Mer **153,** 59—65.
ZACHARIAS, O. 1907. Der Planktonseiher „Ethmophor". — Arch. Hydrobiol. **2,** 320—324.
ZACHARIAS, O. 1907. Das Süßwasserplankton. — Leipzig (Teubner).

VI. LITORAL UND PROFUNDAL

ALM, G. 1924. Die quantitative Untersuchung der Bodenfauna und -flora in ihrer Bedeutung für die theoretische und angewandte Limnologie. — Verh. int. Ver. Limnol. **2,** 1—12.
ALSTERBERG, G. 1922. Om prortagning med Ekman's bott-hämtare. — Skrift. Södr. Sver. Fiskeriför. Lund.
ANDERSON, R. O. 1959. A modified flotation technique for sorting bottom sampler fauna. — Limnol. Oceanogr. **4,** 223—225.
AUERBACH, M. 1953. Ein quantitativer Bodengreifer. — Beitr. naturkundl. Forsch. SW-Deutschl. **12,** 17—23.
BARTHELMES, D. 1963. Über die horizontale Wanderung der Tiefenfauna. — Z. Fisch. Hilfswiss. **11,** N. F., 183—187.
BERG, K. 1937. Contribution to the biology of *Corethra* MEIGEN *(Chaoborus* LICHTENSTEIN). — Kgl. Danske Videnskb. Selskb. Biol. Medd. **13,** 1—101.
BAYES, J. C. and ANSELL, A. D. 1964. A simple automatic bottom water sampler for shore use. — Limnol. Oceanogr. **9,** 600—601.
BIRKETT, L. 1957. Flotation technique for sorting grab samples. — J. Cons. int. Explor. Mer **22,** 289—292.
BÜLOW, T. v. 1951. Die Seerosenzone als Lebensraum. — Diss. Univ. Kiel.
BURBANEK, W. D. and ALLEN, J. M. 1947. A simple method of collecting small sessil freshwater forms. — TURTOX News **25,** 241—243.
CAVENESS, F. E. and JENSEN, H. J. 1955. Modification of the centrifugal-flotation technique for the isolation and concentration of nemetodes and their eggs from soil and plant tissue. — Proc. Helm. Soc. Wash. **22,** 87—89.
CHOLNOKY, B. v. 1927. Untersuchungen über die Ökologie der Epiphyten. — Arch. Hydrobiol. **18,** 661—705.
COOKE, W. B. 1958. Continuous sampling of trickling filter populations. I. Procedures. — Sewage Industr. Wastes **30,** 21—27.
DILLON, W. P. 1964. Flotation technique for separating fecal-pellets and small marine organisms from sand. — Limnol. Oceanogr. **9,** 601 to 602.
DITTMAR, H. 1952. Anwendungsmöglichkeiten des zerhackten Gleichstroms für ökologische Arbeiten. — Arch. Hydrobiol. **45,** 217—223.
EHRENBERG, H. 1957. Die Steinfauna der Brandungsufer ostholsteinischer Seen. — Arch. Hydrobiol. **53,** 87—159.
EINSLE, U. 1964. Larvalentwicklung von Cyclopiden und Photoperiodik. — Die Naturwissenschaften **51,** 345.
EKMAN, S. 1911. Neue Apparate zur qualitativen und quantitativen Untersuchung der Bodenfauna der Binnenseen. — Int. Rev. Hydrobiol. **3,** 553—561.
ELGMORK, K. 1962. A bottom sampler for soft mud. — Hydrobiologia **20,** 167—172.
ELSTER, H. J. 1933. Eine Schlittendredge. — Int. Rev. Hydrobiol. **29,** 290—292.
ELSTER, H. J. 1955. Limnologische Untersuchungen im Hypolimnion verschiedener Seetypen. — Mem. Ist. Ital. Idrobiol. Suppl. **8,** 83 bis 119.
FORSBERG, C. 1959. Quantitative sampling of sub-aquatic vegetation. — Oikos **10,** 233—240.
FRANKLIN, W. R. and ANDERSON, D. V. 1961. A bottom sediment sampler. — Limnol. Oceanogr. **6,** 233—234.
FREIDENFELT, T. 1924. Neue Versuche zur Methodik der quantitativen Untersuchung der Bodenfaun der Binnenseen. Einige kritische Bemerkungen. — Arch. Hydrobiol. **14,** 572—577.
FREMLING, C. R. 1961. Screened pail for sifting bottom-fauna samples. — Limnol. Oceanogr. **6,** 96.
FREY, D. G. 1964. Remains of animals in quaternary lake and bog sediments and their interpretation. — Ergebn. Limnol. **2,** 1—114.
FROLANDER, H. F. and PRATT, J. 1962. A bottom skinner. — Limnol. Oceanogr. **7,** 104 bis 106.
GAMS, H. 1925. Die höhere Wasservegetation. — ABDERHALDEN **IX,** 2, 713—750.
GARNETT, P. A. und R. H. HUNT, 1965. Two technics for sampling freshwater habitats. — Hydrobiologia **26,** 114—120.
GESSNER, F. 1952. Der Druck in seiner Bedeutung für das Wachstum submerser Wasserpflanzen. — Planta **40,** 391—397.
GESSNER-LIERSCH, H. 1950. Zur Ökologie

des Phragmitesgeleges. — Abh. Fischerei Lief. 3, 525—604.

GOLUBIČ, S. 1963. Hydrostatischer Druck, Licht und submerse Vegetation im Vrana-See. — Int. Rev. Hydrobiol. **48**, 1—7.

GRZENDA, A. R. and BREHMER, M. L. 1960. A quantitative methode for the collection and measurement of stream periphyton. — Limnol. Oceanogr. **5**, 190—194.

GÜNTHER, B. 1963. Ein neuer Bodengreifer. — Z. Fisch. Hilfswiss. N. F. **11**, 635—639.

HELL, W. 1960. Zur Methodik der quantitativen Gewinnung und Gewichtsbestimmung der Makrostein- und Schlammfauna. — Wasser und Abwasser Bd. 1960, 28—34.

HENTSCHEL, E. 1916. Biologiche Untersuchungen über den tierischen und pflanzlichen Bewuchs im Hamburger Hafen. — Mitt. Zool. Mus. Hamburg **33**, 1—172.

HENTSCHEL, E. 1923/24. Abwasseruntersuchungen mit biologischen Methoden im Hamburger Elbgebiet. — Techn. Gemeindeblatt **26**, 113—115.

IVLEV, V. S. 1929. Zur Frage über den Bewuchs in den Teichen. Arb. d. Hydrobiol. Stat. am See Glubokoje **6**, 70—103; orig. russisch.

IVLEV, V. S. 1933. Ein Versuch zur experimentellen Erforschung der Ökologie der Wasserbiocönosen. — Arch. Hydrobiol. **25**, 177—191.

JONASSON, P. M. 1954. An improved funnel trap for capturing emerging aquatic insects, with some preliminary results. — Oikos **5**, 179—189.

JONASSON, P. M. 1955. The efficiency of sieving techniques for sampling freshwater bottom fauna. — Oikos **6**, 183—208.

JONASSON, P. M. 1958. The mesh factor in sieving techniques. — Verh. int. Ver. Limnol. **13**, 860—867.

KAJAK, Z. 1963. Analysis of quantitative benthic methods. — Ekol. Polsk. Ser. A. **11**, 1—56.

KANN, E. 1941. Cyanophyceenkrusten aus einem Teich bei Abisko (Schwedisch-Lappland). — Arch. Hydrobiol. **37**, 495—503.

KANN, E. 1941. Krustensteine in Seen. — Arch. Hydrobiol. **37**, 504—532.

KANN, E. 1941. Ökologische Untersuchungen an Litoralalgen ostholsteinischer Seen. — Arch. Hydrobiol. **37**, 177—269.

KNUDSEN, M. 1927. A bottom sampler for hard bottom. — Medd. Komm. Havunders. S. Fisk. **8**,

KRASSOVSKA, K. und S. MIKULSKI, 1960. Studies on animal aggregations associated with immersed and pleustonic vegetations in lake Druzuo. — Ecol. Polsk. Ser. A, **8**, 353—355.

LANG, K. 1930. Ein neuer Typ des quantitativen Bodenschöpfers. — Arch. Hydrobiol. **21**, 145 bis 150.

LELLACK, J. 1961. Zur Benthosproduktion und ihrer Dynamik in drei böhmischen Teichen. — Verh. int. Ver. Limnol. **14**, 213—219.

LELLACK, J. 1961. Die Bedeutung der Chironomiden in unseren Teichen. — Z. Vesmir **40**, 376—378.

LENZ, F. 1931. Untersuchung über die Vertikalverteilung der Bodenfauna im Tiefensediment von Seen. Ein neuer Bodengreifer mit Zerteilungsvorrichtung. — Verh. int. Ver. Limnol. **5**, 232—261.

LENZ, F. 1932. Zur Methodik der quantitativen Bodenfauna-Untersuchung. Der Stockhalter, ein neues Hilfsgerät zum Bodengreifer. — Arch. Hydrobiol. **23**, 375—380.

LIEBMANN, H. 1950. Zur Biologie der Methanbakterien. — Gesundheitsing. **71.**

LÖFFLER, H. 1961. Vorschlag zu einem automatischen Schlämmverfahren. — Int. Rev. Hydrobiol. **46**, 288—291.

LUNDBECK, J. 1926. Die Bodentierwelt norddeutscher Seen. — Arch. Hydrobiol. Suppl. **7**, 1—473.

LUNDBECK, J. 1954. Zur Kenntnis der Lebensvorgänge in sauren Binnenseen. — Arch. Hydrobiol. Suppl. **20**, 18—117.

MACAN, T. T. 1958. Methods of sampling the bottom fauna in stony streams. — Mitt. int. Ver. Limnol. **8**, 1—21.

MESCHKAT, A. 1934. Der Bewuchs in den Röhrichten des Plattensees. — Arch. Hydrobiol. **27**, 437—517.

MESCHKAT, A. 1934. Methoden der Bewuchsuntersuchungen an Schilfstengeln. — Arb. Ung. Biol. Forschungsinst. Tihany **7**, 154—162.

MEUCHE, A. 1939. Die Fauna im Algenbewuchs. Nach Untersuchungen im Litoral ostholsteinischer Seen. — Arch. Hydrobiol. **34**, 349—520.

MÜLLER-LIEBENAU, I. 1956. Die Besiedlung der Potamogeton-Zone ostholsteinischer Seen. — Arch. Hydrobiol. **52**, 470—606.

MUNDIE, J. H. 1956. Emergence traps for aquatic insects. — Mitt. int. Ver. Limnol. **7**, 1—13.

MUNDIE, J. H. 1959. Diurnal activity of the larger invertebrates at the surface of Lac a rouge, Saskatchewan. — Canad. J. Zool. **37**, 945 to 956.

MURRAY, J. W. 1962. A new bottom-water sampler for ecologists. — J. Mar. Biol. Assoc. U. K. **42**, 499—501.

NEEL, J. K. 1948. A limnological investigation of the psammon in Douglas Lake with a special reference to shoal and shoreline dynamics. — Trans. Amer. Micr. Soc. **67**, 1—53.

NEWCOMBE, C. L. 1949. Attachment materials in relation to water productivity. — Trans. Amer. Micr. Soc. **68**, 355—361.

NEWCOMBE, C. L. 1950. A quantitative study of attachment materials in Sodon Lake, Michigan. — Ecology **31**, 204—215.

NORTHCOT, T. G. 1964. Use of a high frequency echo sounder to record distribution and migration of *Chaoborus* larvae. — Limnol. Oceanogr. **9**, 87—91.

PENNAK, R. W. 1940. Ecology of the microskopic metazoa inhabiting the sandy beaches of some Wisconsin Lakes. — Ecol. Monogr. **10**, 537—615.

PENNAK, R. W. 1950. Comparative ecology of the interstitial fauna of fresh-water and marine beaches. — Ann. Biol. **27**, 449—480.
PERFILEW, B. W. 1927. Zur Methodik der Erforschung von Schlammablagerungen. — ABDERHALDEN Abt. IX.
PERFILEW, B. W. 1929. Ein neuer Apparat für tiefe Schlammbohrungen vom Boote auf größeren Tiefen (Kolbenbohrer). — Int. Hydrol. Kongr. Sevilla 1929.
PIECZYŃSKA, E. 1964. Investigations on colonisation of new substrates by nematodes (Nematoda) and some other periphyton organisms. — Ekol. Polska Ser. A, **XII**, 185—214.
PIECZYŃSKA, E. 1960. Types of seattlement by watermites (Hydracarina) of the litoral zone of Lake Wilkus. — Ekol. Polsk. Ser. B **6**, 339—346.
PONYI, J. E. 1960. Über im interstitialen Wasser der sandigen und steinigen Ufer des Balaton lebenden Krebse (Crustacea). — Annal. Biol. Tihany **27**, 85—92.
PONYI, J. E. 1962. Zoologische Untersuchung der Röhrichte des Balaton. I. Krebse (Crustacea). — Annal. Biol. Tihany **29**, 129—163.
RAWSON, D. S. 1947. An automatic-closing EKMAN-dredge and other equipment for use in extremly deep water. — Limnol. Amer. Soc. Limnol. Oceanogr. Spec. Publ. **18**.
RAWSON, D. S. 1963. The bottom fauna of Great Slave Lake. — J. Fish. Res. Board Canad. **10**, 486—520.
REINECK, H. E. 1962. Der Kastengreifer. — Natur und Museum **93**, 102—108.
REISSINGER, A. 1930. Methoden zur Untersuchung von Seeschlammschichten, ihrer Mächtigkeit und ihrer Zusammensetzung. — 3. Ber. Naturw. Ges. Bayreuth.
RIETH, A. 1960. Ein vereinfachter funktionssicherer Bodengreifer. — Mikrokosmos **49**, 252 bis 256.
RIETH, A. 1961. Der Pflanzengreifer, eine zum Sammeln der Unterwasservegetation geeignete Abwandlung des Schlammschöpfers. — Mikrokosmos **50**, 61—63.
ROLL, H. 1939. Zur Terminologie des Periphytons. — Arch. Hydrobiol. **35**, 59—69.
RUTTNER-KOLISKO, A. 1963. Psammonstudien I. Das Psammon des Torneträsk in Schwedisch-Lappland. — Sitz. Ber. Österr. Akad. Wiss., Abt. I, **162**, 129—161.
RUTTNER-KOLISKO, A. 1954. Psammonstudien II. Das Psammon des Erken in Mittelschweden. — Sitz. Ber. Öster. Akad. Wiss., Abt. I, **163**, 301—324.
RUTTNER-KOLISKO, A. 1962. Porenraum und kapillare Wasserströmung im Limnopsammal, ein Beispiel für die Bedeutung verlangsamter Strömung. — Schweiz. Z. Hydrol. **24**, 444—458.
SANDER, G. 1957. Beitrag zur Genauigkeit der Bodengreifer-Methodik. — Z. Fisch. Hilfswiss. N. F. **6**, 251.
SCHÄPERCLAUS, W. 1939. Eine nützliche kleine Verbesserung am Bodengreifer von EKMAN-BIRGE. — Arch. Hydrobiol. **35**, 169—170.
SCHLEE, D. 1965. Ein automatisches Fangkarussell zur Freiland-Untersuchung der tageszeitlichen Schlüpfrhythmik bei Wasserinsekten. — Arch. Hydrobiol. **61**, 215—227.
SCHÖNBORN, W. 1962. Zur Ökologie der Testaceen im oligotrophen See, dargestellt am Beispiel des Großen Stechlinsees. — Limnologica **1**, 111—182.
SCHRÄDER, T. 1932. Über die Möglichkeit einer quantitativen Untersuchung der Boden- und Ufertierwelt fließender Gewässer. — Z. Fischerei **30**, 105—127.
SLÁDEČEK, V. and SLÁDEČKOVÁ, A. 1963. Relationship between wet weight and dry weight of the periphtyon. — Limnol. Oceanogr. **8**, 309 bis 311.
SLÁDEČKOVÁ, A. 1960. Application of the glas slide method to the periphyton study in the Slapy Reservoir. — Sci. Pap. Inst. Chem. Technol., Prague, Fuel and Water **4**, 403—434.
SLÁDEČKOVÁ, A. 1960. Limnological study of the reservoir Sedlice near Zeliv. XI. Periphyton stratification during the first year-long period. — Ebenda **4**, 143—261.
SLÁDEČKOVÁ, A. 1962. Limnological investigation methods for the periphyton („Aufwuchs") community. — Bot. Rev. **28**, 286—350.
SMITH, A. J. 1959. Description of the MACKARETH portable core sampler. — J. Sediment Petrol. **29**, 246—250.
STEINMANN, P. und SURBECK, G. 1922. Zum Problem der biologischen Abwasseranalyse. — Arch. Hydrobiol. **13**, 404—414.
SZLAUER, L. 1963. Diurnal migrations of minute invertebrates inhabiting the zone of submerged hydrophytes in a lake. — Schweiz. Hydrol. **25**, 56—64.
THIENEMANN, A. 1918. Untersuchungen über Beziehungen zwischen dem Sauerstoffgehalt des Wassers und der Zusammensetzung der Fauna in den norddeutschen Seen. 1. Mitteilung. — Arch. Hydrobiol. **12**, 1—65.
THIENEMANN, A. 1923. See und Teich (Ufer). — ABDERHALDEN **IX**, **2**, 97—138.
THOMASSON, H. 1925. Methoden zur Untersuchung der Mikrophyten der limnischen Litoral- und Profundalzone. — ABDERHALDEN, Abt. IX, **2**, 681—712.
TONOLLI, V. 1962. Nuovi strumenti per la raccolta e la separazione dei popolamenti benthonici. — Publ. Staz. Zool. Napoli, Suppl. **32**, 20—29.
WASMUND, E. 1932. Entwicklung und Verbesserung der Entnahmeapparatur für Bodenproben unter Wasser. — Arch. Hydrobiol. **22**, 646—662.
WESENBERG-LUND, C. 1908. Die litoralen Tiergesellschaften unserer größeren Seen I. — Int. Rev. Hydrobiol. **1**, 574—609.
WILLER, A. 1923. Der Aufwuchs der Unterwasserpflanzen. — Verh. int. Ver. Limnol. **1**, 37—57.
WÜLKER, W. 1961. Lebenszyklus und Vertikal-

verteilung der Chironomide (Dipt.) Sergentia coracina ZETT. im Titisee. — Verh. int. Ver. Limnol. **14,** 962—967.
YOUNT, J. L. 1956. Factors that control species numbers in Silver Springs, Florida. — Limnol. Oceanogr. **1,** 286—295.
YUNKER, C. J. 1959. An improved method for storage and shipment of small invertebrate specimens. — TURTOX News **37,** 294—295.
ZAHNER, R. 1964. Beziehungen zwischen dem Auftreten von Tubificiden und der Zufuhr organischer Stoffe im Bodensee. — Int. Rev. ges. Hydrobiol. **49,** 417—454.
ZÜLLIG, H. 1953. Ein neues Lot zur Untersuchung der obersten Schlammschichten, zur Messung des Sedimentabsatzes und zur Erfassung bodennaher Wasserschichten. — Schweiz. Z. Hydrol. **15,** 275—284.
ZÜLLIG, H. 1956. Sedimente als Ausdruck des Zustandes eines Gewässers. — Schweiz. Z. Hydrol. **18,** 5—143.
ZÜLLIG, H. 1959. Eine neue Schöpfflasche mit automatischer Bodenauslösevorrichtung. — Schweiz. Z. Hydrobiol. **21,** 109—111.

VII. FLIESSWASSERFORSCHUNG

ALBRECHT, M.-L. 1952. Die Plane und andere Flämingbäche. — Z. Fischerei N. F. **1,** 389—476.
ALBRECHT, M.-L. 1959. Die quantitative Untersuchung der Bodenfauna fließender Gewässer. — Z. Fischerei N. F. **8,** 481—550.
ALBRECHT, M.-L. 1961. Ein Vergleich quantitativer Methoden zur Untersuchung der Makrofauna fließender Gewässer. — Verh. int. Ver. Limnol. **14,** 486—490.
ALLANSON, B. R. and KERRICH, J. E. 1961. A statistical method for estimating the number of animals found in field samples drawn from polluted river. — Verh. int. Ver. Limnol. **14,** 491—494.
ALLEN, K. R. 1940. Studies on the biology of the early stages of the salmon (Salmo salar). 1. Growth in the river Eden. — J. Anim. Ecol. **9,** 1—23.
ALM, G. 1922. Über die Prinzipien der quantitativen Bodenfaunistik und ihre Bedeutung für die Fischerei. — Verh. int. Ver. Limnol. **1,** 168 bis 180.
AMBÜHL, H. 1959. Die Bedeutung der Strömung als ökologischer Faktor. — Schweiz. Z. Hydrol. **21,** 133—264.
BACKHAUS, D. 1965. Ökologische und experimentelle Untersuchungen an den Aufwuchsalgen der Donauquellflüsse Breg und Brigach und der obersten Donau bis zur Versickerung bei Immendingen. — Diss. Freiburg 1965 (Veröffentlichung im Arch. Hydrobiol. Suppl. in Vorbereitung).
BADCOCK, R. M. 1953. Comparative studies in the populations of streams. — Rep. Inst. Freshwater Res. Drottningholm **35,** 38—50.
BAGNOLD, R. A. 1951. Measurements of very low velocities of water-flow. — Nature **167.**
BEAK, T. W. 1938. Methods of making and sorting collections for an ecological study of a stream. — Avon Biolog. Res., Ann. Rep. 1936 bis 1937, **5,** 42—46.
BEHNING, A. 1928. Das Leben der Wolga. — Die Binnengewässer **5,** Stuttgart (Schweizerbart), 162 S.
BELING, D. 1929. La faune aquatique des fleuves méridionaux de l'Ukraine en rapport avec la question de son origine. — Verh. int. Ver. Limnol. **4,** 213—239.
BERG, K. 1948. Biological studies on the River Susaa. — Fol. Limnol. Scand. **4,** 1—318.
BEYER, H. 1932. Die Tierwelt der Quellen und Bäche des Baumbergegebietes. — Abh. Westf. Prov. Mus. Naturkde. **3,** 1—185.
BORNHAUSER, K. 1912. Die Tierwelt der Quellen und Bäche in der Umgebung Basels. — Int. Rev. Hydrobiol. Biol. Suppl. **5,** 1—90.
BUTCHER, R. W. 1933. Studies on the ecology of rivers I. On the distribution of macrophytic vegetation in the rivers of Britain. — J. Ecol. **21,** 58—91.
BUTCHER, R. W. 1938. Algae on the river. — Avon Biol. Res. Ann. Rep. 1936—37, **5,** 47—52.
BUTCHER, R. W. 1949. Problems of distribution of sessil algae in running water. — Verh. int. Ver. Limnol. **10,** 98—103.
CUSHING, C. E. 1964. An apparatus for sampling drifting organisms in streams. — J. WILDLIFE Management **28,** 592—594.
DITTMAR, H. 1955. Die quantitative Analyse des Fließwasser-Benthos. — Arch. Hydrobiol. Suppl. **22,** 295—300.
DITTMAR, H. 1955. Ein Sauerlandbach. Untersuchungen an einem Wiesen-Mittelgebirgsbach. — Arch. Hydrobiol. **50,** 307—544.
DODDS, G. S. and HISAW, F. L. 1925. Ecological studies on aquatic insects IV. Altitudinal range and zonation of mayflies, stoneflies, and caddiesflies. — Ecology **6,** 380—390.
DORRIS, T. C. 1961. A plankton sampler for deep river waters. — Limnol. Oceanogr. **6,** 366 bis 367.
DOUGLAS, B. 1958. The ecology of the attached diatoms and other algae in a small stony stream. — J. Ecol. **46,** 295—322.
EDINGTON, J. M. and MOLYNEAUX, L. 1960. Portable water velocity meter. — J. Sci. Instrum. **37,** 455—457.
ELSTER, H.-J. 1962. Seetypen, Fließgewässertypen und Saprobiensystem. — Int. Rev. Hydrobiol. **47,** 211—218.
ENGELHARDT, W. 1951. Faunistisch-ökologische Untersuchungen über Wasserinsekten an den südlichen Zuflüssen des Ammersees. — Mitt. Münch. Entomol. Ges. **41,** 1—135.
GEIJSKES, D. C. 1935. Faunistisch-ökologische Untersuchungen am Röserenbach bei Liestal im Baseler Tafeljura. — T. Entomol. **78,** 251—382.
GERSBACHER, W. M. 1937. The development

of stream bottom communities in Illinois. — Ecology **18,** 359—390.
GESSNER, F. 1950. Die ökologische Bedeutung der Strömungsgeschwindigkeiten fließender Gewässer und ihre Messung auf kleinstem Raum. — Arch. Hydrobiol. **43,** 149—165.
GLEDHILL, T. 1960. The Ephemeroptera, Plecoptera and Trichoptera caught by emergence traps in two streams during 1958. — Hydrobiologica **15,** 179—188.
HARROD, J. J. 1962. The distribution of invertebrates on submerged aquatic plants in a chalk stream, with special reference to the simuliidae. — M. Sc. Thesis, Univ. Southampton.
HENTSCHEL, E. 1923. Die Untersuchung von Strömen. — ABDERHALDEN **IX, 2,** 87—96.
HUBAULT, E. 1927. Contribution à l'etude des invertébrés torrenticoles. — Bull. Biol. France et Belg. Suppl. **9,** 1—388.
HYNES, H. B. 1961. The invertebrates fauna of a Welsh mountain stream. — Arch. Hydrobiol. **57,** 344—388.
IDE, F. P. 1940. Quantitative determination of the insect fauna of rapid water. — Univ. Toronto biol. Ser. **47,** 5—20.
ILLIES, J. 1953. Die Besiedlung der Fulda (insbes. das Benthos der Salmonidenregion) nach dem jetzigen Stand der Untersuchung. — Ber. Limnol. Flußstat. Freudenthal **5,** 1—28.
ILLIES, J. 1952. Die Mölle. Faunistisch-ökologische Untersuchungen an einem Forellenbach im Lipper Bergland. — Arch. Hydrobiol. **46,** 424—612.
ILLIES, J. 1955. Der biologische Aspekt der limnologischen Fließwassertypisierung. — Arch. Hydrobiol. Suppl. **22,** 337—346.
ILLIES, J. 1958. Die Barbenregion mitteleuropäischer Fließgewässer. — Verh. int. Ver. Limnol. **13,** 834—844.
ILLIES, J. 1961. Versuch einer allgemeinen biozönotischen Gliederung der Fließgewässer. — Int. Rev. Hydrobiol. **46,** 205—213.
ILLIES, J. et BOTOSANEANU, L. 1963. Problèmes et méthodes de la classification et de la zonation écologique de eaux courants, considerées surtout du point de vue faunistique. — Mitt. int. Ver. Limnol. **12,** 1—57.
JONASSON, P. M. 1948. Quantitative studies of the bottom fauna. — In: BERG, Biological studies on the river Susaa. Fol. Limnol. Scand. **4,** 203—284.
KAMLER, E. und RIEDEL, W. 1960. A method for quantitative study of the bottom fauna of Tatra streams. — Polsk. Arch. Hydrobiol. **8,** 95 bis 105.
KNÖPP, H. 1960. Untersuchungen über das Sauerstoff-Produktions-Potential von Flußplankton. — Schweiz. Z. Hydrol. **22,** 152—166.
KOLKWITZ, R und MARSSON, M. 1908. Ökologie der pflanzlichen Saprobien. — Ber. Deutsch. Bot. Ges. **26,** A, 505—519.
KOLKWITZ, R. und MARSSON, M. 1909. Ökologie der tierischen Saprobien. — Int. Rev. Hydrobiol. **2,** 126—152.
KOTHÉ, P. 1961. Hydrobiologie der Oberelbe. Natürliche, industrielle und wasserwirtschaftliche Faktoren in ihrer Auswirkung auf das Benthos des Stromgebietes oberhalb Hamburgs. — Arch. Hydrobiol. Suppl. **24,** 221—343.
LAMMERS, W. T. 1962. Density gradient separation of plankton and clay from river-water. — Limnol. Oceanogr. **7,** 224—229.
LIEBMANN, H. 1954. Biologie der Donau und des Mains. — Münchn. Beitr. Abw., Fisch. Flußbiol. **2,** 111—209.
LYAKHOV, S. M. and L. F. ZHIDKOV, 1953. A bottom sampler — an apparatus for studying benthic organisms carried down by river currents. — Zool. Zh. **32,** 1020—1024 (russisch).
MACAN, T. T. 1958. Methods of sampling the bottom fauna in stony streams. — Mitt. int. Ver. Limnol. **8,** 1—21.
MARGALEF, R. 1949. A new limnological method for the investigation of thin-layered epilithic communities. — Hydrobiologia **1,** 215 bis 216.
MARGALEF, R. 1949. Une nouvelle méthode limnologique pour l'etude de périphtyon. — Verh. int. Ver. Limnol. **10,** 284—285.
MARGALEF, R. 1960. Ideas for a synthetic approach to the ecology of running water. — Int. Rev. Hydrobiol. **45,** 133—153.
MOON, H. P. 1935. Methods and apparatus suitable for an investigation of the litoral region of oligotrophic lakes. — Int. Rev. Hydrobiol. **32,** 319—333.
MÜLLER, K. 1954. Beitrag zur Methodik der Untersuchung fließender Gewässer. — Arch. Hydrobiol. **43,** 567—570.
MÜLLER, K. 1965. An automatic stream drift sampler. — Limnol. Oceanogr. **10,** 483—485.
MUNDIE, J. H. 1956. Emergence traps for aquatic insects. — Mitt. int. Ver. Limnol. **7,** 1—13.
MUNDIE, J. H. 1964. A sampler for catching emerging insects and drifting materials in streams. — Limnol. Oceanogr. **9,** 456—459.
NEEDHAM, R. P. 1927. Biological survey of the Oswego river-system. — Suppl. to 17th Ann. Rep. N.Y. State Conservation Department.
NEEDHAM, P. R. 1934. Quantitative studies of stream bottom foods. — Trans. Amer. Fish. Soc. **64,** 238—247.
NEEDHAM, P. R. and USINGER, R. L. 1956. Variability in the macrofauna of a single-riffle in Prosser Creek, California, as indicated by the Surber sampler. — Hilgardia **24,** Univ. Calif. Berkeley, 383—409.
NEILL, R. M. 1937—1938. The food and feeding of the brown trout *(Salmo trutta L.)* in relation to the organic environment. — Trans. Roy. Soc. Edinb. **59,** II, 481—520.
NIETZKE, G. 1937. Die Kossau. Hydrobiologisch-faunistische Untersuchungen an schleswigholsteinischen Fließgewässern. — Arch. Hydrobiol. **32,** 1—74.

ODUM, H. T. 1957. Trophic structure and productivity of Silver Springs, Florida. — Ecol. Monogr. **27,** 55—112.
PERCIVAL, E. and WHITEHEAD, H. 1929. A quantitative study of the fauna of some types of stream-bed. — J. Ecol. **17,** 282—314.
PLESKOT, G. 1951. Wassertemperatur und Leben im Bach. — Wetter u. Leben **3,** 129—143.
PLESKOT, G. 1953. Beiträge zur Limnologie der Wienerwaldbäche. — Wetter u. Leben, Sonderh. **2,** 1—216.
PLESKOT, G. 1958. Die Periodizität einiger Ephemeropteren der Schwechat. — Wasser und Abwasser, Bd. 1958, 1—32.
REDEKE, H. C. 1923. Rapport omterent het voorkomen en den groi van jonge zalmpjes in zuidlimburgsche Beken. — Verh. rapp. rijksinst. visscherijonderzoek, Deel I, Afl. 2, 183—220.
ROLL, H. 1938. Die Pflanzengesellschaften ostholsteinischer Fließgewässer. — Arch. Hydrobiol. **34,** 159—305.
RUTTNER-KOLISKO, A. 1961. Biotop und Biozönose des Sandufers einiger österreichischer Flüsse. — Verh. int. Ver. Limnol. **14,** 362—368.
SHELFORD, V. E. und S. EDDY, 1929. Methoden zur Untersuchung von Flußlebensgemeinschaften. — ABDERHALDEN **IX, 2,** 1525—1549.
SCHERER, E. 1965. Zur Methodik experimenteller Fließwasser-Ökologie. — Arch. Hydrobiol. **61,** 242—248.
SCHMITZ, W. 1957. Die Bergbach-Zoozönosen und ihre Abgrenzung, dargestellt am Beispiel der oberen Fulda. — Arch. Hydrobiol. **53,** 465—498.
SCHWOERBEL, J. 1955. Ökologische Studien an torrentikolen Wassermilben *(Hydrachnellae, Acari).* Ein Beitrag zur Ökologie unserer Schwarzwaldbäche. — Arch. Hydrobiol. Suppl. **22,** 530—537.
SCHWOERBEL, J. 1959. Die biologische Gliederung des Rheinstromes. — Gas- und Wasserfach **100,** Sep. 1—6.
SCHWOERBEL, J. 1959. Ökologische und tiergeographische Untersuchungen über die Milben *(Acari Hydrachnellae)* der Quellen und Bäche des südlichen Schwarzwaldes und seiner Randgebiete. — Arch. Hydrobiol. Suppl. **24,** 385 bis 546.
SCHWOERBEL, J. 1961. Über die Lebensbedingungen und die Besiedlung des hyporheischen Lebensraumes. — Arch. Hydrobiol. Suppl. **25,** 182—214.
SCHWOERBEL, J. 1961. Subterrane Wassermilben (Acari, Hydrachnellae, Porohalacaridae und Stygothrombiidae), ihre ökologische und Bedeutung für die Abgrenzung eines aquatischen Lebensraumes zwischen Oberfläche und Grundwasser. — Arch. Hydrobiol. Suppl. **25,** 242—306.
SCHWOERBEL, J. 1964. Die Bedeutung des Hyporheals für die benthische Lebensgemeinschaft der Fließgewässer. — Verh. int. Ver. Limnol.**15,** 215—226.
SCHWOERBEL, J. 1964. Die Wassermilben (Hydrachnellae und Limnohalacaridae) als Indikatoren einer biocönotischen Gliederung von Breg und Brigach sowie der obersten Donau. — Arch. Hydrobiol. Suppl. **27,** 386—417.
SCHRÄDER, T. 1932. Über die Möglichkeit einer quantitativen Untersuchung der Boden- und Ufertierwelt fließender Gewässer. — Z. Fischerei **30,** 105—127.
SLACK, K. V. 1955. A study of the factors affecting stream productivity by the comparative method. — Invest. Indiana lakes and streams **4,** 3—47.
SLANINA, K. 1958. Die Verarmung von Fließwasserbiocoenosen durch Flotationsabgänge. — Wasser und Abwasser Bd. 1958, 3—23.
SOMMERMAN, K. M., SAILER, R. I. and ESSELBAUGH, C. O. 1955. Biology of Alaskan black flies (Simuliidae, Diptera). — Ecol. Monogr. **25,** 345—385.
SPENCER, E. A., TUDHOPE, J. S. and MORRIS, J. I. N. 1960. Flow measurements by the salt-dilution method. — J. Instr. Wat. Engrs. **14,** 28—36.
SPRULES, W. M. 1947. An ecological investigation of stream insects in Algonquin Park, Ontario. — Univ. Toronto Stud., Biol. Ser. **56,** 1 to 81.
STEINMANN, P. 1907. Die Tierwelt der Gebirgsbäche, eine faunistisch-biologische Studie. — Ann. Biol. Lacustre **2,** 30—164.
TANAKA, H. 1960. On the daily change of the drifting of benthic animals in stream, especially on the types of daily change observed in taxonomic groups of insects. — Bull. Freshwater Fisch. Res. Lab. Tokyo **9,** 13—26.
THIENEMANN, A. 1912. Der Bergbach des Sauerlandes. Faunistisch-biologische Untersuchungen. — Int. Rev. Hydrobiol. Suppl. **4,** 1 bis 125.
THIENEMANN, A. 1926. Hydrobiologische Untersuchungen an den kalten Quellen und Bächen der Halbinsel Jasmund auf Rügen. — Arch. Hydrobiol. **17,** 221—336.
TINDALL, D. R. und W. L. MINCKLEY, 1964. An integrated application of three kinds of sampling techniques to stream limnology. — Limnol. Oceanogr. **9,** 270—272.
TÜMPLING, W. v. 1960. Probleme, Methoden und Ergebnisse biologischer Güteuntersuchungen an Vorflutern, dargestellt am Beispiel der Werra. — Int. Rev. Hydrobiol. **45,** 513—534.
USINGER, R. L. and NEEDHAM, P. R. 1956. A drag-type riffle-bottom sampler. — The progressive Fish-Culturist **18,** 42—44.
WATERS, T. F. 1962. A method to estimate the production rate of a stream bottom invertebrate. — Trans. Amer. Fisch. Soc. **91,** 243—250.
WATERS, T. F. 1962. Diurnal periodicity in the drift of stream invertebrates. — Ecology **43,** 316—320.
WHITLEY, L. S. 1962. New sampler for use in shallow streams. — Limnol. Oceanogr. **7,** 265 to 266.
WHITEORD, L. A. and SCHUMACHER, G. J.

1963. Communities of algae in North Carolina streams and their seasonal relations. — Hydrobiologica **22,** 133—196.
WILDING, J. L. 1940. A new square-foot aquatic sampler. — Amer. Soc. Limnol. Oceanogr. Spec. Publ. **4,** 1—4.
ZAHNER, R. 1959. Die Bindung der Calopteryx-Arten an das strömende Wasser. — Int. Rev. Hydrobiol. **44,** 51—130.
WHITFORD, L. A., G. E. DILLARD und G. J. SCHUMACHER, 1964. An artificial stream apparatus for the study of lotic organisms. — Limnol. Oceanogr. **9,** 598—600.
ZIMMERMANN, P. 1961. Der Einfluß der Strömung auf die Zusammensetzung der Lebensgemeinschaften im Experiment. — Schweiz. Z. Hydrol. **23,** 1—81.
ZSCHOKKE, F. 1900. Die Tierwelt der Gebirgsbäche. — Chur.

VIII. UNTERIRDISCHE GEWÄSSER

ANGELIER, E. 1953. Recherches écologique et biogéographiques sur la faune des sables submergés. — Arch. Zool. expér. et gén. **90,** 37—162.
ANGELIER, E. 1953. Le peuplement des sables submereges d'eau douce. — Ann. Biol. **29,** 467—486.
CHAPPUIS, P. A. 1922. Die Fauna der unterirdischen Gewässer in der Umgebung von Basel. — Arch. Hydrobiol. **14,** 1—88.
CHAPPUIS, P. A. 1927. Die Tierwelt der unterirdischen Gewässer. — Die Binnengewässer **3,** Stuttgart (Schweizerbart), 175 S.
CHAPPUIS, P. A. 1930. Methodik der Erforschung der subterranen Fauna. — ABDERHALDEN **IX, 2.**
CHAPPUIS, P. A. 1942. Eine neue Methode zur Untersuchung der Grundwasserfauna. — Act. Sci. math. nat. Univ. Francisco-Josephina, Kolozsvar, **6,** 1—7.
DELAMARE-DEBOUTTEVILLE, C. 1960. Biologie des eaux souterraines littorales et continentales. — Paris (Herrmann), 740 S.
DICHTL, G. 1959. Die Grundwasserfauna im Salzburger Becken und im anschließenden Alpenvorland. — Arch. Hydrobiol. **55,** 281—370.
HAINE, E. 1946. Die Fauna des Grundwassers von Bonn mit besonderer Berücksichtigung der Crustaceen. — Melle i. Hann. 144 S.
HAMANN, O. 1896. Europäische Höhlenfauna. — Jena (Costenoble) 296 S.
HUSMANN, S. 1956. Untersuchungen über die Grundwasserfauna zwischen Harz und Weser. — Arch. Hydrobiol. **52,** 1—184.
HUSMANN, S. 1958. Sand- und Schotterufer als Grenzbereiche limnologischer und bodenbiologischer Forschung. — Gewässer und Abwässer, **22,** 66—69.
HUSMANN, S. 1959. Neue Ergebnisse der Grundwasserbiologie und ihre Bedeutung für die Praxis der Trinkwasserversorgung. — Gewässer und Abwässer **24,** 33—48.
JAKOBI, H. 1954. Biologie, Entwicklungsgeschichte und Systematik von *Bathynella natans* VEJD. — Zool. Jb. Syst. **83,** 1—62.
JEANNEL, R. 1926. Faune cavernicole de la France. — Encycl. Entomol. **VII,** Paris (Lechevalier), 334 S.
KIEFER, F. 1957. Ruderfußkrebse (Crustacea, Copepoda) aus dem Grundwasser des südlichen Oberrheingebiets. — Mitt. bad. Landesver. Naturkunde u. Naturschutz N.F. **7,** 53—68.
KIEFER, F. 1959. Unterirdisch lebende Ruderfußkrebse vom Hochrhein und Bodensee. — Beitr. z. naturkundl. Forsch. in SW-Deutschl. **18,** 42—52.
LERUTH, R. 1939. La biologie du domaine souterraine de la faune cavernicole de la Belgique. — Mém. Mus. Roy. H. N. Belg. **87,** 1—506.
LÖFFLER, H. 1960. Die Entomostrakenfauna der Ziehbrunnen und einiger Quellen des nördlichen Burgenlandes. — Wissensch. Arb. a. d. Burgenland, Eisenstadt, **24,** 1—32.
LÖFFLER, H. 1960. 2. Beitrag zur Kenntnis der Entomostrakenfauna burgenländischer Brunnen und Quellen. — Ebenda **26,** 1—15.
MESTROV, M. 1960. Faunistsich-ökologische und biocönologische Untersuchungen unterirdischer Gewässer des Savetales. — Bioloski Glasnik **13,** 73—109.
MOTAS, C. 1962. Procédés des sondages phréatiques — Division du domaine souterrain — Classification écologique des animaux souterrains — Le psammon. — Acta Mus. Mac. Sci. Nat., Skopje, **8,** 135—173.
MOTAS, C. 1962. Sur les Acariens phréatiques, leur distribution géographique leur origine. — Zool. Anz. **168,** 325—350.
MOTAS, C. 1963. On a recent report concerning the so-called hyporheic fauna. — Rev. Biol. (Bukarest) **8,** 367—370.
MOTAS, C. J., TANASACHI und ORGHIDAN, TR. 1957. Über einige neue phreatische Hydrachnellae aus Rumänien und über Phreatobiologie, ein neues Kapitel der Limnologie. — Abh. naturw. Ver. Bremen **35,** 101—122.
NOLL, W. 1939. Die Grundwasserfauna des Maingebietes. — Mitt. Nat. Mus. Aschaffenburg **3**—26, Jg. 1939.
NOLL, W. und STAMMER, H. J. 1953. Die Grundwasserfauna des Untermaingebietes von Hanau bis Würzburg mit Einschluß des Spessart. — Mitt. Naturwiss. Mus. Aschaffenburg N.F. **6,** 1—77.
ORGHIDAN, T. 1959. Ein neuer Lebensraum des unterirdischen Wassers: der hyporheische Biotop. — Arch. Hydrobiol. **55,** 392—414.
PICARD, J. Y. 1962. Contribution a la Connaissance de la faune psammique de Lorraine. — Vie te Milieu **13,** 471—505.
REMANE, A. und SCULZ, E. 1934. Das Küstengrundwasser als Lebensraum. — Schrift nat. Ver. Schlesw.-Holstein **20,** 399—408.

RUFFO, S. 1961. Problemi relativi allo studio della fauna interstiziale iporreica. — Boll. di Zool. **28,** 273—319.
RUTTNER-KOLISKO, A. 1956. Der Lebensraum des Limnopsammals. — Zool. Anz. Suppl. **14,** 421—427. Weitere Arbeiten vgl. Litoral und Profundal sowie Fließwasserforschung.
SASSUCHIN, D. N. 1931. Die Lebensbedingungen der Mikrofauna in Sandanschwemmungen. — Arch. Hydrobiol. **22,** 369—388.
SCHWOERBEL, J. 1961. Das unterirdische Wasser als Lebensraum. — Die Natur **69,** 53—60; weitere Arbeiten siehe Fließwasserforschung.
SERBAN, M. 1963. La récolte du matériel biologique des nappes phréatiques. — Acta Mus. Mac. Sci. Nat. **9,** 1—13.
SPANDL, H. 1926. Die Tierwelt der unterirdischen Gewässer. — Speläologische Monographien **11,** Wien, 235 S.
STAMMER, H. J. 1932. Die Fauna des Timavo. Ein Beitrag zur Kenntnis der Höhlengewässer des Süß- und Brackwassers im Karst. — Zool. Jb. Syst. **63,** 521—656.
VANDEL, A. 1964. Biopéologie. La biologie des animaux cavernicoles. — Paris (Gauthier-Villars Ed.), 619 S.
VEJDOVSKYI, T. 1882. Tierische Organismen der Brunnengewässer von Prag. — Prag.
WISZNIEWSKI, J. 1934. Recherches écologiques sur la psammon. — Arch. Hydrobiol. Rybact. **8,** 149—272.
WISZNIEWSKI, J. 1934. Remarques sur les conditions de la vie du psammon lacustre. — Verh. int. Ver. Limnol. **6,** 263—274.

IX. PRODUKTIONSFORSCHUNG

BIRGE, E. A. and JUDAY, C. 1922. The Inland Lakes of Wisconsin. The plankton I. Its quantity and chemical composition. — Wisc. Geol. Nat. Hist. Surv., Bull. **64,** 1—222.
DAVIS, C. C. 1963. On questions of production and productivities in ecology. — Arch. Hydrobiol. **53,** 145—161.
ECKSTEIN, H. 1964. Untersuchungen über den Einfluß des Rheinwassers auf die Limnologie des Schluchsees. — Arch. Hydrobiol. Suppl. **28,** 47—182.
DOTY, M. S. and OGURI, M. 1959. The carbon fourteen technique for determining primary plankton productivity. — Publ. Staz. Zool. Napoli, **31,** 70—94.
EDMONDSON, W. T. 1960. Reproductive rates of rotifers in natural populations. — Mem. Ist. Ital. Idrobiol. **12,** 21—77.
EDMONDSON, W. T. 1961. Secondary production and decomposition. — Verh. int. Ver. Limnol. **14,** 316—339.
EDMONDSON, W. T. 1962. Food supply and reproduction of zooplankton in relation to phytoplankton population. — Rapp. Proc.-verb. Cons. perm. int. Explor. Mer **153,** 137—141.
EICHHORN, R. 1957. Die Populationsdynamik der calanoiden Copepoden in Titisee und Feldsee. — Arch. Hydrobiol. Suppl. **24,** 186—246.
ELSTER, H.-J. 1954. Einige Gedanken zur Systematik, Zielsetzung und Terminologie der dynamischen Limnologie. — Arch. Hydrobiol. Suppl. **20,** 487—523.
ELSTER, H.-J. 1954. Über die Populationsdynamik von *Eudiaptomus gracilis* SARS und *Heterocope borealis* FISCHER im Bodensee-Obersee. — Arch. Hydrobiol. Suppl. **20,** 546 bis 614.
ELSTER, H.-J. 1963. Die Stoffwechseldynamik der Binnengewässer. — Zool. Anz. Suppl. **27,** 335—387.
ELSTER, H.-J. und VOLLENWEIDER, R. 1961. Beiträge zur Limnologie Ägyptens. — Arch. Hydrobiol. **57,** 241—343.
KALLE, K. 1945. Der Stoffhaushalt des Meeres. — Leipzig (Akad. Verlagsges.) 2. Aufl., 263 S.
KALLE, K. 1951. Die Mikrobestimmungen des Chlorophylls und der Eigenfluoreszenz des Meerwassers. — Deutsch. Hydrogr. Z. **4,** 92—96.
KRAUSE, H. R. 1964. Zur Chemie und Biologie der Zersetzung von Süßwasserorganismen, unter besonderer Berücksichtigung des Abbaues der organischen Phosphorkomponenten. — Verh. int. Ver. Limnol. **15,** 549—562.
MARSHALL, S. M. and ORR, A. P. 1955. Experimental feeding of the copepod *Calanus finmarchicus* (GUNNER) on phytoplankton cultures labelled with radioactive carbon (C^{14}). — Deep Sea Res. **3,** 110—114.
NAUWERCK, A. 1959. Zur Bestimmung der Filtrierrate limnischer Planktontiere. — Arch. Hydrobiol. Suppl. **25,** 83—101.
NAUWERCK, A. 1963. Die Beziehungen zwischen Zooplankton und Phytoplankton im See Erken. — Symb. Bot. Upsal. **XVII,** 5, 1—163.
OHLE, W. 1956. Bioactivity, production and energy utilization of lakes. — Limnol. Oceanogr. **1,** 139—149.
PARSON, T. R. and STRICKLAND, J. D. H. 1963. Discussion of spectrophotometric determination of marine plant pigments, with revised equations for ascertaining chlorophylls and carotenoids. — J. Mar. Res. **21,** 155—163.
PRATT, D. M. and BERKSON, H. 1959. Two sources of error in the oxygen light and dark bottle method. — Limnol. Oceanogr. **4,** 328—334.
RICHARDS, F. A. and THOMPSON, T. G. 1952. The estimation and characterisation of plankton populations by pigment analysis. II. A spectrophotometric method for the estimation of plankton pigments. — J. Mar. Biol. **11,** 156—162.
RICHMANN, S. 1958. The transformation of energy by *Daphnia pulex.* — Ecol. Monogr. **28,** 273—291.
RIGLER, F. H. 1961. The uptake and release of inorganic phosphorus by *Daphnia magna* STRAUS. — Limnol. Oceanogr. **6,** 165—174.
RODHE, W. 1958. Primärproduktion und Seentypen. — Verh. int. Ver. Limnol. **13,** 121—141.

RODHE, W. 1958. The primary production in lakes: some results and restrictions of the ^{14}C-methods. — Rapp. Proc.-verb. Cons. perm. int. Explor. Mer**144,** 122—128.
RODHE, W. 1961. Die Dynamik des limnischen Stoff- und Energiehaushaltes. — Verh. int. Ver. Limnol. **14,** 300—315.
RODINA, A. G. 1940. Bacteria and yeasts as food for cladocera *(Daphnia magna).* — Compt. rend. Acad. Sci. URSS **29,** 248—252.
RODINA, A. G. 1958. Mikroorganismen und die Steigerung der Fischproduktion der Gewässer. — Verlag der Akad. d. Wiss. UdSSR (russisch).
ŠESTÁK, Z. 1958. Quantitative determination of Chlorophyll in the algae. — Preslia **30,** 138—145 (orig. tschechisch).
ŠESTÁK, Z. 1958. Methods of determining organic carbon in water and their use in the hydrobiology. — Acta Univ. Carol., Biologica Jg. **1958,** 269—281.
ŠESTÁK, Z. 1958. Paper chromatography of chloroplast pigments. — J. Chromatography **1,** 293—308.
STEEMANN NIELSEN, E. 1952. The use of radio-active carbon (C^{14}) for measuring organic production in the sea. — J. Cons. int. Explor. Mer **18,** 117—140.
STEEMANN NIELSEN, E. 1955. The production of organic matter by the phytoplankton in a Danish Lake receiving extraordinaryly great amounts of nutrient salts. — Hydrobiologia **7,** 68—74.
STEEMANN NIELSEN, E. 1959. Untersuchungen über die Primärproduktion des Planktons in einigen Alpenseen Österreichs. — Oikos **10,** 24 bis 37.
STEEMANN NIELSEN, E. and AL KHOLY, A. A. 1956. Use of the C^{14} technique in measuring photosynthesis of phosphorus or nitrogen deficient algae. — Physiol. plantarum **9,** 144.
STEEMANN NIELSEN, E. and HANSEN, V. K. 1959. Measurements with the carbon 14 technique of rates of respiration in natural populations of phytoplankton. — Deep Sea Res. **5,** 222—233.
STRICKLAND, J. D. H. 1960. Measuring the production of marine phytoplankton. — Fish. Res. Board. Canada **122,** 1—172.
THIENEMANN, A. 1931. Der Produktionsbegriff in der Biologie. — Arch. Hydrobiol. **22,** 616—622.
TALLING, J. F. 1957. Diurnal changes of stratification and photosynthesis in some tropical African waters. — Proc. Roy. Soc. London, B. **147,** 57—83.

X. KULTURMETHODEN

BLUNCK, H. 1924. Die Zucht der Wasserkäfer. — ABDERHALDEN **IX, 2,** 293—310.
CHU, S. P. 1942. The influence of the mineral composition of the medium on the growth of planktonic algae. I. Methods and culture media. — J. Ecol. **30,** 284—325.
DROOP, M. 1962. Organic micronutrients. — In: Physiology and Biochemistry of Algae, ed. by R. A. LEWIN, New York & London (Academic Press), 141—160.
FLÜCHINGER, E. und H. FLUCH, 1949. Ein künstliches Milieu für die Zuchten von *Daphnien* im Laboratorium. — Experientia **5,** 486.
FOTT, B. and TRUNCOVA, E. 1964. List of species in the culture collecting of algae at the Department of Botan of Charles University. — Acta Univ. Carol., Biologica **2,** 97—110.
GALTSOFF, P. S. 1937. Culture methods for invertebrate animals. — Ithaca, N.Y. 590 S.
JAMES, T. W. 1960. Uptake and localization of thioglycolate in the synchronized flagellate *Astasia longa.* — 10. Congr. Int. Biol. Cellul. **9,** 510 to 514.
KOCH, W. 1964. Artenliste der Algensammlungen am Pflanzenphysiologischen Institut der Universität Göttingen. — Arch. Mikrobiol. **48.**
LÉPINEY, L. de, 1962. Sur l'élevage de Copépodes au laboratoire. — Hydrobiologia **20,** 217 bis 222.
LORENZEN, H. 1959. Die photosynthetische Sauerstoffproduktion wachsender *Chlorella* bei langfristig intermittierender Belichtung. — Flora **147,** 382—404.
LORENZEN, H. 1964. Synchronization of *Chlorella* with lightdark changes and periodical dilution to a standard cell number. — In: Synchrony in Cell Division and Growth, ed. by E. ZEUTHEN, New York (Interscience Publishers).
MEYRS, J. 1962. Laboratory cultures. — In: Physiology and Biochemistry of Algae, ed. by R. A. LEWIN, 603—616.
NAUMANN, E. 1929. Die Zucht des Phytoplanktons. — ABDERHALDEN **IX, 2,** 1424—1434.
NAUMANN, E. 1929. Die Zucht der Cladoceren des Seeplanktons. — ABDERHALDEN **IX, 2,** 1435—1442.
NAUMANN, E. 1929. Die Zucht einiger Cladoceren des Litorals. — ABDERHALDEN **IX, 2,** 1443—1450.
NAUMANN, E. 1929. Die Zucht einiger Cladoceren des Teichplanktons. — ABDERHALDEN **IX, 2,** 1451—1462.
NAUMANN, E. 1929. Über die Zucht eines Ostracoden, *Cyprinotus incongruens* RAUCH. — ABDERHALDEN **IX,** 2, 1463—1465.
NAUMANN, E. 1929. Die Zucht der Copepoden des Seeplanktons. — ABDERHALDEN **IX, 2,** 1466—1469.
NAUMANN, E. 1929. Die Zucht planktischer Rotatorien. — ABDERHALDEN **IX, 2,** 1471 bis 1474.
NAUMANN, E. 1929. Die Zucht des Aufwuchses unter Anwendung der Methode des Aufwuchsträgers. — ABDERHALDEN **IX, 2,** 1475—1480.
PIRSON, A. 1962. Synchronisation von *Chlorella*

durch Licht-Dunkel-Wechsel. — Vortr. Gesamtgeb. Bot., N. F. **1**, 178—186.
PRINGSHEIM, E. G. 1946. Pure cultures of algae. — Cambridge (Univ. Press).
PROVASOLI, L. 1960. Artificial media for freshwater algae: problemes and suggestions. — In: The Ecology of Algae (Symposion). — Pittsburgh (Univ. Press), Spec. Publ. **2**, 84—96.
RODHE, W. 1948. Environmental requirements of fresh-water plankton algae. — Symb. Bot. Upsal. **10**, 1, 1—149.
RYLOV, W. M. 1929. Haltung und Aufzucht von Süßwasserbryozoen. — ABDERHALDEN **IX, 2**, 1419—1423.
RYTHER, J. H. 1954. Inhibitory effects of phytoplankton upon the feeding of *Daphnia magna* with reference to growth, reproduction and survivar. — Ecology **35**, 522—533.
SENGER, H. 1964. Eine automatische Verdünnungsanlage und ihre Anwendung zur Erzielung homokontinuierlicher *Chlorella*-Kulturen. — Arch. Mikrobiol. **48**, 91—94.
SOEDER, C. J. und RIED, A. 1963. Über die Atmung synchron kultivierter *Chlorella*. I. Veränderungen des respiratorischen Gaswechsels im Laufe des Entwicklungscyclus. — Arch. Mikrobiol. **45**, 343—358.
SPOEHR, H. A. and MILNER, H. W. 1949. The chemical composition of *Chlorella;* effect of environmental conditions. — Plant Physiol. **24**, 124—149.
STARR, R. C. 1960. The culture collection of algae at Indiana University. — Amer. J. Bot. **47**, 67—86.
STEINER, G. 1963. Das Zoologische Laboratorium. — Stuttgart (Schweizerbart).
THIENEMANN, A. 1924. Die Zucht der Dipteren und Wasserhymenopteren. — ABDERHALDEN **IX, 2**, 311—318.
TÜMPEL, R. 1924. Die Zucht der Odonaten. — ABDERHALDEN **IX, 2**, 285—286.
ULMER, G. 1924. Zucht der Trichoptera (Köcherfliegen), Lepidoptera (Schmetterlinge), Ephemeroptera (Eintagsfliegen), Plecoptera (Steinfliegen). — ABDERHALDEN **IX, 2**, 287—291.
WACHS, B. 1965. Vorkommen und Verbreitung der Oligochaeten in der Edertalsperre. — Arch. Hydrobiol. **61**, 190—204.
WAGLER, E. 1924. Zucht von Krebsen und Würmern. — ABDERHALDEN **IX, 2**, 319—364.
WELLS, M. M. 1932. The collection and preservation of animal forms. — Chicago, Ill., 72 S.
WITSCH, H. v. 1950. Physiologischer Zustand und Wachstumsintensität bei *Chlorella*. — Arch. Mikrobiol. **14**, 128—141.

XI. BESTIMMUNGSBÜCHER

1. Pflanzen

FOTT, B. 1959. Algenkunde. — Jena. (G. Fischer), 482 S.
HUBER-PESTALOZZI, G. 1938—1961. Das Phytoplankton des Süßwassers, Teil 1—5. — Die Binnengewässer **16**, Stuttgart (Schweizerbart).
HUSTEDT, F. 1924. Vom Sammeln und Präparieren der Kieselalgen sowie Angaben über Untersuchungs- und Kulturmethoden. — ABDERHALDEN XI, 4. — Neudruck bei J. Cramer, Weinheim.
HUSTEDT, F. 1961. Kieselalgen (Diatomeen). — Stuttgart (Franckh), 2. Aufl. 70 S.
ISLAM, N. 1963. A revision of the genus *Stigeoclonium*. — Weinheim (Cramer), 164 S.
KLOTTER, H. E. 1959. Grünalgen (Chlorophyceen). — Stuttgart (Franckh), 76 S.
KRIEGER, W. und GERLOFF, J. 1962. Die Gattung *Cosmarium*. — Lief. 1. — Weinheim (Cramer), 112 S.
LINDAU, G. 1914—1916. Kryptogamenflora für Anfänger, Bd. IV: die Algen, Abt. 1—3. — Berlin (Springer), 219, 200 u. 125 S. Abt. 1 neubearb. v. H. MELCHIOR, Berlin 1926, 314 S.
PASCHER, A. 1913—1932. Die Süßwasserflora Deutschlands, Österreichs und der Schweiz. Heft I—XII. — Jena (G. Fischer).
PRINTZ, H. 1964. Die Chaetophoralen der Binnengewässer, eine systematische Übersicht. — Hydrobiologia **24**, 1—376.
RABENHORST, L. 1930. seit. Kryptogamenflora von Deutschland, Österreich und der Schweiz. Bd. X—XIV, 2. Aufl. hgg. v. R. KOLKWITZ. Leipzig (Akad. Verlagsges.).
RIETH, A. 1961. Jochalgen (Konjugaten). — Stuttgart (Franckh) 86 S.
SCHÖMMER, F. 1949. Kryptogamen-Praktikum. — Stuttgart (Franckh) 492 S.
STEINECKE, F. 1958. Das Plankton des Süßwassers. — Biolog. Arbeitsbücher 1, Heidelberg (Quelle & Meyer), 71 S.
SKUJA, H. 1948. Taxonomie des Phytoplanktons einiger Seen in Uppland, Schweden. — Symb. Bot. Upsal. **IX**, 3, 1—399.
SKUJA, H. 1956. Taxonomische und biologische Studien über das Phytoplankton schwedischer Binnengewässer. — Nova Acta Reg. Soc. Sci. Upsal., Ser. IV, **16**, 3, 1—404.

2. Tiere

ARNDT, W. 1928. Porfera, Schwämme, Spongien, — DAHL **4**, 1—94.
BRAUER, A. 1909 ff. Die Süßwasserfauna Deutschlands. — Jena (G. Fischer), veraltet; Neudruck der veralteten Auflage seit 1961.
BROCH, Hj. 1928. Hydrozoen. — DAHL **4**, 95 bis 160.
BROHMER, A. 1964. Fauna von Deutschland. — 9. Aufl. Heidelberg (Quelle & Meyer),
BROHMER, EHRMANN, ULMER, 1927 ff. Die Tierwelt Mitteleuropas. — Leipzig (Quelle & Meyer); im Folgenden mit BROHMER abgekürzt.
DAHL, Fr. 1925 ff. Die Tierwelt Deutschlands und der angrenzenden Meeresteile. — Jena (G. Fischer); im Folgenden mit DAHL abgekürzt.

DONNER, J. 1962. Rädertiere (Rotatoria). — Stuttgart (Franckh), 50 S.
EHRMANN, P. 1956. Weichtiere, Molluska. — BROHMER Bd. **II,** Abt. I, 1—264. (Dazu Ergänzungen von A. ZILCH und S. G. A. JAECKEL 1962).
ENGELHARDT, W. 1959. Was lebt im Tümpel, Bach und Weiher? — Stuttgart (Franckh), 258 S.
EYFERTH, B. und SCHOENICHEN, W. 1925. Einfachste Lebensformen des Tier- und Pflanzenreiches. — 5. Aufl. Berlin (v).
HERBST, H. V. 1962. Blattfußkrebse (Phyllopoda). — Stuttgart (Franckh), 129 S.
ILLIES, J. 1955. Steinfliegen oder Plecoptera. — DAHL **43,** 1—150.
KAHL, A. 1930—1935. Urtiere oder Protozoa I, Wimpertiere oder Ciliata (Infusoria). — DAHL **18, 21, 25, 30,** 1—886.
GROSPIETSCH, Th. 1958. Wechseltierchen (Rhizopoda). — Stuttgart (Franckh), 82 S.
JOHANNSON, L. 1929. Hirudinea (Egel). — DAHL **15,** 133—155.
KIEFER, F. 1960. Ruderfußkrebse (Copepoda). — Stuttgart (Franckh), 97 S.
KLIE, W. 1938. Muschelkrebse (Ostracoda). — DAHL **34,** 1—230.
LANG, A. 1948. Monographie der Harpacticida. — Lund, Schweden.
LUTHER, A. 1955. Die Dalyelliden (Turbellaria, Neorhabdocoela). — Acta Zool. Fenn. **87,** 337 S.
MANN, K. H. 1954. A key to the British freshwater leeches with notes on their ecology. — Freshw. Biol. Ass. Sci. Publ. **14.**
MACAN, T. T. 1955. A key to the nymphes of British Ephemeroptera. — The Salomon Trout Mag., Jan. 1955, 79—90.
MACAN, T. T. 1956. A revised key to the British water bugs. (Hemiptera-Heteroptera). — Freshw. Biol. Ass. Sci. Publ. **16,** 1—73.
MARCUS, E. 1925. Bryozoa. Biol. Tiere Deutschl. **47,** 1—46.
MARCUS, E. 1928. Bärtierchen (Tradigrada). — DAHL **2,** 1—230.
MAY, E. 1933. Odonata. DAHL **27,** 1—124.
MEYL, A. 1961. Fadenwürmer (Nematoda). — Stuttgart (Franckh), 74 S.
REMANE, A. 1935—1936. Gastrotricha. — Kl. u. Ordn. Tierr. **4,** Abt. 2, Buch 1, Teil 2, 1—242.
RYLOV, W. M. 1935. Das Zooplankton des Süßwassers. — Die Binnengewässer **15,** Stuttgart (Schweizerbart), 272 S.
SCHELLENBERG, A. 1928. Zehnfüßer (Decapoda). — DAHL **10,** 1—146.
SCHELLENBERG, A. 1941. Flohkrebse (Amphipoda). — DAHL **40,** 1—252.
RAMAZZOTTI, G. 1963. Tardigrada. — Mem. Ist. Ital. Idrobiol., Suppl.
SCHNEIDER, W. 1939. Fadenwürmer (Nematodes). — DAHL **36,** 1—260.
SCHOENEMUND, E. 1930. Eintagsfliegen oder Ephemeroptera. — DAHL **19,** 1—106.
SCOURFIELD, J. S. O. and HARDING, D. 1958. A key to the British species of freshwater cladocera. — Freshw. Biol. Ass. Sci. Publ. **5,** 55 S.
SIEWING, R. 1959. Syncarida. — Kl. u. Ordn. Tierr. **5,** Abt. 1, Buch 4, Teil 2, 1—121.
SPERBER, C. 1948. The taxonomical study of the Naididae. — Zool. Bidr. Uppsala **28,** 1—296.
STRESEMANN, E. Exkursionsfauna von Deutschland. Berlin (Volk und Wissen). Wirbellose I (außer Insekten) 1957, 488 S. Wirbellose II_1 Insekten 1, 1964, 518 S. Insekten 2 noch nicht erschienen. Band III Wirbeltiere, 2. Aufl. 352 S.
UDE, H. 1929. Oligochaeta. DAHL **15,** 1—132.
ULMER, G. 1925. Trichoptera. — Biol. Tiere Deutschl. **13,** 1—113.
VIETS, K. 1936. Wassermilben (Hydracarinen). — DAHL **32,** 1—574.
VIETS, K. und VIETS, K. O. 1960. Nachtrag zu VIETS, Wassermilben (Hydracarina) in BROHMER **I,** 1—44.
VOIGT, M. 1957. Rotatoria. Die Rädertiere Mitteleuropas. — Berlin (Bornträger), 2 Bände.
ZILCH, A. und JAECKEL, S. G. A. 1962. Ergänzungen zu EHRMANN 1956. — In BROHMER.

XII. BIOLOGISCHE BEURTEILUNG DER WASSERGÜTE

BEER, W.-D. 1958. Zur Problematik des biologischen Gütelängsschnittes von Fließgewässern, dargestellt am Beispiel der Weißen Elster. — Wasserwirtschaft-Wassertechnik **8,** 195—199.
BEER, B. D. 1961. Methodologische Untersuchungen zur biologischen Fließgewässeranalyse. — Int. Rev. Hydrobiol. **46,** 5—17.
BEER, W.-D. 1962. Zur Methodik und Problematik des biologischen Flußgütelängsschnittes. — Wiss. Z. Univ. Leipzig, mat.-nat. **11,** 143 bis 148.
BEER, W.-D. 1964. Organismen als Anzeiger der Wassergüte und das Saprobiensystem. — Wiss. Z. Univ. Leipzig, math.-nat. **13,** 25—30.
BICK, H. 1963. A review of central european methods for the biological estimation of water pollution levels. — Bull. Wld. Hlth. Org. **29,** 401—413.
BREITIG, G. 1961. Vorschlag einer Einheitsmethodik zur biologischen Untersuchung von Fließgewässern. — Mitt. Inst. Wasserwirtsch. Berlin **12,** 99—118.
BRINGMANN, G. und KÜHN, R. 1958. Veränderung der Eutrophierung und Bioproduktion gemessen am Biomassentiter von Testalgen. — Ges.-Ing. **79,** 50—54.
BRINGMANN, G. und KÜHN, R. 1958. Der Biomassentiter von Spaltalgen als Maßstab der Belastung des Wassers durch nichtmineralisierten Stickstoff. — Ges.-Ing. **79,** 329—333.

BRINGMANN, G. und KÜHN, R. 1959. Vergleichende wassertoxikologische Untersuchungen an Bakterien, Algen und Kleinkrebsen. — Ges.-Ing. **80,** 115—120.
BRINGMANN, G. und KÜHN, R. 1962. Biomassentiter und Saprobien — eine hydrobiologische Vergleichsanalyse an Niederrhein, Fulda und Havel. — Int. Rev. Hydrobiol. **47,** 123—145.
BRINGMANN, G., KÜHN, R. und LÜDEMANN, D. 1962. Bedeutung und Zielsetzung biologischer Wasseruntersuchungen. — gwf **103,** 1127—1132 und 1232—1236.
BRUCKSTEEG, W. und THIELE, H. 1959. Die Beurteilung von Abwasser und Schlamm mittels TTC (2,3,5-Triphenyltetrazoliumchlorid). — gwf **100,** 916—920.
CASPERS, H. 1962. Die Bestimmung der Sedimentaktivität. — Int. Rev. Hydrobiol. **47,** 581 bis 586.
CASPERS, H. und L. KARBE, 1965. Trophie und Saprobie als stoffwechseldynamischer Komplex. — Arch. Hydrobiol. **61,** 453—470.
CASPERS, H. und SCHULZ, H. 1960. Studien zur Wertung der Saprobiensysteme. Erfahrungen an einem Stadtkanal Hamburgs. — Int. Rev. Hydrobiol. **45,** 535—565.
CASPERS, H. und SCHULZ, H. 1962. Weitere Unterlagen zur Prüfung der Saprobiensysteme. — Int. Rev. Hydrobiol. **47,** 100—117.
COHN, F. 1853. Über lebende Organismen im Trinkwasser. — Z. klin. Med. **4,** 229—237.
ELSTER, H.-J. 1962. Seetypen, Fließgewässertypen und Saprobiensysteme.— Int. Rev. Hydrobiol. **47,** 211—218.
ELSTER, H.-J. (im Druck). Über die limnologischen der biologischen Gewässer-Beurteilung in Mitteleuropa. — Erscheint in Verh. int. Ver. Limnol. **XVI.**
FJERDINGSTAD, E. 1964. Pollution of streams estimated by benthonic phytomicro-organisms. I. A sapropic system based on communities of organisms and ecological factors. — Int. Rev. Hydrobiol. **49,** 63—131.
GABRIEL, J. 1946. Principy biologického hodnoceni vody. Čas. Lek. ces. **85,** 1425—1431.
HORASAWA, I. 1956. A preliminary report on the biological index of water pollution. Zool. Mag. (Tokyo) **54,** 1.
KOLKWITZ, R. 1950. Ökologie der Saprobien. — Schriftenreihe Ver. Wasser-, Boden-, Lufthygiene **4,** Stuttgart (Piscator).
KOLKWITZ, R. und MARSSON, M. 1902. Grundsätzliches für die biologische Beurteilung des Wassers nach seiner Flora und Fauna. — Mitt. K. Prüfanst. Wasserversorg. Abwasserbes. Berlin-Dahlem **1,** 33.
KOLKWITZ, R. und MARSSON, M. 1908. Ökologie der pflanzlichen Saprobien. — Ber. dt. bot. Ges. **26 a,** 505—519.
KOLKWITZ, R. und MARSSON, M. 1909. Ökologie der tierischen Saprobien. — Int. Rev. Hydrobiol. **2,** 126—152.
KOTHE, P. 1962. Der „Artenfehlbetrag", ein einfaches Gütekriterium und seine Anwendung bei biologischen Vorflutuntersuchungen. — Dt. Gewässerkdl. Mitt. **6,** 60—65.
LAUTERBORN, R. 1901. Die sapropelische Lebewelt. — Zool. Anz. **24,** 50—55.
LAUTERBORN, R. 1903. Die Verunreinigung der Gewässer und die biologische Methode ihrer Untersuchung. — Ludwigshafen, 33 Seiten.
LIEBMANN, H. 1947. Die Notwendigkeit einer Revision des Saprobiensystems und deren Bedeutung für die Wasserbeurteilung. — Ges.-Ing. **68,** 33—37.
LIEBMANN, H. 1955. Die Kartierung der Wassergüte, beschrieben an Flußstauen und Seen Süddeutschlands. — Ber. Abwassertech. Vereinig. **II,** 62—69.
LIEBMANN, H. 1959. Methodik und Auswertung der biologischen Wassergütekartierung. — Münch. Beitr. Abwasser-, Fischerei- und Flußbiologie **6,** 143—156.
LIEBMANN, H. 1959. Folgerungen für die Praxis aus den Ausführungen über die Bewertung der Wasserqualität. — Münch. Beitr. **6,** 181—185.
LIEBMANN, H. 1962. Handbuch der Frischwasser- und Abwasserbiologie, Band II, 2. Aufl. — München (Oldenbourg), 588 S.
LUND, J. W. G. 1960. The microscopical examination of freshwater. — Proc. Soc. Water treatment Examination **9,** 109—144.
MÄDLER, K. 1964. Die natürliche Selbstreinigung in fließenden Gewässern. — Wiss. Z. Univ. Leipzig, math. nat. **13,** 13—16.
MAUCH, E. 1963. Untersuchungen über das Benthos der deutschen Mosel unter besonderer Berücksichtigung der Wassergüte. — Mitt. Zool. Mus. Berlin **39,** 1—172.
MEZ, C. 1898. Mikroskopische Trinkwasseranalyse. — Berlin (Springer).
KNÖPP, H. 1955. Grundsätzliches zur Frage biologischer Vorfluteruntersuchungen, erläutert an einem Gütelängsschnitt des Mains. — Arch. Hydrobiol. Suppl. **22,** 363—368.
KNÖPP, H. 1961. Der AZ-Test, ein neues Verfahren zur toxikologischen Prüfung von Abwässern (Begründung und Beschreibung der Methode). — Dtsch. Gewässerkdl. Mitt. **5,** 66—73.
KNÖPP, H. 1964. Die „Zusätzliche Zehrung" — eine neue biochemische Kennzahl zur Bewertung von Selbstreinigungskraft und Verschmutzung. — gwf **105,** Sep. 6 Seiten.
PANTLE, R. und BUCK, H. 1955. Die biologische Überwachung der Gewässer und die Darstellung der Ergebnisse. — gwf **96,** 604.
SCHRÄDER, T. 1959. Zur Limnologie und Abwasserbiologie von Talsperren Obere Saale (Thüringen). — Int. Rev. Hydrobiol. **44,** 485—619.
SLÁDEČEK, V. 1961. Zur biologischen Gliederung der höheren Saprobitätsstufen. — Arch. Hydrobiol. **58,** 103—121.
SLÁDEČEK, V. 1963. A guide to limnosaprobical organisms. — Sci. Pap. Inst. Techn. Prag., Technol. Water **7,** 543—612.

SLÁDEČKOVÁ, A. and SLÁDEČEK, V. 1963. Periphyton as indicator of the reservoir water quality. I. True-periphyton. — Sci. Pap. Inst. Chem. Techn. Prag., Technol. Water **7,** 507 bis 561.
ŠRÁMEK-HUŠEK, R. 1956. Zur Charakteristik der höheren Saprobitätsstufen. — Arch. Hydrobiol. **51,** 376—390.
TÜMPLING, W. V. 1960. Probleme, Methoden und Ergebnisse biologischer Güteuntersuchungen an Vorflutern, dargestellt am Beispiel der Werra. — Int. Rev. Hydrobiol. **45,** 513—534.
TÜMPLING, W. v. und ZIEMANN, H. 1962. Beitrag zur Kritik der biologischen Einheitsmethodik. — Mitt. Inst. Wasserwirtsch., Heft 12.
UHLMANN, D. 1964. Die biologische Selbstreinigung in stehenden Gewässern. — Wiss. Z. Univ. Leipzig, math. nat. **13,** 17—24.
WETZEL, A. 1964. Der Anteil der Wasserorganismen an der Wassergüte. — Wiss. Z. Univ. Leipzig, math. nat. **13,** 3—6.
ZAHNER, R. 1962. Über die Wirkung von Treibstoffen und Ölen auf Regenbogenforellen. — Vom Wasser **29,** 142—177.
ZAHNER, R. 1964. Beziehungen zwischen dem Auftreten von Tubificiden und der Zufuhr organischer Stoffe im Bodensee. — Int. Rev. Hydrobiol. **49,** 417—454.
ZELINKA, M. und MARVAN, P. 1961. Zur Präzisierung der biologischen Klassifikation der Reinheit fließender Gewässer. — Arch. Hydrobiol. **57,** 389—407.

SACHREGISTER

Kursiv gesetzte Zahlen bezeichnen Seiten mit Abbildungen